氣候變遷與綠色金融保險
- 企業倫理視角

范姜肱、范姜新圳、張瑞剛　編著

全華圖書股份有限公司

作者序

　　教育部於 2019 年提出「議題導向跨院系敘事力新創課程發展計畫」，以聯合國「永續發展目標 SDGs」作為各大專校院教師進行議題導入課程設計時的參考。在 SDGs 的 17 項核心指標中，有多項指標直接或間接與地球環境永續有關，尤其是氣候變遷的議題。然而有許多人錯誤認知「對抗氣候變遷」主要是自然環境科學家的研究範疇，或者誤解「溫室氣體排放」僅是工業工程等行業必須關注的企業社會責任問題，與沒有煙囪和廢水排放的金融保險服務業較無直接關聯。

　　2019 年實踐大學在執行「議題導向跨院系敘事力新創課程發展計畫」時，計畫聯絡人張瑞剛老師邀請本人在其「氣候變遷與永續發展」的課堂上做一個有關「氣候變遷與保險跨領域」的專題演講。在準備演講內容的過程中，本人領悟出原來金融業看似不會排煙汙染亦無從減碳，但仍可以在節能減碳等作為中扮演非常重要的角色。

　　過去大專校院強調學生在畢業前，只要有一專業（即「I 型人才」）就可行走天下；1984 年起教育部大力推行「通識教育」，希望大專校院學生在畢業前，除有一技之長外，更需拓寬知識領域以產生智慧，也就是「T 型人才」。「東方企管大師」大前研一於其 2002 年出版的《工作雞湯》一書中提到「π 型人才」，建議除了有一專業外，同時還須擁有第二或第三專業技能，使自己成為具備一加一大於二的人才。2007 年 2 月，《紐約時報》專欄作家瑪希・艾波赫（Marci Alboher）於其著作《雙重職業》（One Person/ Multiple Careers）中述及，現今愈來愈多年輕人同時擁有多種專業、職業與身分的斜槓（slash），以豐富多元人生（即「斜槓人才」）。目前大專校院已開始強調及著重跨領域教學及多元學習，培養學生具有多領域能力、利他精神及具備跨領域的觀察角度與歷練，並鼓勵學子勇敢且有能力探索事物。為落實此「跨領域教學」目標，我們才有寫本書之議。

　　企業倫理近幾年已受到高等教育的重視，且關注的議題也多半與 ESG、SDGs 有關，其中氣候變遷議題更是備受關注且與日俱增。從商管學院的視角來看，如何在企業倫理的課堂上講授「氣候變遷與綠色金融保險」之間的關係，是培養大學生具備金融企業環境倫理素養非常關鍵的一個過程。可惜坊間尚無一本與金融保險專業相關的企業倫理書籍，可供商管學院教師教授企業倫理課程時，適合採用的教科書或參考書。

　　有鑑於此，本書三位作者憑藉一股關心地球環境永續的熱忱，毅然決定依個人專長合作撰寫一本從企業倫理視角出發，探討「氣候變遷與綠色金融保險」的教科書，除了豐富商管學院企業

倫理課程的教授內容之外，也希望藉此能拋磚引玉，有更多其他領域的專家學者能撰寫適合不同性質行業的企業倫理書籍，共同為培育大學生有關人類與環境永續發展的企業倫理素養盡一份心力。本書三位作者特別要感謝教育部「議題導向跨院系敘事力新創課程發展計畫」的衍生效用，才導引出許多的素材與靈感並成為本書撰寫內容的依據。

本書的內容可分為三大部分，有關企業倫理尤其是倫理道德的闡述是由范姜新圳老師撰寫。范姜新圳老師已經高齡 90 歲，至今仍醉心鑽研孔孟倫理道德思想哲學的釋義，希望能將之生活化與普及化，實屬難能可貴。所謂內舉不避親，加諸歷史上亦有司馬談與司馬遷父子先後接力完成「史記」的前例。因此，本人即力邀父親范姜新圳老師主筆其最為擅長的倫理道德論述。

催生本書的幕後推手張瑞剛老師絕對是一位見多識廣且閱歷豐富的學者，其人生經歷甚至遠赴北極參加科考研究以及登上珠峰大本營與大自然和死神搏鬥，在此背景下必定對於溫室效應與氣候變遷有更深層的感觸。因此，本書第貳篇有關氣候變遷的內容由張瑞剛老師執筆，應是再生動與貼切不過了。

本人曾於 2015 年執行工研院「離岸風電融資保險制度方案」研究計畫，又於 2019 年開始接觸「議題導向跨院系敘事力新創課程發展計畫」，再憑藉過去金融保險公司的實務經驗，加上張瑞剛老師的鼓吹啟發，故斗膽野人獻曝，負責撰寫本書第參篇綠色金融保險的章節。

三位作者不敢自居學富五車，但是均已竭盡所能傾囊相授。若內容仍有不足或缺失，尚祈望各界賢達先進能不吝指正。

 謹誌

目錄

第參篇 氣候變遷與綠色金融保險功能

第壹篇

企業倫理與社會責任

　　企業倫理是應用倫理學的一種形式，並以企業道德為研究對象，且企業的決策與制度的建立，終究都是人在做最後的決斷。因此，談論企業倫理前必須對倫理學有所認識，尤其是要了解倫理與道德兩個基礎概念。企業倫理最終以人為本，所以必須了解人類的行為。本篇第一章首先說明人的行為與其他物種的行動有何不同，其次再解釋倫理與道德兩個概念的關係；道德與法律的區別。

　　此外，「企業倫理」與「企業社會責任」課題，已被視為全球所有企業在經營時必須關注的焦點。一般「倫理」可以透過哲學思辯，幫助人們判斷是非，也可作為人際間衡量對錯行為的標準，進一步可以探討符合社會大眾公認正確之行為。而一般所謂的企業倫理，則比較著重在「企業經營的倫理」。因此第二章主要在闡述企業社會責任與企業倫理責任及其兩者之關聯與區別。

　　再者，企業倫理近幾年已受到全球社會高度的重視，且企業關注的議題也多半與 ESG、SDGs 有關，所以第三章便深入淺出的介紹 ESG 與 SDGS。

第 1 章
倫理道德概念

企業作為從事生產或提供服務的組織，在經營過程中會與不同利益關係人、組織、事務形成不同的倫理關係，包括企業與員工、企業與消費者、企業與供應商、企業與社會、企業與政府、企業與同業、企業與自然環境等。所以企業倫理（corporate ethics）可以解釋為個人或社會倫理學在商業領域中的一種應用，且企業倫理是由商業領域中，指導行為的準則和標準所組成，並應用在商業行為中的所有層面，包括個人、組織與制度。根據史丹佛哲學百科全書（Stanford Encyclopedia of Philosophy，SEP）的定義，企業倫理是應用倫理學的一種形式，並以企業道德為研究對象，此對象又聚焦在人身上。此乃因為企業是一個組織，是一群人把分門別類的事完成，且企業的決策與制度的建立，終究都是人在做最後的決斷。因此，談論企業倫理前必須對倫理學有所認識，尤其是要了解倫理與道德兩個基礎概念。企業倫理最終以人為本，所以必須了解人類的行為；人的行為與在宇宙中人以外的事物的種種行動有何不同。本章第一節首先說明人的行為與在宇宙中其他物種的行動有何不同，其次再解釋企業倫理中倫理與道德的兩個概念。再者，由於道德與法律都是規範行為的標準，但亦有區別。因此，接著就解釋道德與法律的區別。何以原先用以衡量人類倫理行為的道德標準，為什麼可以適用在企業經營行為？又要如何對企業行為進行道德評價？也都是本章第一節的說明重點。

企業倫理是 20 世紀 60 年代越戰期間，美國社會各階層的反戰運動，特別是對軍火企業在生態上的破壞、環境的汙染、有毒物質的排放種種行為的不滿情緒非常高漲。此時，企業倫理開始受到關注。但是企業倫理是近代才有的觀念嗎？是不是古代的商業並不重視企業倫理？在本章第二節企業倫理實踐與商道的內容中會有詳細的說明。

■ 第一節 倫理與道德

要解釋倫理與道德，就要先明白人類行為與宇宙其他萬物的活動是否不同，如此即可明白為何倫理與道德的研究對象是以人為主，之後擴及至企業及企業的商業活動。

一、倫理學的研究對象

宇宙基本上是一個動態的環境，在宇宙中的人類有其行為，人類以外的宇宙萬物有其活動，兩者之間是否有區別，可從下圖 1-1 獲得解釋。首先是宇宙基底，根據 1927 年比利時天文學家和宇宙學家勒梅特（Georges Lemaître）「大爆炸宇宙論」（The Big Bang Theory）與其後的許多的研究，普遍認為宇宙是大爆炸形成且仍不斷膨脹中。

不論是爆炸膨脹或是在宇宙太陽系中太陽公轉或是地球自轉，都已是經過數十億年的時間且是在無窮盡的空間中進行活動，這種活動即稱之為純動。其次是物質，是一種機械的運動，例如鐘擺左右晃動、地殼擠壓等物理活動即稱之為運動。其三是生物。生物藉由一些物理作用可以活動，例如魚類用鰭划水、植物利用毛細管吸收水分進行光合作用。這些活動則稱之為動作。其四是動物。動物有許多本能的作用，促使牠們有繁衍後代的活動、有遷徙的活動、有築巢的活動等，這類活動稱之為作為。最後則是位在最頂層的人類。人類在宇宙中的活動範圍相對較小且時間並不長，且人類的行為多出自於理性思考之後所做的活動。例如肚子餓了會思索去找買得起且營養安全的食物來進食。但人類並非所有的行為都是理性行為，亦有失去理性者。前者就是擁有清醒頭腦且有正常心理功能的人，後者如失智者、精神分裂者，這些人頭腦混沌或心理不正常。唯有具正常「理性的行為」和「正常人」才是倫理或道德所研究之對象。動物層級以下者皆因不具理性而無法審判，故無從加以刑罰，所以排除在外。例如蛇鼠傷人、地震倒屋、洪水淹沒良田、隕石落地、地心引力，這些幾乎都是大自然的律則，無可厚非，也多無法逃避，更不可能審判。所以，並非萬物皆是倫理學所要研究的對象，而必須是有理性行為的人類或是由人類主導經營的企業（黃建中，1997）。

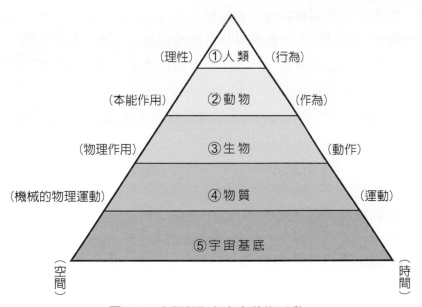

圖 1-1　人類行為與宇宙萬物活動。

二、倫理學理論

要闡述倫理學理論可以先單獨解釋倫理的意義，接下來再透過倫理與道德的關係和道德與法律的比較等說明，使得倫理學理論更為清晰。

（一）倫理的意義

自古以來，無論中外，對倫理道德的價值與意義皆格外重視，並有深入的探討。亞里斯多德（古希臘哲學家）就曾經說：「人是社會動物」，意思是說：人類一生下來就存在於家庭社會中，受家庭社會的撫育教化而逐漸長大成人。如你家庭之祖父母、父母親、兄弟、姊妹、叔叔、伯父、堂兄弟姊妹等，都是你家庭的組織成員（尤其是往昔的農牧社會），又繼續擴大形成家族、社會、國家。其人數愈聚集愈多，社會、族群、國家就隨之愈大，亦即由小社會形成大社會，風俗習慣也逐漸形成一致而為大眾所共識、所遵守。

而亞里斯多德也曾說過：「人是理性動物」。社會人口眾多了，其中組成人員的素質必也難免參差不齊，以致產生衝突、矛盾而影響團結。對社會國家之生存發展就會弊多利少，甚至家庭破碎、國亡種滅。幸虧人類得天獨厚，稟賦了其他生物所無之自覺靈敏的「理性」，知曉有組織、有條理，要分工、要合作才能治理國家社會，才能產生強大的力量，既可防禦天然災害和抵抗或消滅外來敵人的侵襲進攻，更能加強生存能力，繼續生活於這個地球上。而這股力量的根源，就是以人類的「倫理道德」為基礎去支撐的。

何謂「倫理道德」？先說「倫理」的含義：就字面上言之，「倫」是類別；「理」是脈絡。「倫、理」二字合起來就是一切可藉由分類方式，找出個體與個體之間、個體與群體之間，以及群體與群體之間的各種關係、脈絡、秩序之合理途徑。倫是名詞，作「道理」、「關係」解。而「倫」又表示參差不齊之貌，故「倫理」又意味著人與人之間各種各樣的關係，如在家是叔、侄，在公司是主管、部屬，在學校是學長、學弟，在教堂是牧師、信徒。「倫」與「人」聯繫合稱「人倫」，足見人際關係絕不像禽畜集群的混淆雜亂，人既是「理性動物」，彼此間的關係，必有常理可循，也必有常規可約束。

人類於數千年前就已進化到簡單之農牧社會，而到了現代，社會關係、種族、國家組成等，既龐大又繁複，人際關係自然也隨之更加開放多元，非原始部落的封閉與簡單可比。就「類別」而言，可概括為三類（表1-1）：

表 1-1　人際關係的三種類別

	類別	例子
1	個人和個人相互關係	夫與妻、甲路人與乙路人。
2	個人和團體相互關係	學生與學校、員工與公司行號。
3	集團與集團的互相關係	美國與泰國、白種人與黑種人。

若以「方式」而言，則有二型（表 1-2）：

表 1-2　人際關係的二種方式

	類別	例子
1	以「內存關係」而言	如個人對其家族或民族，黨員對其政黨。這種都是倚附的關係，而非各別獨立的關係。
2	以「外在關係」而言	如「川普（Donald John Trump）」對「馬克宏（Emmanuel Jean-Michel Frédéric Macron）」，「葉倫（Janet Louise Yellen）」與「普丁（Vladímir Vladímirovich Pútin）」，雖各不相倚從，但也可發生極密切的關係，而非一定要相敵對。

另外，我們尚須注意幾點：

1. 倫理學所要研究探討的關係議題，只限於人與人相互間的正常關係為範圍。至於人和神（上帝）之關係，雖有時亦用「虔誠」、「敬愛」一類道德的字眼來運用，但嚴謹說來，這不是屬於「人倫」的領域層次，故不宜列入倫理學之研究探討題材，因這些是屬於宗教信仰生活，而非屬於倫理道德生活。

2. 中國古人甚或今人，常稱之為「天人關係」及「幽明關係」，雖喜從道德觀點立論，但仍以文藝上、宗教儀式上的讚嘆意義為大。

3. 在應用倫理學方面，因近代社會文明逐漸發達，如華人社會倡導儒家的「生命倫理學」，哲學家與國際社會學家們倡導的「企業倫理學」等皆為佳例。

（二）倫理與道德之關係

西方語言裡有「倫理」與「道德」兩個相關又相類的語詞。其一是屬希臘文的 ethos；其二是屬拉丁文的 mores。在漢語翻譯中，一般皆謂「ethos」為「倫理」；「mores」則譯稱為「道德」。

實際上，ethos 和 mores 在語源上並沒有「倫理」與「道德」那樣複雜的異同比較，兩者是大同小異，皆指與實踐相關的倫理規範或風俗習慣。因此，當拉丁文化接續希臘文化成為西方文化主流時，當代學者就通常用 mores 來翻譯 ethos，或兩者混用不分。所以現代人所謂「倫理」，在英語系國家叫做 ethics，其義乃指人際之間互動關係。若互動缺乏道德則不能稱為倫理，只是停滯在生物層次的反射本能而已，就無所謂的互動。因互動間必有「關懷情感」與「理性規範」，基於倫理道德，而使人與人間的相應溝通能密契祥和、互利互助與平安幸福。

雖說倫理與道德，最初是兩個可以相互參照的「觀念」，但早已演變成實質內容相同的「概念」了。但若非要「打破沙鍋問到底」的話，也可找到道德與倫理的原始用法，會發現確有相異之處，如同「同卵同胎」之雙胞胎。簡單的說，就是：倫理著重在團體社會層面，道德則著重在個體領域的修身養性上。換句話說，道德被視為倫理的必要內涵和基礎。西方似乎比較喜歡用倫理這個詞語，用來泛指個體或群體的行為是否合乎規範，與分辨是非善惡的評價標準，以及其本身之修為是否能向善向上和努力作為。至於東方常把倫理道德融合一體來用，因為道德涉及個體，倫理涉及群體，而群體又是由多數個體所組成。此類似眾多肝細胞組織成肝臟器官一樣。

（三）道德與法律之關係

要說清楚、講明白道德與法律的關係，較好的方式就要把兩者間的相同處和相異處，分別敘述出來對照。

1. 法律與道德相同之處

(1)道德、倫理與法律，皆以人之行為，作為主要規範對象，而不及於貓、狗等動物。如行人或行車，依現在的交通規則或法令，皆應要靠右走，也有些國家要靠左走，若有違反可能會受批評或責罰。但若是貓、狗違背交通法規，甚或隨處放屎撒尿，那在道德上責罰牠們，或在法律上審判牠的罪責都不適用。

(2)法律與道德兩者皆要追求人間的「公平」和「正義」，以人群福祉的提升和利益衝突的解決為宗旨。

(3)法律與道德同為人類生活中不可或缺之規範，二者皆有約束人類行為的效力作用。

(4)自古以來，法律與道德，經常共同被用作期待他人「有所作為」，或「有所不為」之評價標準，也同樣具有揚善棄惡之功效。

2. 道德與法律相異之處

(1)法律的約束力，高於民間習俗規範和倫理道德。因民俗規範往往只是倫理道德形成的初階而已，而法律又比倫理道德有進一步約束力；又因為習俗規範和倫理道德不能判某人犯的罪刑要多重？例如監禁多久時間？罰鍰多少錢？但法律就可由審判者（法官）依法律之規定，或自由心證而裁決。

(2)法律的約束範圍常低於倫理道德。如某人在甲國犯罪，因此被甲國裁定為罪犯；可對於乙國的法律來說，他卻是無罪的。但若以倫理道德來看，甲國和乙國都會共同譴責他。換句話說，法律常常僅局限於一個國家或一個地方適用，並無普遍於全球都有效的，而倫理道德常適用於多個地區。

(3)倫理道德不僅看人的外在行為，還要探究人之內在起心動念的善惡，而法律則常僅及外在行為的表現與行為的結果。

(4)法律常只就執法層面及可行的議題訂定律則，而不能要求國民的內心如何的純良潔淨，如人的涵養和態度；倫理道德則以教化人民修養身心健全的責任為重。

(5)倫理道德之制裁，只能求諸於自然之懲罰或個人良心的自我譴責愧疚；法律之懲罰則有律令條文之明定於文字上，還要司法人員依法執行。

3. 法律與倫理道德的相輔相成

　　法律與倫理道德要如何相輔相成，以促進社會國家的長治久安，和有利民眾的福祉快樂？例如在《論語》為政第二篇第三章記載了孔子的一段話如下：

　　「子曰：『道（ㄉㄠˇ，同導）之以政，齊之以刑，民免而無恥；道之以德，齊之以禮，有恥且格。』」

　　這段話的意思是：「用政令引導人民，如不服從，就用刑罰整飭他們，使他們的行為舉止歸於齊一，那麼人民只知如何暫時避免受罰，卻沒有羞恥心；如用道德去引導人民，以禮樂去教化他們，使他們的行為舉止趨向齊一，那麼人民不但有羞恥心，而且能自覺的改邪歸正。」

　　由此可知，法律是被動式的以刑罰約束人民，而道德則是讓人民主動遵守規矩。

　　一般情況下，道德具有預防人民作奸犯科的功效，法律也有事後補救的作用，但當出現損壞器物、傷害人、甚至造成死亡這樣的結果，仍是一種難以彌補的遺憾。此時就可看出，道德的預防作用高於法律的補償作用。特別在法律受到政治力量的干擾，而違背公平、正義時，這法律就成為道德觀點下的「惡法」，如不修此法而推行，即

如孔子所言之「苛政猛於虎」，遲早會受到人民道德力量的反撲。而反撲的形式，有時是體制內的民主修法，如申請大法官釋憲，抑或由立法機關或立法院，按法定程序修改法令。然而，在極端的情況下，也可能是體制外的「公民不服從」，或革命了。

在我們的觀點來說，道德與法律之最後目的是相輔相成而無衝突矛盾的本質存在。遵守道德和法律，都是我們身為國民的義務。法律與道德兩者如鳥之雙翅，缺一不可，否則不能飛翔。故自古即有一句諺語：「守法只是道德最起碼的要求而已。」

三、人的特徵及道德責任

前面提及人是理性的動物，而且企業倫理基本上仍是以人為研究的對象，所以人為什麼是理性的動物？難道只是一種假設或是沒有經過辯證的觀念呢？此外，若人類是理性的動物，天生具有良知良能，那麼人類的良知良能就是判斷是非善惡的標準嗎？要如何評斷個人或企業行為是合乎倫理道德？透過以下的論述即可明白。

（一）人有哪些特徵

《孟子》一書共有四辨：「人禽之辨」、「義利之辨」、「王霸之辨」、「夏夷之辨」。這四辨，以今日逐漸將趨向「世界村」之際而言，其重要性可以依次而降，卻不能全盤皆廢。尤其是「人禽之辨」最為重要，為其他三辨之基礎。今就以「人禽之辨」來說，可從人的特徵來比較。人究竟有哪些特徵？雖人言皆殊，以現今常聞者，亦可列舉如下（表 1-3）：

表 1-3　人的特徵

	類別	說明
1	人是唯一會笑的動物。	因人有豐富的感情，而臉部表情是人內心感情的表徵，故內心感情越豐富，即顯示人愈會面帶笑容的多彩多姿。
2	人是唯一能操控使用，並製造工具的動物。	因人的雙手大拇指特別靈活發達，有利於掌控並創作工具。
3	人是唯一能使用語言、文字的動物。	因人有由抽象「觀念」、「概念」轉化到具體「符號」的殊異能力。
4	人是唯一具理性的動物。	因人常能以理性控制感情之衝動和感情之浮濫。

	類別	說明
5	人有遠大眼光和有寬闊胸襟，以及憐憫心、同理心、致中和的境界，隨之而有崇高的理想。	因人有思想，由此而衍生出許多道德及價值觀。

總之，若以倫理道德的立場或角度而言：1、2、3 之人類特徵論述卻不一定精準。因為有些進化到高級動物層的類人猿類如黑猩猩，就已具有 1、2、3 的初萌能力和表現行動。如黑猩猩能選擇一把竹竿中較長的，拿去打下吊掛在樹枝上的香蕉當美食，飽餐一頓。並且牠們的喜怒哀樂神情，也一樣可表露在顏面上，讓人知曉明白。牠們亦有保護幼小的慈愛倫理行動。然而這些行動尚未達到人類理性行為的程度水準，只能稱那是出自天生反射、本能的習性，不能說是「理性自我、自律與靈性自覺的良知良能。」

由以上之論述，若把 4、5 合併起來就是人類真正的特徵。但 4 又比 5 略高明些，因 4 其實是 5 之母，沒 4 就無由產生 5。概括以上「人之特徵」的各種論說，還是幾千年前，古希臘哲學家「亞里斯多德」所說：「人是理性的動物」最完滿。也可見哲學思想遠比現代科技進化的更早，實是在很不容易的一件事。

再舉《孟子》盡心上篇第十五章闡釋「良知良能」的各種涵意。什麼是良知良能呢？孟子說：「人之所以不需經過後天的經驗學習就自能的就是天然的良能」。不需經過思慮考量得來的「知」，是認知的知，亦即「人固有良知的知」。原文中有兩個「能」字，也是指不必通過後天經驗練習得來的「技能」和「生物」本能的能；是指人天生具備之仁、義、禮、智、信等善性，而這善性同時是引動實踐本身的道德力量。至于認知的功能，是北宋張載說的「見聞之知」的智慧。它只能告訴我們有如此如彼的事物存在；並不能告訴如何去對待這些對象。舉例說：當一個身心正常的人，乍見一個瞎子即將要通過一條「有許多車輛從馬路兩頭疾駛而來，危如虎口的交叉路」，既無紅綠燈之設置，又無人指揮交通（此時認知作用，只示知我們如此如彼的事象存在而已），此時我們的內心善性良知，即相應而起怵惕惻、不安不忍之心，自己會命令自己，毫無猶豫思慮，也沒有其他動機與目的，趕緊去幫助那個瞎子，避險解危，安然無恙通過馬路。這種意念及行為，即是孟子所云之「不慮而知，不學而能的『良知良能』」，亦即張載所云「德性之知」（良知）。它本身就自我判斷，自我命令實踐，「知行合一」毫無差池。他當時與事後，絲毫沒有為名、為利、為報答的意念或企圖等，僅為了面對眼前事實而自然呈現表露的智、仁、勇的義務責任而已。

可是人的良知呈現，也常會一閃而過，無影無蹤。若借佛教的話語來說，這是一種「斷滅心」，不是「相續心」。如以儒家的古訓言：即「道心惟微」。此乃〈大禹謨〉（儒家五經之一的《尚書》中的一篇散文，作者不詳）內容中十六字訣的第一句。道心即指德性之知的天理良知。人若一旦顯露自覺時，不繼續掌握；自主、自動付諸行為實踐，非常容易快速受到私欲雜念的干擾障蔽，找出各種藉口諉過，此即〈大禹謨〉十六字訣的第二句「人心惟危」了。至於它的意思是：「人心」與「道心」相對的「私欲雜念」。我們對這點要格外注意謹慎。因為人心善變且易放肆，故孟子勸人「要收放心」的意思亦即在此，所以我們要經常反省自身，努力去實踐道德，如孟子強調的「集義」，抱著「善小亦為之，惡小必不為」的態度，經常反省檢討自身，遷善如流，固守善道不息，有始有終，一以貫之，如此則天理良知就會源源流長，此即合乎大禹謨十六字訣的第三句「惟精惟一」的仁精義熟，畢竟功成。然而我們亦要知，無論對人或對事，必須要有一個常道底線，不能更改退讓，那就是孔子最強調的要堅守「中庸之道」。中庸之道不是一般俗儒所謂的不辨是非、不分善惡而所採之「折衷之道」，而是不偏不倚，不過不及之光明大道，此即大禹謨十六字訣的第四句「允執厥中」了。這是聖堯給大舜，大舜給大禹，行「禪讓」帝位時的金玉良言，成就了古今歷史上，最美好光輝的政道佳話。

孟子也開示我們去體會「仁、義」在什麼地方可親自見到。他說：「親愛父母親是仁之表現，尊敬長輩是義之表現。為何人稟賦有這種仁義的道德行為表現呢？這其實沒有特別的緣故，只是因為天下的人，都具有這先天的德心善性之良知緣故罷了！」因此我們就知道：

1. 傳統儒家自古就說：「人同此心，心同此理。」是千古難以磨滅的道理。

2. 以此又可以知道儒家講的良知，是有它的普遍義及客觀義，符合真理的必備條件，可推行於天下而無不適，而絕不像一些什麼主義之類，有長就有短，有正就有負，有優點就有缺點，有好處就有壞處……而無永恆的真理條件。

故「良知良能」是倫理道德的基礎，也是中心。人人可依此而修養心性，提升自己為人做事的境界，成為堯舜般的聖賢。此只在乎自己肯不肯，願不願有所作為罷了！故古人說：「即使端茶童子，也可為堯舜。」這絕不是騙人的一句話。這點即可說明在「人倫道德」的立場，即使是平民凡夫，只要修身、正心到登峰造極時，皆可成聖成賢；但以宗教信仰立場來看：無論人對神或上帝的探究體驗多麼深入高明；對神（上帝）之崇拜有多麼虔誠尊敬禮拜；對其教義上之戒律有多麼遵守不逾……皆不能成神

成仙，神通廣大、無所不及。回想在前文曾提及，有人幫助瞎子安然通過如虎口的交叉路之例子。那好人以己之良知良能，即刻自動自發命令自己去實踐救人一命的責任義務，面對現實情況，加以判斷，應急伸出援手救他一命。這是他自覺為自己的天職（責任義務），以拯救他人生命為目的，毫無其他陰謀邪念。這就是典型的良知良能呈露現象，實可感動天地鬼神，光明正大。如以康德的說法：「真正的善意，應以人為目的，絕不可以人為手段」。我再舉兩個淺明的例子，以助人更瞭解康德的話。例如如果你是老師，難道不必對自己的學生負教導的責任義務，而「放牛吃草」不管嗎？再如你如果是某公司行號主管或老闆，難道不必對你所有的員工，負工作環境的安全責任義務，只企圖自己發財為目的，而把員工只當做自己發財的手段而已嗎？難怪有人會說：「你要老闆的錢，老闆就要你的命。」所以現在有所謂「血汗工廠」的稱呼，不時充耳，令人不能不講「企業倫埋」和「生命倫理」了。

　　良知良能之說，創自孟子，雖非常難能可貴，但在當時並未受到其他學者重視。直到隔千年後的北宋張載，才提出「天理良知」之說，並提出「德性之知」與「見聞之知」的分別，但仍然未受到其他學者的關懷。再又等到南宋時與朱熹同時期的陸象山所云之「本心」觀念，與孟子的良知良能，已十分類似接近了。尤其另一同代文人楊簡所云「人心自明，人心自靈。」已與良知良能幾乎接軌。但到明代王陽明的「良知」說，就呼之欲出了。

　　總結言之，「良知」是「知是知非」之知（亦為「知善知惡」之知）。良知既為道德法則的主觀感受根據，又是道德法則的客觀根據。「良知」即「天理」在人心目中，自然明覺呈現，它決定人的生命活動方向。有方向便有法則，故良知本身是明覺呈現的活動，亦為道德法則的存有。故人常把「天理良知」合在一起說。良知非一外在的對象或一原則道理，否則它成為他律道德，變成告子所云的「義外」了。良知是一種直覺之知，不待思辯而直接明亮的，如仁、義、禮、智都是良知本身之直覺而已。

（二）人類良知良能是否可成為善惡的唯一標準

　　我們探討倫理學之最終目標，或說最高理想，在於期望大家皆能在正常情況下，以「理性」去判斷人之「意念、動機」及「行為舉措」能符合倫理道德的理則規範。故無論古今中外，「良知」即常被引用為倫理道德唯一判斷標準，已源遠流長。在古代華夏族郡而言，最早出現「良知、天理」觀念記載的是《尚書》，而把「良知即天理」常合在一起說的是王陽明。如王陽明在《答顧東橋書》說：「吾心之良知即所謂

天理也。」；同書亦說：「良知是天理之昭明靈覺處，故良知即天理。」王陽明在《答歐陽崇一》一書也說：「天性之真，明覺自然，隨感而通，自有條理，是以謂之良知，亦謂之天理。」以此可知，後世之人習以為常將「良知天理」、「天理良知」合一而不再言分了。

根據《尚書·大禹謨》一書有所謂之「十六訣」，最可證明古代聖賢，對人性有極深切的體會，在此略述如下：「人心惟危，道心惟微，惟精惟一，允執厥中。」此乃堯傳給舜，舜傳給禹行禪讓之政時的箴銘良言。此不僅上對帝王、諸侯、大夫、士，或下對一般農、工、商、庶民，都可當為修心養性，健全品行的標竿準則，它影響後世的道德文化極大。換句話說，人人都應該時時刻刻把握自己的「道心」（良知），遵循其指示命令去做人做事，盡自己應盡的責任義務；同時要防範禁止自己的「人心」（欲望）蠢動擾亂，謹遵中庸之道，不偏不倚，做到極精純，極專心的境地。但是有許多人讀書不求甚解，每每只取文字上的表面意思，而不知取其精髓，而誤會扭曲它的真諦。難怪孔子於《論語》中，屢屢慨嘆世人真懂中庸之道者鮮少。良知天理完全要合乎主觀的道德標準，並合乎客觀普遍的同一要求，其實不容易。究其原因約有三：

1. 人天生的欲望太多也很強烈，食衣住行的物質滿足條件較動物多上許多，故有諺語說：「人心不足蛇吞象」。

2. 由各地各國的政經制度、風俗習慣、傳統文化等不同，致使一般人自己的良知受扭曲而不知。並且良知沒有像法律有強制的力量。

3. 良知道德雖是法律訂定的基礎，但它只能防制人犯罪作惡於先，而不能懲罰人犯罪於後。故許多人就有僥倖投機之心，以「先下手為強」的心態，搶先做了再說。

以上三點非危言聳聽，而是人間世界的實然現象。故知人類雖有光明面的道德良心，亦有相對黑暗面之惡劣邪行，這是很弔詭的必然邏輯。西方倫理學有三派，分別是效益論、德行論、義務論。其中德行論則認為人性有極限。如聖經上就指出「良心既然喪盡，就行出各種汙穢來。」「有人丟棄良心，就像船破了一個大洞般。」所以從東西方的倫理觀來看，僅以良知作為企業倫理的判斷，似乎有不足之處，甚至有時候會犯錯誤，因而不能把「依良心做事」作為道德的唯一標準（朱延智，2015）。

（三）倫理行為判斷

既然良知無法完全作為倫理行為判斷的標準，接下來要問的就是什麼樣的行為是合乎倫理的？要如何判斷？要回答此問題並不容易，在多數情況下，判斷一個行為道

德與否的標準，會隨著時間改變，也會因國家或地區的文化和價值觀不同而有所差異。再者，人們通常是按照道德標準來評價行為的，並非都是依據法律來評價企業或人的行為，人們必須確立道德標準之後才能對制度、行為和人做出評價。所以要進行倫理行為判斷，必須先學習如何道德評價。

從本章第一節圖 1-1 的角度出發，宇宙萬物的活動可分為倫理相關行為與倫理無關行為，而大部分人類的行為都屬於倫理相關行為，也就是某些人的行為、品行、企業決策、企業制度等是可以從道德上被評價，因為關係到善惡正邪。人類的倫理無關行為則是指不受一定的意識支配或者不涉及有害或有利於他人或社會的行為。例如精神疾病患者、無辨別是非能力的兒童，這些人的行為均屬倫理無關行為，因此無須進行道德評價。

道德評價是依據一定的倫理標準對人、行為、制度等所做的進行對錯好壞的評價。依據倫理學理論，包含了對行為的道德評價理論與對人的道德評價理論。行為的道德評價可以分為兩大流派，其一是結果論，以功利主義為代表。其二為非結果論，諸如義務論、權利論、公正論、關懷論均屬之。而對人的道德評價理論則是以美德論最具代表。以下分別簡單說明這些道德評價相關理論（莊立民，2006）。

1. 功利主義論

功利主義原則是假設能夠衡量並加總每項行為產生的利益或快樂，減去該項行為帶來的損害或痛苦，從而決定哪項行為所產生的利益或快樂最多且損害或痛苦最小。所以功利主義原則是指：當行為所產生的總效用大於行為主體在當時條件下可能採取的任何其他行為所產生的總效用時，該行為才是道德的。然而功利主義也存在衡量困難且不符合稍後要解釋的權利與公正原則。

2. 義務論

有數位學者提出義務論的觀點，其中又以康德的絕對命令較具代表性。絕對命令的三項具體原則是：

(1) **普遍一致性：**道德評價準則應平等且面向所有人。

(2) **對人的尊重：**當只有一個人從事某一行為時，不把他人僅僅作為實現自身利益的工具，而是尊重並發展他人自由選擇的能力時，此行為才可能是道德的。

(3) **普遍接受：**當一個人願意把自己在特定條件下從事某一行為的理由作為每個人在相同條件下的行為理由，此行為才是道德的。

3. 權利論

　　權利分為法律權利與道德權利。許多國家憲法規定其公民有人身自由、人格尊嚴不受侵犯等權利，此為法律權利。道德權利通常是作為人，不管在哪個國家、什麼種族都應有的權利。例如生命權、處置私有財產權、取得食物權、住房權、工作權等。權利論的道德原則是當行為人有道德權利從事某一行為，或從事某一行為沒有侵害他人的道德權利，或從事某一行為增進了他人的道德權利時，則此行為是道德的。

4. 公正論

　　所謂公正就是指給予每個人應得的權益，對可以同等的人或事物平等對待，對不可同等的人或事物區別對待。例如當分配利益或負擔時、當執行或制定政策時、當群體內成員合作或競爭時、當犯錯受到懲罰時、當因他人之故受有損失而獲補償時，幾乎都會涉及公平公正問題。這些公正問題包括了交易公平、程序公平、分配公平、懲罰公平與補償公平。

5. 關懷論

　　多數倫理學都假設道德評價應該是不偏不倚的，在決定應該做什麼時，對所有人，不論親疏遠近都應一視同仁。但此種假設在某些時候卻會帶來有一些困擾。例如你年逾百歲的父親與陌生的孩童深陷火海中，當你只有能力救一人時，顯然救陌生的孩童比救年逾百歲的父親能產生更大的效用（小孩是國家社會的未來希望）。若本於此種道德評價方式，就不救父親的話，許多學者指出此行為是不合情理的。因此，所謂道德評價的關懷論，就提出一種看法，認為對與我們有密切關係或有依靠關係的人，應承擔特別的關懷義務，這個就是關懷論的關鍵論點。當然，對關懷論的批評即源自於當無法拿捏清楚時，會導致偏袒與不公正。

6. 美德論

　　美德是可以學習的，可以體現在個人行為習慣中，通常是評斷道德高尚之人的一種標準。所以美德論是對人的評價理論，也就是說，道德評價不是只關心行為人應從事什麼樣的行為問題（行為人應如何行事），亦要關注行為人應該成為什麼樣的人的問題（行為人的道德品質）。因此，如果實施某個行為能使行為人實踐並培養高尚品德，該行為便是道德的。

（四）企業倫理準則

前已述及企業的經營行為基本上均以人為主體，是個人或一群人的決策，所以倫理理論當然適用於企業行為。也就是說，從道德評價的理論理解中，即可發展出下列企業倫理準則（周祖城，2020）。

1. 公正公平

包括員工的錄用、晉升、報酬、培訓公平均等；顧客獲取商品或服務的機會公正公平；供應商有均等的機會提供資源，不因性別、年齡、種族等因素而有所差異。按勞分配公正公平。按勞分配在勞動質量和數量上面人人平等，強調的是按勞分配的機會均等，而不是結果的均等。競爭的公正公平，員工有選擇參與競爭的權利，競爭規則的公平與競爭結果的公平。

2. 誠實守信

企業生存有賴於與企業利益關係人長期的可靠的合作與互利共享，若缺乏誠信必定影響永續經營。

3. 競爭合作

從企業內部來看，適度的競爭能讓員工發揮最好的工作績效，故在創造內部競爭機制時，同時注意員工團結、友愛、互助的氣氛。但在企業與同業之間則是以公平競爭為主要，合作為其次。公平的同業競爭能刺激企業不斷提供質量更高、價格更低的產品與服務。

4. 創新進取

創新是企業永續經營的活力來源，更是發展與生存的重要途徑，甚且是企業履行社會責任的重要方式。企業若不思創新進取就無法改進產品品質、降低生產成本、提高生產效率。如此，便不能滿足顧客或社會需求。

5. 環境保護與社會服務

企業長足發展同時，雖然帶來巨額商業利益，卻也帶來社會或環境的破壞。因此，必須要求企業實施可持續發展的策略來展開經營活動，並在經營過程中與自然環境、社會環境相互協調才能有利於環境的良性循環與發展。

第二節 企業倫理實踐與商道

上文我們曾說及「道德」可視為,且應視為「倫理」的基礎與唯一的種子。因而現在當我們要推動「企業倫理」時,自然要靠道德教育作為最適當之利器,而不忘「工欲善其事,必先利其器」的教訓,把推動企業倫理教育的內涵包括在道德教育中。

一、道德實踐與企業倫理

就道德教育的內容而言,可分別為「道德認知」和「道德實踐」兩部份,而且兩者為一體之二面,不可分割,如同鳥之雙翼,火車之雙軌,缺一不可。尤其透過績效評核角度觀之,職場倫理與企業倫理必須被實踐出來,才能對企業本身、社會與環境有所助益和貢獻。如果要實踐則必須把握重點,否則只會有皮毛而沒骨肉。如今應置之幾個實踐重點可暫列如下,隨時代變遷,若必要時可再增修。

1. 招募員工時要倫理兼顧。一個企業成員,如公司行號的、機關團體的,無論職位之高低,必須具備倫理道德的健全性,否則企業本身受害,員工亦受害。若員工的素質不健全,企業本身亦必不健全。因為員工等於一個企業的細胞,企業等於身體。身體是細胞所組成,細胞有病,身體必受其害。細胞健全等同成員有道德,有道德的成員所組成的企業,道德倫理將成為必備條件,如此才能促進企業發展而有前途可言。

2. 企業「決策者」與「管理者」,能以「大局為重」、「誠信為上」。前者能掌控企業的正確方向;而後者則為企業之命脈。兩者是企業的生命旺盛之必備條件。

3. 企業之董事會,有責任充分發展其職能,不可尸位素餐,乾領優渥薪俸,而無所作為。他們應該以股東及利害關係人的權利為至上,否則在股東大會上會吵鬧不已,也破壞整個企業名譽,甚至企業自此一振不起。

4. 董事會之職能,要充分發揮,決策要力求準確,讓執行單位可力求進步。權能區分,縱者,上下可分層負責;橫者,相繫能分工合作。

5. 商品與服務資訊對消費者能充分揭露而少封閉,也藉此多讓人的「良心建議」攝納,以補己之短,取人之長。也就是「他山之石可攻錯」,才能使自己不斷成長,不會成為一池死水,毫無朝氣。

6. 企業家應永不忘推動道德教育,使倫理道德成為企業文化,永懷銘記,企業自然活動化、靈活化。

7. 建立企業內部的健全升遷機制,獎勵機制,且要合乎公平正義。

二、從古今中外的歷史來看商人與商道

古今中外，以司馬遷所著《史記》之「貨殖列傳」可稱史上最早最重視商人與商道的記載。其中司馬遷說：「天下熙熙，皆為利來，皆為利往。」是形容天下商人，終日為謀利而忙碌，風塵僕僕。這是讚賞而非貶謫。

千百年來，漢族的倫理乃以「情、理、法」平衡為中心的社會倫理而發展繁榮起來，也維護社會的平和安定；西方的國家則是以「法、理、情」為社會中心的平衡倫理而發展起來，但其道德來自上帝的啟示，並由上帝維繫。兩者一比較，由人類的感情放在「情、理、法」的情為最先，是自然的「人道主義」；西方則「法、理、情」的「法」放置最先，乃「神道主義」之象徵較為重。林語堂曾說：「東方人與基督教的觀點差異非常之大。東方人文主義者的倫理觀念是以『人』為中心的倫理，非以『神』為中心的倫理。在西方人說來，人與人之間，苟非有上帝（或人）觀念之存在，而能維繫道德的關係是不可思議的；在東方人方面（包括印度）也同樣詫異，人與人何以不能遵守保持合「禮」的行為，何為必須顧念到間接的第三者關係上，始能遵守合理的行為呢？那好像很容易明瞭，人應該盡力為「善」，理由極簡單，就只為那是合乎人格的行為。」若要進一步說，以人類本有的德性，發出的良心為憑藉而自主、自律並發展的倫理是「自律教」；要依靠上帝或外在力量來約束、促進而達到的倫理是「他律教」。如孔子、孟子、顏回、曾子等聖賢皆屬「自律教」主義思想；耶穌、穆罕默德等皆屬「他律教」主義思想。兩者各有千秋，都值得社會大眾作楷模並遵守。

闡明健全的倫理道德，以之為基礎，例如在醫學有醫事法以外的醫道；在學校教育有教育法規以外的師徒之道；生意交易商場上有商事法以外的商道……。而商道即類似企業倫理道德。

三、商人自古至今的商道

華裔族群自古就人口眾多，故從事各種各類的行業者亦多式多樣，其中乃以「士、農、工、商」為大宗且最重要。但其中的「商」卻「敬陪末座」，是被看最輕的行業。

後來從事貿易的商賈跑遍四海，使貨暢其流，生意興隆，賺了錢即拿回故鄉嘉惠父老兄弟親族，如同「衣錦返鄉」的光榮。然而此對當代的執政者來說，認為商人到處亂跑而無固定處所，就難管理且不容易徵收其稅金。相對之下，農民較易管理，因他們生活固定，容易收到稅金，故政策上就「以農立國」而成為農業社會。又因商人被長期欺壓，所以形成「重農輕商」的社會習俗。但我們以古聖先賢的思想角度來看，

卻又有所不同。凡讀聖賢書者，對農商之地位皆重視而平等，一視同仁。《論語》先進第十一篇裡記載，孔子說：「回也其庶乎，屢空。賜不受命，而貨殖焉，億（揣測）則屢中。」這些話的意思是：顏回的德行修養將達到完善圓滿的境界，然而常常處於貧困的狀態。端木賜（子貢）不受命運的擺佈，他去做買賣，預測行情，常常猜中而因此富貴。由此可見聖賢對人的評價，是看人的德性修養高低，而非看人的富貴財產多寡。

經商要有道，如誠實有信，童叟無欺，貨真價實等。同時要回饋社會親人，不可如守財奴，當用則用，且用在公益、救濟上為最佳途徑。總之，聖賢不會輕視商業商道是無可置疑。但在歷史長河上，商業在「士、農、工、商」中居末，常被打壓時也是事實。

今以華夏族群之例子來說：商人的地位低下，始自戰國後期的「商鞅變法」。商鞅本是衛國人，在秦孝公時被任用為宰相變法，但因樹敵太多，故最後受車裂之刑而亡。他明確以「農業」為本，「商業」為「末」。並且限制商人經營範圍，重徵商稅，出現了「重農輕商」思想政策。到秦始皇時代也視商人為眼中釘。到漢代對商人的限制權力更嚴，令商人毫無政治地位。漢高祖劉邦登基後，便頒布「賤商令」，以法規定商人不許「衣絲乘車」，不得「仕宦為吏」，並且對商人加倍徵稅。即使到唐朝時，商人仍不能入朝為官。商人的地位抬頭而不被輕視，直到到宋朝才有改進。原因是兩宋時期新儒家復興，其思想比較自由開放，不只學術進步，連對各行各業也尊重平等，以往重農抑商的政策遂為之鬆動。

南宋的大儒陳亮，在《龍川集》一書中，記載：「古者官民一家也，農商一事也，商藉農而立，農賴商而行，求以相輔，而非求以相病，良法美意，何嘗一旦不行於天下哉？」於此可見陳亮強調農商並重。如農商各展性能，必也珠聯璧合而相輔相成，促進國家社會繁榮興隆，帶動商人地位。故到北宋，就允許商人中「奇才異行者」應試科舉。再至南宋後又進一步，商人及其子弟可以參加國家舉辦的鄉試、省試、殿試。而秀才、舉人、狀元及第者滿街皆是，故古諺云：「端茶童子亦可為聖賢。」

因各種考試而導致讀書風氣盛行，所以儒家的人道主義不僅促進國家百姓的文化素養，也提高商人的地位。到明代設立「商籍」，商人除了可參加科考外，甚至可透過「捐資」獲取官位。而到清朝時，「捐資」獲官位的風氣更加興盛不已。然而抑貶商人之思想者在史上隨時皆有，因人「眾多口雜」，而今在拜金時代，很多不講商道的企業團體，常所思者，「錢財多多益善」，只圖個人私利，把公益、慈善事業拋到

九霄雲外，故「無商不奸」的罵名也就常掛在眾人口上了。但是有素養、水準的雅人，自然不以為是。故人之道德倫理是百行百業永續欣欣向榮的基礎與力量。

對企業而言，倫理道德是他們的「生存之道」和「經營之道」。在過往歷史上，有所謂「紅頂商人」，擁有極高的社會地位，以滿清在杭州的胡雪巖最為著名。胡雪巖以杭州經營錢莊為基業，發跡後擴展至當鋪與房地產，充分掌握「斯土斯有財」道理。他又兼營鹽、茶、布、航運、糧食、中藥、軍火等事業，最後變為「亦商亦官」。後因太平天國掘起，革命與戰亂之故，杭州受損害且破壞嚴重。為了平息戰亂與善後復原，胡雪巖曾多次幫助左宗棠採購軍火有功，其官階隨之晉升至從二品主管民政（包括財政、賦稅、文教、科舉考試等）的布政使司，亦被稱「紅頂商人」。

在日本亦有一例，如江戶時代（德川幕府統治日本的年代）中葉的教育家石田梅岩。石田梅岩提出一套經商哲學，即稱「商道」。其實在石田的時代，商人是處於社會的最低層階級，因為該時代的日本，因封閉的鎖國政策以致商業凋敝，而商人就很難有作為，故成為社會的最低層，連帶經商也被認為是卑微的勞力工作。石田有眼光、有智慧並鼓勵商人，必須要自信而才能被人所信，必須能自助而後天助，並教導商人「經商不是卑下的行為。商人賺取利潤和武士領取薪水並沒有太大的差別。但是商人自己也要認知，不能以卑鄙或不義的手段去牟取利益。真正的商人，不只要為自己賺取利潤，也要為他人賺取利潤。」此即儒家孔子常說的「己利利人，己達達人」思想的發揮光大。香港首富李嘉誠的賺錢理論即是「錢不要賺盡，留一些錢給別人賺，反而更容易賺到錢」。而這種思想理念注入商業行為，就能以德感人，受尊敬奉行，作為經商的準則「商道」。

接下來也不應厚此薄彼，而不談西方的商道。古代西方倫理之概念起源甚晚，早先希臘詭辨學派時期，常把「白的反說成黑的，黑的反說成善的」。只要能辯論勝利，不擇手段，把謊話顛倒變成事實，什麼是誠實真意，皆拋之腦後，哪來倫理道德可言。可是到古希臘時代，已有了「神明」的概念，也有了宗教的信仰，靈魂不滅的思想，於是對照以往，似乎比較重視神的旨意，連帶才產生倫理道德的思想意識。這是屬先驗性的，透過先知者的預言，導引人的語言、舉措行為，因此和上帝宗教有較深關聯。古希臘哲學家亞里斯多德以倫理道德作為人之「品行」之學，蘇格拉底以倫理道德為「至善」之學。到十六、十七世紀英國大哲家「湯瑪士·霍布斯（Thomas Hobbes）」（他被英國倫敦大不列顛國家圖書館列為世家十大思想家之一。孔子則被奉為其中的第一名，老子是第十名。）以倫理道德為「正邪、善惡判斷」之學。經濟學之父，亞

當史密斯（Adam Smith），在「道德情操論」中指出，人有「利己」之心。由於利己，所以追求所得與財富，由於利他，所以心存公平和仁慈，這就是倫理道德價值。這也是亞里斯多德（Aristotle）說的：美德是幸福人生的必備條件。

最後再以西方人信仰基督教（廣義的）的十誡為例。「十誡」是基督教中心思想，首先列述其內容如下，而後我們再來評論。

「摩西十誡」在舊約中出現二次，第一次在「出埃及記」，第二次在「申命記」中。（摩西約生於西元前十四世紀前半期，以色列族的酋長，傳上帝命令，創為十誡，為後世猶太教所宗。）其內容如下：

1. 除了耶和華以外，不可有別的上帝。

2. 禁止拜偶像。

3. 不可妄稱上帝的名。

4. 遵守安息日。

5. 孝敬父母。

6. 不可殺人。

7. 不可姦淫。

8. 不可偷盜。

9. 不可作假見證。

10. 不可貪婪。

從十誡內容看來，1. 至 4. 是宗教命律，為猶太教的特色；從 5. 至 10. 是有關倫理道德成素戒命，也由此可知猶太教是非常重視倫理道德外，也重視種族、性別、工作、階級的平等。至於 4. 則為別的宗教所無，尤其格外的用意。它可衍伸為人不可終日工作而要有休假日，可參與宗教活動外，也方便教徒做人生其他的重要事務。其次言外之意則是主人不可剝奪傭人的權利，終日要他無償工作。否則傭人可抗命反對。若以今日之觀點而言，員工可組成工會，團結力量，要求企業、公司老闆，不得任意解聘員工，或要求提高工資，與增加福利，改善工作環境，以保護工作安全，身心健康。如員工為公而受傷害與死亡時，雇主公司要為員工負責保險賠償、或撫恤。這安息日教規，在當時定訂時，或許沒有考慮這麼多，誰知由時代演變而逐漸發展成今日比較周全的企業倫理道德。

　　資本主義興起後的危機與今後企業倫理發展的方向，及如何應對沓雜紛來的各種難解的問題。如種族歧視、通貨膨脹、環境汙染、氣候變遷、核武戰爭、新冠肺炎、企業競爭、保護動物……不一而足，而且這些問題，經常牽聯一起，環環相扣，牽一髮動全身，如此一來，大家應接不暇。尤其是人類面對溫室氣體排放與氣候變遷的嚴峻挑戰，若無實踐倫理道德的覺醒，恐將加速環境崩壞與物種滅絕的時程。

第 2 章
企業社會責任與企業倫理

隨著經濟全球經濟發展，許多大型企業接二連三發生了諸多商業醜聞、金融內線交易、勞資衝突、環境汙染、壓榨勞工、雇用童工等事件。因此，聯合國貿易及發展會議（UNCTAD）、經濟合作暨發展組織（OECD）、亞太經濟合作會議（APEC）、歐盟等國際組織，即積極倡議「企業社會責任」（Corporate Social Responsibility, CSR），希望透過制訂準則，建立企業共同的目標與願景（顏國端，2009）。因此，「企業倫理」與「企業社會責任」課題，更已被視為全球所有企業在經營時必須關注的焦點。

得知「倫理」可以透過哲學思辯，幫助人們判斷是非，也可作為人際間衡量對錯行為的標準，進一步可以探討符合社會大眾公認正確之行為。不論是個人、公眾、或企業都是社會的子集合，因此，即便是企業倫理在本質上也與一般倫理相同，只是因為權利與義務主體不同、應用的範圍也不同（林慧芬，2015）。企業是透過個人組成之生產組織或生產單位，達成個人追求利潤的目的。因此，企業經由籌募資金、雇用生產因素、購置原物料、生產貨物或勞務，以滿足社會大眾所需。所以企業倫理比較著重在「企業經營的倫理」（楊政學，2013）。本章的內容主要闡述企業社會責任與企業倫理責任及其兩者之關聯與區別。

第一節 企業社會責任定義

有兩種定義可解釋企業社會責任，其一是企業社會責任金字塔定義，另一則是從企業社會責任三重底線定義。

一、企業社會責任金字塔

學者 Carroll（1991）認為企業社會責任可以看成是一個四層的金字塔（The Pyramid of Corporate Social Responsibility），企業社會責任包含經濟責任、法律責任、倫理責任、慈善責任等四類責任組合而成（圖 2-1）。也就是用企業社會責任金字塔定義企業社會責任時，可將企業社會責任劃分為四個有層次的面向，分別為：

（一）經濟責任（economic responsibilities）

位在社會責任金字塔最底層，也是最基本的社會責任，其意義乃根植於企業存在的本質而來。企業需提供勞務與財貨以滿足消費者或社會的需求，並在此一市場交換過程中獲取合理利潤。若此經濟責任不存在，則無法實現其他的企業社會責任，例如為那些投資者爭取好的投資報酬率，企業股價會因此大跌甚至下市。

（二）法律責任（legal responsibilities）

法律為社會期待下所制訂定出的、也是企業行為可被接受的底線。所以，企業僅能在法律所允許的範圍內執行其經濟任務。也就是企業經營過程中要恪遵法律，不觸犯法律，侵犯他人權益。例如跨國企業的傾銷行為，違反傾銷法，侵犯地主國企業生存空間，導致企業倒閉，許多工人失業，引發社會問題。

法律責任與經濟責任是自由開放市場內，企業活動的根本規範，是所有企業必須同時盡到的基礎義務。

（三）倫理責任（ethical responsibilities）

係指社會大眾期待或公眾不認同企業做的事務，此些事務並非既有法律所規範，也未具體地體現於法律條文或判例中，換句話說，就是利益關係人期待企業的義務，此義務即是企業去做正確、恰當、公正與避免傷害利益關係人與公眾利益的額外事務。簡言之，企業要遵循的道德與良俗，即便是一些法律未規範的事項，但企業行為也必須遵循公序良俗。例如使用乾淨能源，協助社會對抗溫室效應等。

（四）慈善責任（philanthropic responsibilities）

此責任是社會期待企業可以在非法律亦非倫理規範束縛下，自發性的提供資源予以社會群體，促進社會群體福祉，進而成為一個有貢獻的優良企業公民（corporate citizen），為社會發展貢獻力量。也就是希望企業不追求名利，贊助慈善活動且不求回報。

圖 2-1　社會責任金字塔。

二、企業社會責任三重底線

　　1997 年，英國學者約翰·艾爾金頓（John Elkington）最早提出了三重底線（Triple Bottom Line, TBL）的概念，Elkington 認為企業社會責任可以分為經濟責任、環境責任和社會責任。經濟責任也就是傳統的企業責任，主要體現為提高利潤、納稅責任和對股東投資者的分紅；環境責任就是環境保護；社會責任就是對於社會其他利益相關方的責任。企業在實踐企業社會責任時必須履行此三個領域的責任。簡言之，企業社會責任三重底線，就是指經濟底線、環境底線和社會底線，亦即企業必須履行最基本的經濟責任、環境責任和社會責任（Elkington，1997）。因此，從企業社會責任三重底線定義亦可以定義企業社會責任，分述如下。

（一）經濟責任（Economic）

　　包括稅收貢獻、產學合作貢獻等。

（二）社會責任（Social）

　　包括女性勞動參與率、員工訓練平均時數、慈善捐款、員工留任率、主管少數族群比例、違法童工、工作安全時數、女性員工福利、單親員工家庭補助、員工生育津貼福利、員工育嬰假、員工子女教育補助等。

（三）環境責任（Environmental）

　　例如周邊二氧化硫排放濃度、氧化亞氮濃度、臭氧汙染、附近水源優養化程度、能源消耗、廢物料管理與回收利用、有毒廢物管理、替代能源使用、與節約用水量等。

　　從某種意義上講，三重底線像是某種類型的平衡記分卡，其背後基本原則是：只有當企業開始衡量其社會和環境的影響時，才能稱為對社會和環境負責的組織。因此，在今天的經濟社會中，經濟責任已經不是定義企業成功與否的唯一要素，越來越多的企業開始認同可持續性的發展理念，大部分企業開始注重三重底線中的環境責任和社會責任，而不是單純的追求企業的利潤（鉅亨網新聞中心，2011）（華人百科，2022）。例如：杜邦在 1990 年提出，到 2010 年要將溫室氣體排放減少到 65% 以上，且在不增加能源使用的前提下提高營業收入 6% 以上。同年，杜邦致力於生產使用能源的 10% 和原物料的 25% 是來自於可再生能源。之後持續通過採用改進製程、節能新技術以及使用替代能源和改進製造技術，杜邦降低了能源耗損並將產量水準提高了

30%。更重要的是,杜邦的溫室氣體排放量下降了 72%,能源的使用較 1990 年的水準降低了 6%。根據杜邦公司的估計,這些措施幫助公司節省了約 30 億美元。由此可見,杜邦公司遵循三重底線的可持續發展戰略是卓有成效的,不僅提高了營業收入,同時也降低了能源、材料的消耗,減少了溫室氣體的排放,兼顧了企業的經濟責任,社會責任和環境責任(華人百科,2022)。

三、企業社會責任的四個基本問題

從企業社會責任金字塔與企業社會責任三重底線解釋企業社會責任,在定義內容上仍存在異同,因此可以進一步分析,以便能更清楚解釋或理解企業社會責任。

要能更清楚解釋或理解企業社會責任,實際上是要能回答以下四個問題,說明如下(周祖城,2020;高勇強,2021;趙斌,2011)。

(一)誰負責?

企業是企業社會責任的主體,同時企業是也由管理者或企業家所經營,因此,企業與企業成員(管理者或企業家)兩者都是應負社會責任的主體。

(二)對誰負責?

即企業社會責任的對象是誰,包括了利益關係人與社會整體(人與自然環境以及人與人之間有機結合而成的共同體)。一個社會或社會結構被視為一個「活的有機體」。一般來說,文化、政治和經濟是社會的三個核心活動。因此,社會有機體的「健康」可以被視為是一種文化、政治和經濟的互動功能。

(三)負責什麼?

負責的內容包括企業社會責任金字塔的經濟、法律、倫理、慈善與企業社會責任三重底線的經濟、社會、環境。明確的說,就是維護並增進利益關係人的正當權益並考慮企業的所有經濟活動對社會整體的影響,包括政治、經濟、文化、技術、環境等。

(四)負責到什麼程度?

企業要怎到什麼程度才算是對利益關係人或社會整體盡到責任。基本上就是負底線責任或超越底線責任。底線責任是指:不有意做可能損及利益關係人或社會整體利益的事,一旦發現損及利益關係人或社會整體利益的事,就應立即改進。

四、企業社會責任的相關概念

從企業社會責任的定義中衍生出許多相關的概念，亦已成為企業社會責任的內涵，企業社會責任相關的概念包括了可持續發展、企業慈善、企業公民、社會創業等，逐一說明如下（高勇強，2021；周祖城，2020；李萍，2018）。

（一）可持續發展

此概念最早出現在聯合國環境規劃署（UNEP）、世界野生生物基金會（WWF）、國際自然與自然資源保護同盟（IUCN），其定義為：滿足當代人需要，又不損害後代人滿足其需要的能力之發展。比較普遍的看法是指：經濟、社會、環境等三大方面的協調發展。越是注重對社會可持續發展做出貢獻的企業，自身更可能持續發展。可持續發展非指關注企業的長期生存與發展，而是整個社會的可持續性。

（二）企業慈善

早期所謂企業社會責任指的是企業慈善活動，但是企業慈善僅是社會責任的一部分，而且是企業自行承擔、處理的責任。企業慈善必須包括三個要素才能認定為企業履行社會責任。此三個要素為：(1)慈善支出或行動帶來的邊際效用，必須低於企業其他支出的邊際效用。(2)慈善支出或行動必須是自願的。(3)慈善支出或行動必須是企業行為而非個人行為。

（三）企業公民

企業公民有兩種較為常見的解釋（表 2-1）：

表 2-1　企業公民常見解釋

	項目	說明
1	企業公民的局部觀	企業公民是企業社會責任的一部分，企業公民的核心就是社區參與，以經濟或類似方法支持公共或非營利機構。
2	企業公民的同等觀	企業公民和個人公民一樣，應負起四種責任，包括經濟責任、法律責任、道德責任、慈善責任。也就是所謂的企業社會責任金字塔。企業公民一詞讓企業看到或重新意識到企業在社會中的正確位置，並在社會中與公民一起組成了社區。

（四）社會創業

社會創業是運用創新整合方式和運用資源，尋求促進社會變革或解決社會問題機會的過程，其興起的原因第一是因非營利組織用以提供滿足社會需求的資源有限；其次是因為社會問題只有通過社會各界的共同努力才能有效解決。所以社會創業的關鍵特徵如表 2-2：

表 2-2　社會創業的關鍵特徵

	特徵	說明
1	創業性	持續尋找新機會，不斷創新、修正和改進，不受當前資源稀缺有限的大膽行動。
2	社會性	要能實現社會目標、履行社會使命、實行社會變革、創造社曾價值、增加社會財富。

（五）企業社會響應

企業社會響應指的是企業對社會壓力做出反應的能力。做出企業社會響應的企業，在規劃社會責任策略的過程中，會將社會因素納入企業戰略中。例如為了保護地球環境，臺灣環保署在 2019 年宣布逐步禁用塑膠吸管，臺灣麥當勞也跟進響應環保，逐步推行「冷飲直接喝」，餐廳櫃檯不再主動提供吸管。2020 年 6 月底前全臺灣近 400 家麥當勞餐廳，櫃檯已經不再主動提供吸管。臺灣麥當勞供應鏈管理副總裁林麗文表示：「身為全球品牌領導者，臺灣麥當勞深切瞭解品牌的社會責任及力量，持續與供應商夥伴努力研發各種環境友善方案，希望透過全臺近 400 家餐廳，每天服務數十萬人次顧客的同時落實環保；累積小改變，轉化為驅動環保的力量，敬請消費者支持，一起讓我們的環境更美好。」

（六）企業社會業績

企業社會業績是企業履行社會責任的表現。常從三個面向評估企業社會的業績，包括了社會責任面向、社會響應策略面向與涉及的社會或利益相關人面向。而評估企業社會業績的模型則如表 2-3：

表 2-3　企業社會業績的模型

	項目	說明
1	原則	即經濟、法律、倫理、慈善等社會責任。
2	過程	即主動策略、適應策略、防禦策略、反應策略等社會響應策略。
3	政策	即社會問題管理，包括確認問題、分析問題、採取對策。

　　通過企業社會業績概念，把企業社會責任、企業社會響應等概念整合一起，因此企業社會業績是企業履行社會責任的表現。

第二節 企業倫理責任的定義

　　另一個常常與企業社會責任相提並論的名詞是企業倫理責任，其定義為何？必要性又為何？以下是簡要的歸納與整理（高勇強，2021；周祖城，2020；李萍，2018）。

一、企業倫理責任的定義

　　所謂企業倫理責任是指企業應合乎倫理地從事各項經營活動，且應當為沒有達到倫理要求而引起的後果負責。這個定義基本上包含了幾個特徵：

1. 企業倫理責任的主體是企業，而負責的對象是企業的利害（益）關係人和社會。
2. 企業倫理責任的內涵為合乎倫理地從事各項經營活動。
3. 企業倫理的責任內涵應包括兩個方面，其一是企業應當合乎倫理地從事各項經營活動，其二是企業應當為沒有達到倫理要求而引起的後果負責。

二、企業履行倫理責任的必要性和可能性

　　企業倫理責任存在的理由如下：

1. 企業並非只是追求利潤最大化

　　企業是社會的一個細胞，是社會資源的受託管理者，企業受託管理的資源包括了人員、資金、物資、信息、時間、空間、土地、空氣、水利等社會資源。所以企業應為創造更加美好社會而合理運用資源，而非只追求自身利潤最大化。

2. 企業倫理責任的鐵律

企業對人類、對社會能產生重大影響。企業的影響力不僅僅是經濟層面，尚且涉及社會、文化、技術、環境、政治各方面。企業既然擁有如此巨大影響力理當就應對社會負責，使得企業對社會的影響是積極的而不是消極的；是為創造更美好社會做出貢獻的而非損及社會。

3. 市場調節的侷限性

西方經濟學理論認為透過市場調節（Adam Smith，invisible hand，看不見的手），生產者實現利潤最大化；消費者購買到價格最合理商品；市場達到資源有效配置的最佳狀態。Adam Smith 對「看不見的手」並未明確定義，反而被許多學者擴大解釋。但實際現實中市場是存在缺陷的（生產者、消費者、市場，並非人人理智）。1993 年諾貝爾經濟獎得主 Douglass Cecil North 說，自由市場本身並不能保證效率，除了需要一個有效所有權和法律制度相配合外，還需要在誠實、正直、合作、公平正義等方面有良好道德的人去操作這個市場。

4. 法律調節的侷限性

市場存在有缺陷所以需要法律來規範，但僅有法律仍不足，法律的侷限性主要表現在法律追究的行為有限且很難面面俱到。立法難免滯后，執法因司法資源有限而無法到位落實，而且法律重在事後懲戒而非事前勸善。

5. 公民社會調節的侷限性

公民社會是「國家或政府系統以及市場或企業系統以外的所有民間組織或民間關係的總合」，也是官方政治領域和市場經濟領域之外的民間公共領域，包括例如，消費者權益組織、民間公益組織、社區組織、互助組織、興趣組織、職人組織、行業協會……。公民社會能發揮作用，一定程度彌補了市場調節和政府監管的不足，然而公民社會監督亦有不足，因為依自身習俗和規範進行監督未必合理，也缺乏有力的約束力，更容易有利益或角色衝突。

6. 企業道德自律的可能性

企業道德自律是指企業自覺去做符合倫理的事情，不做違背倫理的事情，即使企業確信可以逃脫市場的、法律的、行政的、輿論的責罰，只要不符合倫理，仍然不會去做。企業道德自律是否可能，就必須看個人道德自律是否可能，人一旦建立行為對

錯標準，如果做了不符合標準的事情就會產生不安或內疚，所以人有道德自律是有可能的。企業的決策是由個人或多數人所擬定，所以個人可以道德自律，企業就有可能可以道德自律。

第三節 企業倫理與企業社會責任的關係與區別

企業社會責任與企業倫理是常常會聽到的名詞，甚至也經常混用。以下就來說明企業社會責任與企業倫理兩者之間的關係與區別（周祖城，2020；高勇強，2021；趙斌，2011）。

一、企業社會責任與企業倫理兩者之間的關係

企業社會責任與企業倫理兩者之間存在些什麼關係？以下簡要說明：

1. 兩者都注重企業與社會的關係，尤其是如何開展各項經營活動以及其對社會的影響，旨在追求企業經濟目標與社會福祉目標的一致。

2. 兩者都為企業行為的規範及其合理性進行認知評價，有效幫助和指導企業正確採取倫理行為和履行社會責任。

二、企業社會責任與企業倫理兩者之間的區別

企業社會責任與企業倫理兩者看似關係密切，實則仍有一點區別。企業社會責任更多體現在外在可見的行為中，企業倫理更重視培養企業本身的思想與價值觀。

國際標準化組織於 2010 年 11 月發布的社會責任指南（ISO 26000），是提供社會責任指南的國際標準。其目標是鼓勵企業和其他組織履行社會責任，以改善其對工人，自然環境和社區的影響，從而為全球可持續發展做出貢獻。顯然企業社會責任是指通過透明的道德行為，企業為其決策和活動，帶給社會與環境帶來的影響應承擔的責任。所以，從企業社會責任金字塔角度來看，企業倫理是企業社會責任的一個維度。

通過上述說明可知，企業社會責任與企業倫理兩者之間有關係亦有區別，但是，亦有人認為企業社會責任屬於企業倫理範疇，企業倫理界定什麼是對的、好的行為，而企業社會責任本質就是要求企業要做對的、好的事情，所以企業社會責任行為也屬於企業倫理行為。因此，企業社會責任與企業倫理兩者雖有不同的側重點，但是實際的研究中有交互使用的狀況，研究內容十分接近，因此多數情況已經不做嚴格區分。

　　總結以上論述，可以得到如下的結論：

1. 企業對社會負責，並做出符合利益關係人期待的行為。

2. 企業倫理責任是企業社會責任的核心。

3. 經濟責任不是社會責任的核心，企業追求自身經濟利益不必通過履行社會責任來強化。社會責任的概念就是要反對企業不顧及社會利益和相關者利益而一味追求自身利潤最大化。

4. 法律責任不是社會責任的核心，遵守法律是企業社會責任的最基本要求。

5. 慈善責任不是社會責任的核心，慈善是企業回饋社會的一種方式，僅是組成企業社會責任的一小部分。

第 3 章
CSR、ESG 與 SDGs

聯合國（United Nations）前任秘書長科菲·安南（Kofi Anan）於 1999 年發起「CSR（Corporate Social Responsibility，企業社會責任）」運動，建議企業除了強調「企業倫理」外，更要落實「企業社會責任」。所謂 CSR，依據世界企業永續發展協會（World Business Council For Sustainable Development，WBCSD）定義：「當企業發展經濟及貢獻的同時，應承諾遵守道德規範、改善員工福利、當地社區與社會的生活品質。」換言之，CSR 即是企業承諾持續遵守道德規範，為國家經濟發展做出貢獻，並且以改善員工福利、當地整體社區與社會的生活品質為目標。

2004 年聯合國《全球盟約（UN Global Compact）》提出 ESG（Environment、Social、Governance，環境保護、社會責任、公司治理）的概念；2005 年聯合國提出《Who Cares Wins》報告，其特別提到企業應該將 ESG 納入企業永續經營的評量指標中。2008 年金融風暴之後，CSR 又再次被提及；不過當時倡議 CSR 時，只是提出一個廣泛永續經營概念，至於如何實踐及落實，並沒有一定的規範。由於沒有一個客觀的指標去評估企業做了多少或落實了哪些項目，只能任由企業發布對自己有利、看似關懷環境等活動的新聞稿。

目前國際趨勢是，在解釋 CSR 的內涵時，必須同時關注何謂 ESG 與 SDGs（Sustainable Development Goals，永續發展目標），才可以了解企業何以面對氣候變遷問題。不僅企業開始重視在日常營運、供應鏈管理方面的利害關係人（stakeholders，即是能夠影響一個企業目標的實現，或是在實現企業目標過程中所影響的人、群體或機構）責任，金融圈也逐漸認同投資報酬表現之外，應該納入更多永續發展指標，作為投資組合的考量。不但能對節約能源及減少碳排放（簡稱節能減碳）與環境保護等工作做出貢獻，也能善盡其社會責任。

第一節 CSR

嚴格來說，CSR 不是新概念，早在中國春秋時代（西元前 770 年～西元前 403 年）「儒家思想」中，就有「儒商」的約定俗成道德規範；如中國古代徽州商人（或新安商人）就有 CSR 的概念，訴求商業道德：以誠待人、以信接物、以義取利、以質取勝，以善心回饋社會；取之社會，用之社會。他們都是以儒家思想為核心價值觀念的企業經營者，也就是目前西方所謂的「企業慈善家」，可見 CSR 這個名詞出現前，企業回饋社會的理念與做法早就已經存在。

CSR 概念的發展過程中，企業經營者應以股東利益為優先，抑或是以員工福利、消費者利益、社區與社會的生活品質為優先，各方一直存在著不同看法及論點。隨著經濟不斷發展更迭及資本市場自由化（capital market liberalization），企業經營管理者與員工、環境、所在社區及整體社會互動更趨密切。在經濟全球化過程，社會大眾對企業擔任的社會角色之期望不斷上升，促使 CSR 的理念日漸受到重視與期許。企業在經營活動中，除了遵守法律規範和追求經濟利益外，還自願為社會、環境的永續發展做出貢獻。

企業除了扮演經濟的推手，提供員工穩定的工作機會外，也必須為社會服務及環境保護提供一己之力，以達到企業永續經營的目標。企業為揭露在公司治理與發展、環境保護與社會公益領域相關資訊與數據，會每年持續發行企業社會責任報告書（Corporate Social Responsibility，CSR），詳實公開企業在永續經營及社會責任的目標、規劃、承諾及成果。且對於企業股東、客戶、員工、營運附近社區與社會人眾，展現企業年度努力的成果與承諾之實踐。

由於全球化與國際競爭，企業如果沒有 CSR 實務內涵及具體相關認證，將難以取得國外品牌大廠訂單。例如米糠油中毒、假酒、瘦肉精及四環素的肉品、塑化劑、黑心油等食品安全及環境保護問題，造成國外對我國相關出口產品多有懷疑，由此更加突顯 CSR 的重要性。簡言之，企業在追求獲利的同時，必須關心及重視社會責任和環境保護議題。若只是強調追求企業利益，忽略社會和環境責任，很可能導致企業與消費者或社會對立，以致企業面臨經營危機。也就是，企業用合乎法律規定與社會道德追求利潤時，也必須建立及有效執行 CSR 目標，以強化企業的競爭力。

一、CSR 發展源起

1923 年英國學者奧利弗·謝爾登（Oliver Sheldon）在對美國企業進行考察後，在其著作《管理哲學》一書中，提出了「CSR」的概念，首次把 CSR 與企業經營者之產業內外各種需要的責任聯繫起來。謝爾登認為企業能夠賺取獲利，除了自身的實力外，重要的是因整體社會的進步與制度的完善，才能成就一個讓商業活動得以順暢運作的自由市場；因此，CSR 需有道德因素在內（仲繼銀，2013）。用現今常用的話來說，就是企業若著眼長遠的獲利，應透過勞工權益、環境永續、公平交易、慈善捐助及活動等方式回饋員工及社會；不僅要照顧到股東，也要把相關人的權益納入企業決策考量中。

　　1953 年霍華德·鮑恩（Howard R. Bowen）在其《商人的社會責任》一書中，正式提出了企業及其經營者必須擔負社會責任的觀點，並首次給 CSR 下了一個明確定義：「商人應將社會目標與價值觀納入企業政策制定及經營決策中；應採取適宜且合乎社會期待的具體行動和義務，做出相應的決策。」（Howard R. Bowen，2015）自此開拓了現代 CSR 研究領域，鮑恩也被尊稱為「企業社會責任之父」。

　　戴維斯（K.Davis）於 1960 年提出「責任鐵律（Iron Law of Responsibility）」，他認為「企業的社會責任必須與企業的社會權利相匹配」；即是商人的社會責任必須與他們的社會權力相對應；權利越大，責任越大（Davis, 1960）。如果企業迴避社會責任必然導致企業社會權力的逐步消失。自有企業產生以來，其對經濟影響力、政治影響力、科技影響力、文化影響力和環境影響力是日漸增強，尤其是一些有規模的大企業，常常會直接或間接影響整個社會運行的權力體系、大多數人的生活方式、政府公共政策的制定，甚至影響著一個國家的運行方針，形成了龐大的「企業帝國」。按照「責任鐵律」權責一致的要求，隨著企業權力的不斷擴張，社會當然要求企業承擔更多的社會責任，否則會引致強大的社會批評和社會壓力，使企業喪失社會所賦予的權力。

　　英國學者約翰·埃爾金頓（John Elkington）於 1997 年提出：經濟責任、社會責任和環境責任的「三重底線（triple bottom line）」：「企業應致力在社會責任、經濟利潤以及環境保護三者之間取得平衡，同時追求人類、地球與利潤的永續經營。」經濟責任就是傳統的企業責任，主要體現為提高利潤、納稅責任和對股東投資者的分紅；環境責任就是環境保護，社會責任就是對於社會福利相關推展的責任；也就是當企業在進行 CSR 實踐時，必須履行上述三個領域的責任。換言之，如企業有永續發展的策略，有關心社會福利和環境保護的目標，有完整的行政措施與足夠資金時，才能稱其為對社會和環境負責的組織（華人百科，2022；鉅亨網新聞中心，2011）。因此，在今天的經濟社會中，經濟責任已經不是定義企業成功與否的唯一要素，越來越多的企業開始認同永續發展理念。大部分企業開始注重「三重底線」中的環境責任和社會責任，而不是單純的追求企業的利潤。現今無論是大、小型企業都迫切的想要調整其經營策略，使其能夠永續發展。他們紛紛尋求適合企業特性的永續發展策略，特別注重減少二氧化碳排放、廢棄物丟棄和自然資源的使用，提升員工的安全和福祉，加強公共關係等等。此些企業開始注重大眾對環境和社會的關注，並對於潛在的永續發展利潤，採取了更加務實的態度。如嬌生公司（Johnson & Johnson）、福特公司（Ford）和

杜邦公司（DuPont）都曾是追求 CSR 的領頭羊，他們基於各企業特定的情況與目標，發展了一套包含經濟責任、環境責任和社會責任的永續發展戰略；並且在企業發展的進程中，他們也嚴格執行當初制定目標及對於永續發展的承諾。

聯合國前秘書長安南（Kofi Atta Annan）於 1995 年在「社會發展問題領導人會議」上正式倡議 CSR，提出建置《全球盟約》的構想；於 1999 年 1 月 31 日在瑞士達沃斯（Davos）世界經濟論壇（WorldEconomicForum,WEF）午會上首次提出《全球盟約》計畫，並於 2000 年 7 月在聯合國總部正式啟動。《全球盟約》包含了 9 項有關人權、勞工、環境的基本原則，因這是由聯合國對 CSR 表達明確的立場，因此《全球盟約》被視為是 CSR 的一個重要里程碑。除了整合聯合國下轄各相關機構，如國際勞工組織、經濟社會理事會等，也積極倡議 NGO、企業共同締結夥伴關係，特別是呼籲大型跨國企業直接投入減少全球化負面影響的行動。同時，世界 50 家大企業的代表會見安南時，表示他們支持《全球盟約》，國際雇主組織也表示承諾舉辦區域研討會推行《全球盟約》。安南在《全球盟約》高級會議上對與會代表說：「我們應該保證全球市場處於反映全球社會需求的共同價值和實際之中……我建議《全球盟約》作為邁向這一目標的第一步。」

聯合國於 2000 年舉行的千禧年大會中，與會的 189 個國家共同簽署了《千禧年宣言》，承諾在 2015 年前要達成《千禧年發展目標（Millennium Development Goals，MDGs）》，其包含消滅貧窮與飢餓、實現普及小學教育、促進性別平等並賦予婦女權、降低兒童死亡率、改善產婦保健、與愛滋病毒、瘧疾以及其他疾病對抗、確保環境的永續性、全球合作促進發展等 8 項目標。2015 年聯合國成立 70 週年之際，於 9 月 25 日聯合國大會（UN General Assembly，簡稱 UNGA）發表《翻轉世界：2030 年永續發展議程（Transforming our world：The 2030 Agenda for Sustainable Development）》文件，其所訂定的 17 項 SDGs 影響深遠，進而讓全世界企業與公民思考如何達成在國際上的發展性及如何與 CSR 策略作結合。

2006 年 4 月 27 日，安南與代表管理資產超過 2 兆美金的全球 16 個國家大型投資機構，在美國紐約證交所聯合發表了「責任投資原則（Principles for Responsible Investment，PRI）」，此原則共列出 6 大類 35 項可行性方案，供機構投資人作為投資參考準則，將環境、社會與公司治理等因素考量納入其投資決策過程之中。2008 年金融風暴之後，再次推升重視 CSR 的浪潮。

二、CSR 發展階段

CSR 的概念會受到世人重視，可追溯到 20 世紀前期工業發展到巔峰時所引發的一種反省，當已開發國家發展達到一定的成度後，企業在社會輿論要求下開始思考企業與員工、環境與社區的合理關係。CSR 發展可分為四個階段：

（一）階段一：公益初階時代

約在 20 世紀前期，又稱「慈善公益初期」時代。這是企業初步接觸回報理念，開始認知回饋社會的意義與責任，企業大都以積極投入公益行動來提升企業形象。此時期企業大都以認養公共區域（如公園）等公益活動為主。

（二）階段二：形象建立時代

約在 20 世紀 50 至 70 年代，又稱「提供及維護社會公益」時代。此時期企業開始提出 CSR 相關理念與目標，但並未和企業經營業務相融合，且將推動 CSR 視為經營成本的付出。但企業開始會去注意社會弱勢群體重要議題，配合企業策略，有計畫及組織去推動企業 CSR 形象。此時期企業通常會舉辦愛心捐血、淨灘、寒冬送暖、愛心義賣會。

（三）階段三：永續認知時代

約在 20 世紀 80 年代至 21 世紀初，又稱「永續觀念萌芽」時代。此時期企業初步接觸永續經營觀念，注意去照顧員工健康及福利，推行與鄰為善活動，開始關心企業周遭社區的需求。企業將 CSR 做為長期經營方針，為企業推行之永續目標。此時期企業會去注意員工的健康與福利，真正體會員工是企業的基石，善待員工就是保存企業的資產。企業會主動舉辦提升企業形象的公益活動，如為罕見疾病者募款、照護弱勢兒童及婦女。

（四）階段四：永續經營時代

2000 年代至今，又稱「體質創新升級」時代。此時期企業是從上到下、長期持續、融入社會倡議，將社會責任納入企業的核心價值、經營策略和業務發展之中，並提高社會影響力。例如，中國信託商業銀行的「點燃愛心之火」，就是超過 30 年的經營。此時期的企業重視「取之於社會、用之於社會」信條，並將其作為永續經營的理

念；積極落實提升品質意識、服務技巧及核心競爭力，並與業務目標相結合，發展出企業新商業模式。企業會定期出版 CSR 報告書，同時設置反饋機制，主動彙整社會大眾對報告的回饋資訊，讓企業了解社會的真實反映，作為企業永續經營的參考。

三、企業推廣 CSR 的好處

企業推動 CSR 活動時，可以為企業帶來許多好處，主要有下述四點：

1. 提高企業形象，增加消費者認同感。

由於消費者愈來愈重視環境保護及社會正義等議題，因此企業的形象對消費者要作出選擇時的影響也就越來越大。而 CSR 活動是最好的宣傳手法，透過社會關懷、環境保護、環保 3R（Reduce, Reuse, Recycle）及倫理教育等活動，可以增加消費者對企業的認同感，從而提升業務成長。CSR 必須與時俱進，跟著社會的發展走，能夠即時回應社會問題的 CSR，成效會更明顯，也會更受到肯定（顏和正，2019）。

2. 建立良好的勞資關係，提升員工對企業的向心力。

企業關心員工是 CSR 很重要的一環，把員工當成企業的「家人」，除了讓員工有好薪資及福利外，還要關心他們的身體健康、工作環境、學習與升遷機會等權益，這些都是有助於員工向心力及增強企業競爭力，進而降低員工離職而產生的成本與風險。

3. 提升企業競爭力，增加與其他企業合作機會。

CSR 是許多企業間評估合作的重要依據，因此實踐社會責任，除了能提升企業在全球市場上的競爭力外，且能增添與其他企業合作的機會，並使企業能永續經營。由於一個產品的供應鏈往往會需要與很多企業合作，如果合作企業發生違反社會正義或違法行為時，也會影響自身企業的形象，造成無法估計的損失。

4. 奠定企業推動 ESG 基礎，可達事半功倍效果。

企業在履行 CSR 後，對如何實踐社會責任和環境保護已有一定的認知與規模；在發展 ESG 時，較清楚應採取什麼樣的相對因應措施、承擔那些責任及如何減少負面影響。因此，當企業要進行評估有關環境保護、社會責任和公司治理等三大面向的指標與實踐時，較能得心應手。

四、CSR 案例

企業落實 CSR 項目、方法與途徑有很多，至於應如何推動與落實，才能夠在兼顧商業利益的同時最大化 CSR 的效益？下述四個實例可供參考：

案例 1：麥當勞之麥當勞叔叔之家

臺灣麥當勞於 1984 年成立，其企業理念是逐步深化與臺灣在地連結。該企業致力於關心環境保護，擁抱所居處的地球；重視食品安全，選用本地優質食材；加強社區營造，推展多元體驗活動；落實以人為本，傳遞活力、健康、安全。讓環境、社會、經濟和企業之間，達到永續共存、正向循環目標。

臺灣麥當勞自 2007 年 4 月起分別於台北、台中與高雄成立「麥當勞叔叔之家」（圖 3-1），其建置之宗旨是「由愛和希望而建出門在外的家」。其為跨縣市至台北、台中或高雄遠地就醫的病童家庭，提供一個「出門在外的家」；透過免費與住宿關懷服務，減緩舟車往返的身心壓力、減少額外交通住宿的經濟負擔，幫助他們更靠近就醫資源、更靠近希望、也讓家人緊緊相繫，渡過生命的難關（麥當勞叔叔之家慈善基金會，2023）。

圖 3-1　臺北麥當勞叔叔之家（麥當勞叔叔之家慈善基金會，2023）

案例 2：宜家家居（IKEA）之賦予二手傢俱全新生命

　　IKEA 是一家來自瑞典的跨國居家用品零售企業，於 1943 年由時年 17 歲的英格瓦·坎普拉（Ingvar Kamprad）於瑞典阿姆胡特（Älmhult）所創立，以「為大眾締造更美好的生活」為宗旨，並以「提供各式各樣美觀實用且價格相宜的傢具」為營商理念。IKEA 希望協助大多數人擁抱更環保的生活，因此專注研發價格可負擔得起的又能善用資源和能源的產品。

　　隨著環保意識的提升，IKEA 於 2022 年起推動「資源永續」活動，對外宣佈將於 2030 年轉型成為「循環企業」。為了落實 3R，其發起顧客將企業發售且可使用的舊傢俱再賣回 IKEA，然後企業再用低價賣給願意買這些物品的新主人（圖 3-2）。此種回購使用過傢俱的思維，要比將使用過傢俱直接送到垃圾場來得環保。IKEA 希望藉由 3R 永續觀念，教育消費者不要過度消費（宜家家居，2023）。

圖 3-2　IKEA 新店店於 2022 年舉辦的二手家具市集宣傳（宜家家居，2022）

案例 3：玉山金控之社會責任與環境保護

　　玉山金控全名為玉山金融控股股份有限公司，成立於 2002 年 1 月 28 日，為我國上市銀行控股公司之一。2019 年，子公司玉山銀行宣布不再承作燃煤電廠專案融資，既有案件屆期不再續約，是我國首家宣布不支持燃煤電廠融資的金融業。至 2023 年 10 月，連續 9 年入選 DJSI 道瓊永續指數臺灣金融業第一、15 度榮獲《天下雜誌》「天下企業公民獎」金融業第 1 名、榮獲《遠見雜誌》「企業社會責任獎」年度榮譽榜。

　　玉山金控長期關注基層教育與弱勢學童，發展出涵蓋教育、輔導資源、家庭議題的社會公益計畫，如捐贈教育基金、提供社區服務和舉辦公益活動。鼓勵員工參與相關活動，並給予實施 CSR 上的責任和權力。其也致力於環境保護，投資多個環保項目，如太陽能發電、地熱發電和水資源管理等；並攜手產、官、學界共同維護棲地及物種保育；還推出多項環保貸款，如多元化永續房貸專案，為永續發展盡一份心力（玉山金控，2023）。

案例 4：信義房屋之偏鄉地區教育關懷

　　信義房屋是於 1981 年創辦，當時我國政府尚未核准房屋仲介公司營業，因此以「信義代書事務所」名義提供房屋買賣仲介服務，直至 1987 年正式成立「信義房屋仲介股份有限公司」。其推出許多房屋仲介制度，例如：不動產說明書、成屋履約保證制度、iPhone 看屋 APP、凶宅安心保障服務。於 2012 年與國立政治大學合作成立「信義書院」推動企業倫理教育。

　　信義房屋遵循永續原則，持續發展滿足居住生活服務各方面需求，積極推動「永續建築設計」和「綠色建築材料」的觀念與使用，以減少對環境的影響。透過社區關懷和偏鄉地區教育計劃，推動孩童伴讀志工活動，提供免費課後輔導、免費學習扶助教材，以幫助弱勢群體（圖 3-3）。信義房屋還鼓勵員工主動參與每月淨灘活動，為了「信義」2 字，該企業特別在信義計劃區內蓋總部（信義房屋，2023）。

圖 3-3　信義房屋的偏鄉伴讀活動（信義房屋，2019）

　　要注意的是，企業在推動 CSR 活動時，最好要與企業本身的核心職能、長期目標或社區需求有關。否則很容易沒有辨識度，淪為「都一樣」、任何企業都能做的評語，以致無法突顯出企業自己的特色。

五、CSR 的沒落

　　近年國內外發生多起商業弊案，如巴西進口蛋及美國豬肉食品安全事件、明陽工廠氣爆、金融機構弊案、海運公司漏油污染海域事件、汽車公司漂綠等事項，社會逐漸降低對於企業的信任度。雖然大部分企業仍在繼續實踐 CSR，但是當企業的信任度被社會大眾懷疑時，將連帶導致消費者會去猜疑企業的產品與服務、其他企業躊躇商業合作意願、投資人不敢投資該企業。CSR 漸漸不被重視原因如下：

1. **CSR 較像口號及道德規範：** 如前所述，CSR 概念是於 1923 年出現，1995 年開始正式提出；由於 CSR 一開始沒有明確或一致性的定義，而是泛指企業承諾在追求經營及發展的同時，願意遵守道德規範，努力為員工、當地社區，以及整體社會，創造更好的生活品質。其較強調企業精神面，鼓勵企業在追求利潤的同時，也要實現經濟發展、環境保護與社會共融的目標。

2. **CSR 缺乏統一規範和衡量標準：** 由於 CSR 沒有一套嚴謹的準則及慣例，比較攏統含糊及過於分散，以致企業在實施 CSR 時，效果無法受到有效檢驗。

3. **CSR 比較分散及短暫：** 過往企業在推動 CSR 時是先考慮賺了錢，然後花一點錢做慈善或公益。如果企業有一個明確的經營理念及目標，應該是追求長期或永續的效益。因為企業的永續存在，應該是在贏利的過程中，考量如何使社會有正向的改變；即在掙得企業利潤時，就已經開始更多關注企業的責任和內涵，在創造良善的社會或環境。

4. **企業開始更多關注利害關係人的責任和內涵，而非僅是 CSR 的口號：** 由於社會發展的趨勢及大眾要求，認為企業不應只是獲利的工具，更應是負責任的組織或團體。企業不應只為企業老闆、董事及股東拼命創造利潤，應該還要兼顧環境永續與企業員工及其家人、合作夥伴、上下游供應商／承攬商、客戶、政府／公協會、社會等相關利害關係人的權益。對於企業而言，ESG 和永續發展已經成為更全面和有效的目標。

第二節 ESG

　　若若提到近年大量出現在金融、商管文章的關鍵字，應是「ESG」莫屬；ESG 是從環境保護、社會責任、公司管理去評估一家企業經營的發展指標。換句話說，可以想成「永續經營」是企業應該追求的大方向，CSR 是永續經營的主要概念，ESG 則是實踐 CSR 的原則及永續經營的衡量指標。

一、ESG 發展源起

如前所述，2004 年「聯合國全球契約」提出 ESG 的概念，於 2005 年聯合國提出《Who Cares Wins》報告，首次將 ESG 作為評估一間企業永續經營的指標。在 2008 年爆發金融危機時，ESG 的概念獲得了更多的關注。以美國市值前 3000 大的企業為例，當時 ESG 評分愈高的企業，受金融危機波及程度愈低。另外，全球最大且掌管超過 1 兆美元（約新台幣 32 兆元）資產的挪威主權財富基金（GovernmentPensionFundofNorway，GPFG），在基金管理組織內就設立了道德委員會，定期審核企業的 ESG 標準，只要不及格即列為投資黑名單（鄧白氏，2022；經理人，2023）。

2006 年 4 月聯合國於紐約成立了「聯合國責任投資原則」組織，其是致力將 ESG 納入投資決策的組織，其核心理念認為 ESG 是投資決策中重要的相關因素，ESG 就如同一間企業的健檢報告。因此認真或負責任的投資人在投資時，應該用 ESG 來衡量一間企業的社會責任表現（市場先生，2021）。

根據聯合國環境規劃署（United Nations Environment Programme, UNEP）於 2006 年 7 月出版的報告「Show Me The Money: Linking Environmental, Social and Governance Issues to Company Value」中，說明了對環境友善、擔負起社會責任、以及更好的內部與外部關係人管理，其實都可以幫助股東賺取更穩定且長遠的利潤。特別是當經濟發展帶來更多問題的今天，重視 SDG 與 ESG，並參考更嚴謹的投資標準，無疑是必然的趨勢，是各國政府、企業及個人都會面對到的議題（黃一展，2021）。

過往企業經營理念是只需要重視財務數據就好。但隨著永續意識升高，各界對於 ESG 議題越來越重視。近年來全球各國政府、學者或企業發現氣候變遷對自然環境、社會及全球經濟會產生嚴重的影響，因此許多學者專家更強調 ESG 的概念與落實，許多評分機構也應用 ESG 的三個面向來協助企業打 ESG 分數，投資人可以透過 ESG 分數的高低，作為選股的參考，因此也稱其為 ESG Investing（ESG 投資或永續投資）。

重視 ESG 概念的企業，除了擁有透明的財報，也包含穩定、低風險的營運模式，長久的表現也會相對穩健。由最近一年（2021 ～ 2022）資本市場資料來看，ESG 就是非常熱門的話題；以 ETF（Exchange Traded Fund，指數股票型基金）來說，只要 ESG 資料完整及分數高，都是投資人比較喜歡的標的。根據臺灣集中保管結算所分析，只要 ESG 評分高的企業，都能獲 20 ～ 29 歲股民持股庫存的青睞，足見 ESG 受到的高度關注。

二、ESG 重視理由

現今企業強調「企業倫理」外，為什麼還對經營是否符合 ESG 的標準如此重視？其理由如下（今周刊，2022；鄧白氏，2022；貝萊德，2022）：

1. 根據世界經濟論壇發表的《2020 全球風險報告》記載，環境風險已成為當前全球必須面對的問題，如果不正面回應，首當其衝的就是企業本身。這使得投資人、公民團體開始嚴格監督企業和政府。

2. 資誠聯合會計師事務所於 2021 年 10 月發布《全球投資人 ESG 調查報告》，顯示，ESG 議題已成為全球投資者進行投資決策的驅動因素。企業必須學習在不斷變化商業環境中落實 ESG，減少風險的衝擊。ESG 數據不只是靜態的分數，更是動態的展現。企業要揭露的不僅是過去財務經營績效，更要以 ESG 的目標達到永續經營。

3. 許多相關研究都指出，企業長期投資社會資產，較能得到投資人的信任，進而帶動企業的績效維持在一定水準。

4. ESG 通常與「永續投資」一詞混合使用或相互通用；事實上，「永續投資」是一個「整體理念」，而 ESG 是用於辨別及制定具體永續投資方案的數據分析工具。

5. ESG 的數據通常被歸類為「非會計」資訊，因為它反映了過往傳統上未揭露於報告，卻是對價值（value）提供重要的訊息。

6. ESG 如同一間企業的健檢報告，也就是評估一間企業的整體表現，不僅要財務表現亮眼、照顧好員工與股東，更需要承擔更多社會責任；企業規模不僅需要做大，更要長久達到永續經營。

7. 隨著影響企業評價的因素日趨多元，無形資產的影響力不斷增加；透過 ESG 指標可衡量企業管理階層所作出影響營運效率及未來策略方向的決策，並提供品牌價值及聲譽等無形資產狀況的觀點。

8. 企業納入 ESG 三個面向及要素，主要是在利用研究、數據及觀點去帶動所有投資活動的流程全面改善。因為永續發展議題足以影響企業的長期財務表現，就長期投資而言，將這些要素納入投資研究、投資組合構建及管理流程中，有助提升風險調整後的報酬。

9. 為基金經理人提供識別投資組合風險與機遇的工具及資訊，改進所有投資組合的投資流程及執行程序，在作出投資決策前考量具重要財務影響的 ESG 資訊。

三、ESG 指標涵蓋的範圍

　　傳統在決定一家企業是否值得投資時，機構投資人大多只會檢視企業的財務報表，並以營收、獲利等指標來判斷投資價值。然而，在納入「ESG」的考量後，投資人所看到的項目，將大幅擴展至各類影響企業未來發展的「非財務因子」。例如：企業在碳排放上的管制及能源使用效率的高低、供應鏈廠商生產線對環境保護所做的努力與衝擊、員工的教育培訓與工作環境安全、勞動條件的好壞，與相關利害關係人之間的權益關係等。

　　目前 ESG 已被公認為專門用來評估企業永續經營的新型指標，而這也會是影響投資人最重要的投資決策之一。其涵蓋三個面向分別為（鄧凱元，2016；顏和正，2019；經理人，2023）：

（一）環境保護

　　代表企業在環境永續議題上所下的努力，包括：空氣汙染、減碳減廢、揭露綠足跡、能源管理、燃料管理、採用綠色能源（green energy）、節水節能、產品包裝、生物多樣性、溫室氣體（greenhouse gases，簡稱 GHG；指大氣中易吸收長波輻射的二氧化碳（CO_2）、甲烷（CH_4）、氧化亞氮（N_2O）、六氟化硫（SF_6）、三氟化氮（NF_3）、全氟碳化物（PFCs）、氫氟氯碳化物（HFCs 等 10 種）等氣體）排放、淨灘、水及汙水管理、推動循環經濟等。例如，大愛感恩科技公司秉持「與地球共生息」的理念，開發寶特瓶回收再生利用的環保科技，使用回收寶特瓶來做衣服；遠東新世紀公司將陸、海、空的廢棄物回收，再製成食品包裝材料、布料纖維、鞋材等等，其中最為人津津樂道的是該公司協助 Adidas 使用海洋塑膠垃圾，再製成 3 個等級的紗線，重生為一雙雙時尚的運動鞋，圖 3-4 為在桃園縣觀音區做的世界第一雙由海洋廢棄塑膠製成的鞋子。Nike 公司研發重新加工和回收所有舊運動鞋，將回收的材料被用來生產新體育地面如籃球場、跑道和遊戲場（大愛感恩科技公司，2023；鄧凱元，2016；Nike，2023）。

圖 3-4　由海洋廢棄塑膠製成的鞋子（鄧凱元，2016）

（二）社會責任

　　是指企業除了要創造利潤、對股東利益負責外，也要承擔對員工、社會和環境的責任。遵守商業道德、善待員工、節約資源，並在進行活動時，能完成法律、道德層面的標準。包括人權、社區關係、客戶福利、勞工關係、薪酬與福利、多樣化與共融、雇員健康安全。例如，Nike 公司的社群大使項目，要求其全球職員在他們各自的社群裡做共享，教導社區孩子更加活躍和健康的生活方式。臺灣家樂福賣場力行總部「食物零浪費」的社會責任精神，自 2016 年起陸續與多家食物銀行合作，將沒賣完的食物食材，化為社區老人共餐、學生課輔、弱勢民眾的餐點，以減少食物浪費，並照顧弱勢。其也在賣場內開辦食物募集，邀請民眾將買多的食物或將家中吃不完的食物放進花車，再連結各地食物銀行，為弱勢開辦營養晚餐計畫；並與宗教團體成立實體食物銀行，讓弱勢民眾直接入店選取所需。國泰金融控股公司率先簽署了赤道原則（Equator Principles，簡稱 EPs）、責任投資原則，於全球供應鏈推動「No ESG, No Business」，金融機構也同時推動「No ESG, No Money」；其不僅要自己好，還希望用集團的影響力化為動力，去議合（engagement）企業，讓全臺灣產業一起好、一起永續、一起減少碳排放。所謂赤道原則，就是一套由金融機構採用以控管風險的框架，用以決定、評估、管理一項專案融資的社會與環境風險。該原則旨在提供盡責調查的最低標準，與確保負責任的決策（Nike，2023；家樂福，2023；國泰金控，2023）。

（三）公司治理

　　公司治理也是 ESG 企業永續經營很重要的一環，其泛指企業管理與監控的方法，也是一種落實企業經營者責任的過程。企業除了要以透明、公開、有效率、遵守法規等做法來治理，同時要創造獲利、加強企業績效、保障股東權益、兼顧利害關係人利益、善盡企業管理責任。企業管理責任包括：善待企業員工及其家人、上下游供應商/承攬商、客戶，及創造幸福職場；遵守商業倫理、物料採購規則、公平公正公開競爭行為；完備的供應鏈管理（Supply Chain Management，簡稱 SCM）、系統化風險管理（Systematic RiskManagement，簡稱 SRM）、職業安全衛生管理。例如，Nike 公司要求代工廠必須做到百分百保障勞工權益。例如，傳統航運貿易流程非常繁瑣，其包括了產品報價、訂購製造、開狀押匯、訂艙投保、出貨運送、提單簽發、進出口報關及提領貨櫃，過去都沒有統一揭露資訊的平台，通常需曠日費時，長榮海運為提升營運效率及解決碳稅需求，推數位轉型及相關措施：全球運營分析系統與服務平台、即時

線上訂艙平台及雲提單，大大的提升管理及服務效能。長榮海運也是臺灣第一個取得碳盤查（Carbon Footprint Verification，CFV）ISO14064 及 GHG protocol（Greenhouse Gas Protocol，溫室氣體盤查議定書）雙認證的貨櫃航商，同時規劃進行貨運專用標準 ISO14067 碳足跡（Carbon Footprint）及 ISO14083 供應鏈盤查標準，完整計算母公司、海外子公司、船隊到供應商的碳排放，符合金融監督管理委員會（簡稱金管會）對上市公司的規範與歐美國際標準（郭逸，2023）。上述 ISO14064 是作為溫室氣體盤查與查證方法的依據；ISO 14067 是專門管理企業組織的產品或服務所產生之碳足跡，針對從原物料開採、製造、包裝、運輸到廢棄處理或回收之生命週期內，直接與間接產生的溫室氣體排放量，設定一致性規範與計算方法；ISO14083 為提供物流業建立量化和報告其運輸鏈營運中產生的溫室氣體排放量的方法；GHG protocol 是一套全球通用的企業溫室氣體會計與報告的標準，用以管理企業之溫室氣體排放量。

ESG 的「公司治理」部分，企業除了必須保障股東權益、強化董事會職能、發揮監察人功能、尊重利害關係人權益外，特別重視「資訊揭露及透明度（transparency）」。上市櫃公司的相關資訊（例如法規遵循情形、資訊時效性、財務預測資訊、年報資訊、企業網站資訊、資安作為）揭露，其目的是要維護證券市場的公平交易、避免資訊不對稱及保護散戶投資人。隨著社會和環境議題對企業經營的影響日增，不僅要求企業財務績效公開透明，連同非財務績效也都需一併揭露；因為企業在「環境保護」及「社會責任」的績效，也是許多金融機構或基金經理人決定投資與否的重要參考因素。

四、ESG 與 CSR 的區分

ESG 常易與 CSR 的概念搞混，如本章第一節所述，CSR 是企業於經營時必須遵循社會道德規範及合乎社會的期待；企業除了考量獲利、股東及員工福利外，也要對社區進行關懷與服務，完全是屬於「道德」範疇的約制。ESG 則是企業在經營獲利之同時，還要對社會服務、環境保護的永續發展有所貢獻，並要考慮到企業對社會和自然環境所造成的影響，實踐「取之社會、用之社會」目標。也就是企業於貢獻經濟發展的同時，尚須承諾遵守企業規範及善待利害關係人（廣義言）：企業股東 / 投資人、董（監）事與管理階層、企業所屬員工及其家人、上下游供應商 / 承攬商、客戶、策略聯盟夥伴、一般債權人或債權銀行、政府 / 公協會、社區居民及社會，其是屬於「指標」範疇的標準。

2008 年金融風暴之後，聯合國不但再次強調及強化 CSR 的重要性，更多的是突出企業要盡快落實 ESG。探究其因，CSR 提出的是一個廣泛的概念，ESG 則是提出如何實踐 CSR 的原則。從環境保護、社會責任、公司經營等三個面向評估一家企業的「永續」發展指標。也就是，假設「永續發展」是企業應該追求的大方向，CSR 是永續經營的主要概念，ESG 則是其中一種衡量指標（經理人，2023）。

由於全球氣候變遷、性別平權、貧富差距等問題，聯合國在 2015 年提出「2030 SDGs」（詳見本章第三節），其包括了 17 個永續發展目標、169 項細項目標、230 個參考指標，藉此引導政府、企業、民眾，透過決策與行動，一起努力達到永續發展。CSR、ESG 與 SDGs 之間有何關聯呢？簡言之，CSR 是「永續發展」的概念；ESG 是實踐 CSR 的原則，可用以評估一家企業的永續發展指標，與作為投資市場的評斷標準；而 SDGs 是列出永續發展的細項目標，及共同執行可落實的具體方針。當 ESG 與 SDGs 兩者密切結合與執行時，將會帶動企業高成長永續發展及創造更多社會福祉。

五、ESG 與碳盤查

ESG 是企業永續經營的重要指標，要如何在追求企業營收的同時，保護環境是所有企業需要思考的首要問題。各國為降低氣候變遷對 ESG 的衝擊，紛紛推出減碳相關法規或政策。例如：我國政府於 111 年 3 月 30 日發布 2050 淨零碳排（net zero）及策略總說明、112 年 2 月 15 日公布施行《氣候變遷因應法》，並納入 2050 年淨零碳排目標、2030 年減碳目標為 24％ ±1％。歐盟為達到以淨零碳排代替碳中和（carbon neutralization）及避免造成碳洩漏（carbon leakage）兩個目標，遂於 2022 年 12 月 13 日宣布，自 2023 年 10 月 1 日起開始實施「碳邊境調整機制（Carbon Border Adjustment Mechanism，簡稱 CBAM）」申報，任何高碳排產品出口至歐盟地區時，均需要被課徵高額關稅，自 2026 年開始徵收碳關稅。

淨零碳排是指在特定的一段時間內，全球人為造成的溫室氣體排放量，扣除人為移除的量等於零。碳中和是指國家、企業、個人或產品在一定時間內直接或間接產生的二氧化碳排放總量，經由使用低碳能源取代化石燃料、植樹造林、節能減碳等方法，以抵消自身產生的二氧化碳排放量。碳洩漏是指某一國家或區域採取較嚴格的氣候政策而減少溫室氣體排放量，導致另一個國家或區域增加溫室氣體排放量。

（一）碳盤查

實施「減碳」，就像一個人在實踐「減重計畫」，首先要備有完整的減重規劃、量測體重、持續紀錄及檢討。同樣的，企業透過「碳盤查」，才能清楚整個事業體的碳排放量和分布現況，以作為減碳的規畫及行動方案，並據以實施。環境部於 2023 年 08 月 24 日公布碳費時程，我國將於 2024 年初確立碳費費率、2024 年完成盤查碳排、2025 年依盤查結果開徵碳費；也就是說，全國約有 512 家直接、間接排碳每年達 2.5 萬噸的排放源，將於 2025 年繳交第一筆碳費，以接軌 2026 年歐盟 CBAM，而在臺灣繳過碳費，就能扣減歐盟碳關稅。「碳盤查」有五原則（知識學院，2022a）：

1. **相關性（relevant）**：確認溫室氣體排放的排放源。
2. **完整性（completeness）**：確認所有溫室氣體都有被考量到。
3. **一致性（consistency）**：使用相同的計算程序和規則計算溫室氣體排放量。
4. **正確性（accuracy）**：確認計算方式為當時實際的溫室氣體排放結果。
5. **透明（transparency）**：整體碳盤查資料是否透明？願意提供查詢及比對。

「碳盤查」有五個主要步驟（知識學院，2022b；彭立言、CSR@ 天下編輯部，2023）：

1. **界定邊界**：指企業碳盤查範圍的設定，如事業體邊界首要選定哪些地址要盤查，產品或服務是只盤查原物料開採、製造，還是要涵蓋運送和消費者使用階段、廢棄後焚化處理階段都要盤查，還有營運邊界與基準年設定等。

2. **排放源鑑別**：鑑別邊界內會造成大氣溫室氣體濃度改變的排放源或過程，碳揭露排放源共分為三大類包含（圖 3-5）：

來自於製程或設施之直接排放，例如企業工廠煙囪、製程、通風設備直接排放、企業所擁有或控制的固定燃燒源、交通工具（如公務車）、逸散源（如冷媒）。	來自於外購電力、熱或蒸汽之能源利用的間接排放。	非屬自有或可支配控制之排放源所產生之排放，例如因租賃、委外業務、上下游運輸、商務旅行、廢棄物處理、使用的產品之間接溫室氣體排放、員工通勤等造成之其他間接排放。

圖 3-5　碳排放源的類別

3. **排放量計算：** 計算溫室氣體排放量，一般常見的計算方式為：活動強度 × 排放係數 × GWP 值（Global warming potential（全球暖化潛勢，簡稱 GWP），是衡量溫室氣體對全球暖化影響的一種手段）。例如活動強度是使用了一公升的汽油，利用行政院環境部網站提供試算工具，找到排放係數和 GWP 值相乘，就能算出這項排放量。

4. **撰寫排放清冊與報告書：** 揭露該次的溫室氣體盤查結果。清冊主要記錄整個排放量數值方面的計算過程，包含活動強度和所引用的係數等；報告書則針對前面的邊界、排放源、排放量計算，需完整說明公司的溫室氣體管理政策。

5. **查證：** 此階段工作分為內部查證和外部查證。內部查證指的是公司內部或顧問單位針對盤查清冊和報告書內容進行檢查，檢查方向包含數字正確性、邊界設定、參考文獻正確性等。外部查證則需要委由第三方公正單位來進行查證，提出疑義處被查證者須進行回覆和內容的改善，方能取得查證聲明書。

　　目前我國產業溫室氣體盤查規範主要由行政院環境部與金管會分別各自提出，按照行政院環境部公告的「溫室氣體排放量盤查作業指引（2023）」，其中應申報及登錄溫室氣體排放量的對象，依照行業別屬性分有發電業、鋼鐵業、石油煉製業、水泥業、半導體業、薄膜電晶體液晶顯示器業等。依照規模分類，則是全廠（場）化石燃料燃燒的直接排放產生溫室氣體年排放量超過 2.5 萬公噸二氧化碳當量 CO2e（carbon dioxide equivalent，是測量碳足跡（carbon footprint）的標準單位），須每年申報其範疇一、範疇二排放量（彭立言、CSR@ 天下編輯部，2023）。碳足跡（也稱為溫室氣體足跡（greenhouse gas footprint））指的是由企業、個人、事件、地點或產品產生的溫室氣體（GHG）排放總量。

　　金管會於 2022 年 3 月 3 日發布「上市櫃公司永續發展路徑圖」，採取「先個體再合併」、「先盤查再查證」、由「大到小」分階段實施「碳揭露（carbon disclosure）」。第一階段為資本額 100 億元以上上市櫃公司及鋼鐵、水泥業，其個體公司須於 2023 年完成碳盤查、合併子公司須於 2025 年完成碳盤查。第二階段為資本額 50 到 100 億元，其個體公司須於 2025 年完成碳盤查、合併子公司須於 2026 年完成碳盤查。第三階段資本額 50 億元以下，其個體公司須於 2026 年完成碳盤查、合併子公司須於 2027 年完成碳盤查。2029 年是所有公司（含合併子公司）都要完成碳盤查確信，以建置健全之 ESG 生態體系。

　　「碳盤查」的結果可體現企業善盡社會責任之決心，也能呈現出企業推動 ESG 的三大面向─環境保護、社會責任與公司治理之實踐成效；其不但可獲得投資人和民眾青睞，也可提升合作夥伴信任度，也符合我國金融法規要求，是企業能否永續經營的關鍵指標。

（二）碳權、碳稅與碳費

　　為了促進全球減少溫室氣體的排放，在 1997 年 84 個締約方在「第 3 屆聯合國氣候變遷大會（UNFCCC COP3）」上簽訂了《京都議定書》（Kyoto Protocol），並在 2005 年 2 月 16 日正式生效（詳細資料請參考本書第貳篇第 5 章第一節）。議定書上正式訂定「碳權（carbon credit）」為可交易的產品，因此就有了目前的碳排放交易（emission trade）機制，其中部分是彈性減量條例，可以降低各個國家在履行減排承諾時所需承擔的經濟影響。2015 年 12 月 12 日通過的《巴黎協定》第 6 條也有論述國際之間合作減碳的「碳權」怎麼計算，其主要是規範各締約國之間的「碳排放交易機制」，讓各國透過買賣「碳權」來抵銷碳排，以減輕各國減碳的成本壓力，因此第 6 條經常被稱為「碳市場」。

1. 碳權

　　「碳權」即是排碳的權利，也就是碳的排放權，其是以相當於一公噸碳排量為計算單位。企業可透過取得「碳權」，符合我國政府的碳管制規範或因應國際供應鏈與倡議的碳中和要求。若組織（即國家或企業）的排碳量未達上限，可將未使用的排碳餘量出售給未達減量目標的組織；也就是，排碳量需求高的組織須向有排碳餘量的組織購買超額的排碳權利，以彌補其不足的排放權。碳的有價時代已來臨，不只碳排變成成本，減碳也可變成效益與價值。

　　「碳權」雖然不是實體商品，卻是為減緩氣候變遷而產生的「碳交易」商品，由於「碳交易」是由政府設立總量目標，因此減碳成效與結果較能掌握。碳交易可分二個層級，第一個層級是「國際的」：即是國際之間合作減碳的「碳權」計算；第二個層級則是「國內」的或「區域」的「碳權」計算：即「碳權」交易是自行在「國內」或「區域」做，例如韓國是「國內」的、歐盟是「區域」的碳交易制度。目前全世界「碳交易」之相關規則及法律還不是十分嚴謹，皆在摸索中。要特別注意的是，「碳權」應是真正為了減緩氣候變遷而做的減碳規劃，如果所提的規劃無助於減緩氣候變遷，那就是漂綠（greenwash，指一組織宣告其活動是對環境保護的付出，但實際上卻是反其道而行，以誤導大眾。）申請「碳權」是企業自己抵減或是拿出來賣，只能二

選一；因此企業必須嚴謹衡量企業的減碳策略。目前我國「碳權」賣方依規定需為企業、工廠或行政單位等事業，自然人不能申請。

　　好的「碳權」應該具備下述五大原則（表 3-1）（劉庭莉，2023；陳映璇，2023）：

表 3-1　碳權的五大原則

外加性	「碳權」必須是「額外」的減碳行為，可分成：法規外加性、財務外加性、障礙外加性等。若法律已強制要求或有助企業降低成本就不能認定「碳權」，例如更換節能照明，就不是外加性。
永久性	指減碳成效須為永久持續，如植樹造林可能有毀於森林大火的風險。森林專案如果發生火災，樹木被燒毀就會釋放碳；買家必須留意碳抵換專案如果發生「開倒車」，是否有保險或是緩衝的儲備。
沒被高估	減碳專案應先列出一個預估基線情境，然後對照實際的碳排量（指未做任何減碳改變前）所產生的減量額度，因為高估減碳量、低估實際排放量或未計算間接影響等，會導致超額發行「碳權」。例如有些造林專案常會有高估的情況，買家須多留意專案的監測數據是否有不合理或偏離方法學。
減量獨家擁有權	減碳專案不可重複發行、重複使用，須有嚴謹的金融監管機制確保減量獨家擁有權，避免重複計算。買家要注意代理人註銷抵換額度時，是否在碳抵換計畫計冊系統清楚列出註銷用途。
沒有對社會或環境造成重大危害	「碳權」開發商在執行專案前，應諮詢可能受影響的當地利害關係人，並取得第三方證明該專案沒有對相關社區環境造成重大影響。

　　國際間有兩大「碳權」交易系統，是兩種完全不同的碳市場體系（阮怡婷，2023；曾允盈，2023）：

（1）總量管制與交易（cap and trade）體系

　　其是由政府頒布法律設立「碳交易」市場，以設定企業排放二氧化碳總量的上限額度，所產生「碳權」是屬於「強制性碳權」，比較能控制溫室氣體排放量。因「總量管制與交易制度」是有市場交易才有市場價格，比較能激勵企業實施低碳行為，例如透過低碳科技爭取減量價值、創造額外收入。

　　政府依據企業排碳總量和減碳目標，每年核發「排放配額」，每家企業有排放總量的上限額度，數量有限，發完就沒有。若企業實際排放量超出配額，就需要購買「碳權」沖銷；反之，企業排放量低於上限，就能把剩餘額度轉換成「碳權」出售。總量管制與交易的「碳權」，是政府發放的碳配額；歐盟、美國加州、韓國、紐西蘭均採取這樣的運作方式。

（2）碳抵換（carbon offsets）體系

其與「總量管制與交易體系」不同，通常作為「總量管制與交易體系」的補充手段；其是透過減碳專案計算出「減量額度」（credit），是屬於「自願性碳權」，是以專案的方式減碳。我國有環境部認證的「碳抵換專案」。目前常有高所得國家前往低所得國家進行投資，例如去印尼植樹、去烏干達推行清潔爐灶、或去印度發展風電，是一種無中生有的金融商品。零碳美妝品牌歐萊德（O'right）就是在非營利組織維拉（Verra）平台的「碳驗證標準」（Verified Carbon Standard，簡稱 VCS）上購買 5 年碳權，迪士尼、Gucci 等大企業向 Verra 購買雨林碳抵減額度，以此宣稱達到碳中和。

因為現有的制度還不完整，「強制性碳權」與「自願性碳權」還不能互通，目前除了歐盟有統一的市場之外，其他國家都是各做各的。各個國家的配套因為產業結構不同有所差異，制定出的價格也不同。由於我國市場規模太小、高度集中，採取了「自願性碳權」，短期內應不會走向金融商品化。

我國環境部於 2023 年 10 月 12 日公布「溫室氣體自願減量專案管理辦法」及「溫室排放量增量抵 管理辦法」，提供業者申請自願減量與增量抵換時的參考，並鼓勵事業及各級政府提出自願減量專案取得「碳權」。氣候變遷署同時也推動自願減量機制，鼓勵事業及各級政府提出自願減量專案取得「碳權」，可供事業扣抵碳費或交易提供給有需要者進行抵換。

環境部所公布的「溫室氣體自願減量專案管理辦法」，是採取「三加五原則」，包括可量測、可報告及可查驗，並具備外加性、保守性、永久性，且避免產生危害、避免重複計算原則。申請者可選擇「移除類型」（如造林）、「減少或避免排放類型」（如直接減少排放氣體）等多元措施，經過註冊、額度審核兩階段申請，並經過第三方查驗機構確證及查證，算出實質減量數字。「溫室氣體排放量增量抵換管理辦法」中應實施增量抵換的對象，都是規模達應實施環評的開發行為、工廠設立且年排放量達 2.5 萬公噸二氧化碳當量以上、園區興建或擴建、火力發電廠，以及高樓開發案等。抵換來源包括汰換老舊汽（機）車為電動汽（機）車、汰換空調、照明、漁船集魚燈、老舊農機等。此兩辦法可擴大各界參與，企業、民間機構或各級政府可依提出自願減量專案，進而取得減量額度。民眾個人則可透過汰換老舊汽（機）車、農業機具等，將減量效益賣給環評開發單位。

　　由我國證交所和行政院國發基金共同出資成立的臺灣碳權交易所（Taiwan Carbon Solution Exchange，簡稱 TCX），已於 2023 年 08 月 07 日在高雄軟體園區掛牌，碳權交易所未來三大類營業項目，分別是：國內碳權交易、國外碳權服務、碳諮詢及教育訓練。碳權交易方式主要有三種（圖 3-6）：

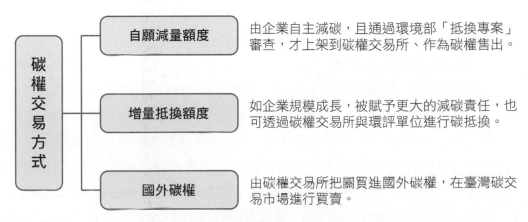

圖 3-6　碳權的交易方式

　　未來企業可在碳權交易所的平台購買海外與國內碳權，由於價格資訊公開、透明、且有交易所把關碳權品質，企業就不用擔心買到假的碳權。當企業決定要購買碳權時，首先要確定有完整及可行的減碳計畫，並在已實踐所有減碳的措施下，才需考慮購買碳權，以免引發漂綠的誤會及爭議。企業購買碳權需注意 2 件事：適用範圍及流通性。所謂適用範圍，是要確認購買碳權是要在國內抵換，還是國外抵換；若用在國內的排放抵換需求，依臺灣現行法規，抵換來源必須是國內的碳權，海外買的碳權僅能抵減海外營運據點的碳排。如果是用來滿足企業本身主張碳中和或 ESG 的需求，只要國際機構投資人認可即可。如果企業買了碳權還要再轉賣，就要思考碳權之間可否轉換。例如黃金標準（Gold Standard，GS）的碳權只能跟黃金標準轉換交易；但碳驗證標準（Verified Carbon Standard，VCS）的碳權就不受限，流通性更高（陳映璇，2023）。VCS 又稱為自願碳標準，是認證碳信用以抵消排放的標準，VCS 是由世界上最大的自願性碳抵銷認證機構 Verra 管理。

2. 碳稅

　　「碳稅」是依照企業或事業體的碳排放量所造成的環境汙染來徵收費用，其歸類於環境稅費。碳稅是由財政部徵收，為政府整體稅收的一部分，有「統收統支」特性，可使用於社會福利或基礎建設。目前瑞典、芬蘭、瑞士、挪威、新加坡、日本等國家都是課徵碳稅。

3. 碳費

「碳費」是依照碳的排放量來徵收，其與加油的道理相似，加多少油就必須付多少錢；使用多少碳就需要付多少錢，碳費由環境部徵收。排放的二氧化碳價格是以每噸二氧化碳當量（tCO2e）作為計價單位。碳費只是收費，未必可以控制到碳排放量，除非「碳費」的費率訂很高，否則不易促成減排。更何況，碳費只是多繳或少繳錢而已，缺乏誘因去驅動企業的減碳科技研究。

碳費是經濟手段而非財政工具，徵收目的是為促進實質減量。徵收到的碳費屬於專款專用的行政規費，將會用於減碳項目，當作政府推動減碳措施的專案費用。《氣候變遷因應法》已列了「碳費」9 項用途，例如用於發展減碳科技或成立氣候基金；也能補助地方政府，以促進低碳經濟發展，目前全世界只有我國是徵收「碳費」。

碳費與碳稅都是為了達到淨零減碳及降低溫室氣體的排放所設定，以期達到 2050 年淨零排放目標。當歐美皆相繼推出碳稅法案（例如歐盟和美國已提出 CBAM 和《清潔競爭法案》（Clean Competition Act，簡稱 CCA）），我國若不徵收「碳稅」或「碳費」，企業產品出口時最後仍可能要繳費給他國。因此臺灣要先建立碳稅、碳費制度，才有機會跟歐盟或其他國家談判不重複徵收碳稅。

碳費與碳稅都是以價制衡企業碳排放量的工具，針對「價格」所制定，成敗關鍵在於稅制的高低。《氣候變遷因應法》已建立課徵碳費的機制，預定在 2024 年分階段實施開徵，碳費的收費標準尚待中央費率審議會訂定，即「碳費價格」是由政府制定每一噸碳所需支付的金額，以要求企業認真施行減碳，但較難預測減碳成效。而碳權交易系統則是以量制價，是由市場供需所決定；至 2023 年 11 月，國際上已有 70 個國家地區或城市是排碳有價的；其中，35 個是開徵碳稅，35 個是總量管制與交易體系。另外，《氣候變遷因應法》已把「碳稅」、「碳總量管制」等文字列入於因應法中。

（三）碳匯

碳匯（carbon sink 或 carbon sequestration），泛指自然環境中吸收或儲存二氧化碳的天然或人工「倉庫」，其能夠無限期累積及儲存二氧化碳，例如、土壤、海洋、凍土等，根據「碳」的不同來源與儲存方式，科學家將它們依照形象顏色分為：綠碳、藍碳、黃碳（綠色和平，2021；朱姵慈，2023；柳婉郁，2023）：

1. 綠碳

　　森林、根系、灌木叢、枯落物是地球上最會儲存二氧化碳的天然「倉庫」，植物能將吸收空氣中的二氧化碳行光合作用，一棵樹木平均可以吸收 900 公斤的二氧化碳，全球森林每年吸收約 26 億噸二氧化碳，其也被稱為森林碳匯。全球最大的亞馬遜熱帶雨林，每年從大氣中吸收的二氧化碳占全球森林的 20％ 至 25％，儲存了近 1,000 億噸二氧化碳。目前量測綠碳的方法較為完整及方便。森林所創造的碳匯要轉換成「碳權」，首先賣方可向國內的環境部或國際獨立碳權核發機構申請碳權。

2. 藍碳

　　指所有被海洋生物從大氣中吸收與儲存於生態系的二氧化碳，例如鯨魚、濕地、沼澤、珊瑚礁、紅樹林、海草（seagrass）、鹽沼（salt marshes，又稱鹽鹼灘）、海底沉積物等，而超過 55% 的二氧化碳儲存在紅樹林、沼澤、海草、珊瑚礁和人型藻類中的生物體中，其又被稱為海洋碳匯。鯨魚是非常強大的儲碳高手，一隻大鯨魚一生能吸收約 33 公噸二氧化碳，超過約 1,000 棵樹的儲碳量。藻類生長快速，生命週期短，被視為短期碳匯工具。紅樹林所吸收的二氧化碳約有 88% 會儲存在超過 3 公尺的底泥中，每公頃約可儲存 1,023 公噸，其碳匯能力是所有藍碳中最高的。紅樹林，海草及鹽沼碳匯儲量非常大，被稱為藍碳三寶，且碳匯可長達數百年至數千年。海草和海藻長得很像，但是關係很遠，海草是唯一能生活在海中的維管束開花植物，跟陸地上的花草是近親。海草床在全球分布面積約 30 萬平方公里，雖然僅占全球海床的 0.1% 面積，但儲存的碳卻佔了海洋的 18%，估計總共儲存了 199 億公噸二氧化碳。鹽沼是一種在海岸線潮間帶的草地沼澤地形，主要由泥巴與泥炭組成，泥炭就像一塊吸滿水的柔軟海綿，能防止洪水氾濫。全球分布面積雖然只有 5 萬平方公里，卻儲存約 250 億公噸二氧化碳，是隱藏版的儲碳大戶。

3. 黃碳

　　因植物行光合作用，所吸收的二氧化碳，只有 42% 的碳儲存於植物體地上部；剩餘約 50% 以上的碳，則是由植物體地下根莖及土壤有機質所吸收。當土壤有機質進一步分解形成腐植質，則需要數百年的時間，過程可固定、封存或儲存相當龐大的碳匯量，而使土壤為儲存二氧化碳的天然「倉庫」。例如農田、草原地、山地土壤、旱地、泥炭地、黑土、永凍土及都市土壤，地球上的土壤每年約可吸收人類排放物的四分之一，其也被稱為土壤碳匯。

第三節 SDGs

　　如前所述，SDGs 是聯合國在 2015 年提出的「2030 永續發展目標」，其有 17 個永續發展目標、169 項細項目標及 230 個參考指標。

　　SDGs 包含消除飢餓、促進性別平權、負責任的生產與消費、減緩氣候變遷等 17 個永續發展目標，藉此引導政府、企業、民眾，透過每次的行動與決策，一起努力達到永續發展的可能。17 個永續發展目標分列如下（張瑞剛等，2022）：

1. 消除貧窮（No Poverty）

——消除全世界一切形式的貧窮。

　　對抗貧窮的政策比起其他領域的公共政策來說，更需要跨領域討論、審慎評估與精確的測量，需要考量的面向更多。因此聯合國於 2015 年將「消除貧窮」列為永續發展目標（SDGs）17 項指標的第 1 個，顯示其對貧窮問題的重視。

　　自 COVID-19 疫情流行後，大大影響了全球的永續發展；2015 年至今，全球平均 SDGs 指數首次出現下跌。儘管高收入國家的 SDGs 表現尚佳，但全球仍是產生負面的外溢效應，侵蝕其他國家實現永續發展目標的能力。自全球 2015 年採用 SDGs 至今，相比全球其他地區，東亞及南亞在 SDGs 的進展最多，尤其在 SDG1 及 SDG4 的表現最佳。報告指出，COVID-19 疫情使全球貧窮率及失業率上升，是 2020 年 SDG 指數下跌的主要原因（Sustainable Development Report, 2021）。

2. 終結飢餓（Zero Hunger）

——確保糧食安全及促進永續農業，以消弭飢餓。

　　聯合國世界糧食計畫署（World Food Programme，簡稱 WFP）於 2020 年指出，全球食物的供給量是足夠的，但問題是許多人「無法取得」（徐家仁，2020），與「糧食產量無法解決飢餓」、「生產糧食的農業地區最容易出現飢餓」（Welthungerhilfe，2021）等看似矛盾的狀況並無二致，分配不均、資源寡占、權利掠奪、勞務壓榨等社會問題，甚至戰爭、厄疫、天災等重大異變，也無一不是地球居民可能遭遇其中、休戚與共的事態。換言之，如果把導致飢餓的人為因素視為疾病，把身處飢餓困境的人群看作被其荼毒的受害者，那麼長遠來看，只要前述問題及病灶沒有根除，世上其實沒有任何地方、任何人群可以自認永遠與「飢餓」絕緣。

3. 健康與福祉（Good Health and Well-Being）

——確保及促進全民健康生活與福祉。

2007 年第 2 屆世界論壇（World Forum）結束時，經濟合作暨發展組織（Organization for Economic Co operation and Development，簡稱 OECD）與聯合國、歐盟執委會等多個重要國際組織，共同發表「伊斯坦堡宣言（Istanbul Declaration）」，啟動「衡量社會進步全球計畫（Global Project on Measuring the Progress of Societies）」，鼓勵各國就個別發展程度、環境及目標，研訂適合各國發展之福祉與進步指標。2008 年全球爆發金融海嘯，讓各國所得分配不均、長期失業惡化等各種社會問題更加凸顯，加速國際間體認福祉的重要性與發展衡量方法之迫切性。在歐盟執委會 2009 年提出「GDP and Beyond」路線圖，及 2011 年聯合國 65 屆大會通過第 309 號決議義「幸福：趨向全面發展之途」等倡議下，不宜以 GDP 作為福祉指標的觀念逐漸被接受，各國紛紛投入福祉指標研訂，並陸續發表編製成果，具體落實走出 GDP 的概念，引導政策趨向更宏觀角度。

4. 優質教育（Quality Education）

——確保為所有人提供包容和優質的教育，並促進終身學習。

據聯合國統計，至 2021 年底止，仍有數百萬兒童和青少年無法上學，有超過一半的小學生無法達到最低閱讀和算術水平。由於 COVID-19 疫情的影響，全球大部分學生無法到學校學習，對兒童和青少年的學習成效和行為發展產生了不利影響。它影響到全球 90% 以上的學生、15 億兒童和青少年。縱使老師們已經很努力使用遠距上課，然而還是有許多是實體課程中不曾發生的問題產生。這對偏遠地區、貧窮國家和難民營的兒童及青少年學習是非常不利的；尤其是數位鴻溝擴大了教育學習的差距。

5. 性別平權（Gender Equality）

——實現性別平等及所有女性之賦權。

1995 年在北京舉辦的「第四屆世界婦女大會」明確提出婦女人權與性別平等的全球議程。與會的 189 個國家一致通過《北京宣言》及其行動綱領，此行動綱領奠基婦女相關政治協議，並整合五十年來爭取男女法律及實質平等的立法提案。1997 年 7 月，聯合國經濟及社會理事會決議：婦女地位委員會關於第四屆世界婦女大會《行動綱要》

指定的重大關切領域的結論：「呼籲各國政府、聯合國系統以及其他國際組織把兩性平等的觀點納入所有主流政策和方案中，同時保持體制安排，進行研究，並訂定辦法和工具來把此思想納入主流，提倡兩性平等，促進婦女享有人權；核可婦女地位委員會關於婦女與環境、婦女參與權利和決策、婦女參與經濟、婦女的教育和培力的商定結論。」（聯合國，1997）自此正式以「性別主流化」（Gender Mainstreaming）作為各國達成性別平等之全球性策略。2015 年，聯合國公布改變世界的 17 項永續發展目標（SDGs），其中特別強調「消除對婦女和女童的歧視」乃鑑於「性別平等不僅是一項基本人權，也是世界和平、繁榮和永續發展的必要基礎。」（聯合國，2015）

6. 潔淨水與衛生（Clean Water and Sanitation）

——為所有人提供水和環境衛生，並對其進行永續維護管理。

全世界的水資源分配不均，世界人口每 10 人就有 3 人沒有安全及管理得當的水資源可以使用。到 2023 年，全球估計有 20 億人無法獲得安全管理的飲用水，其中 1.22 億人將使用未經處理的地表水，例如湖泊、河流和灌溉渠。因此，確保地球上所有人都能取得乾淨、且價格可負擔的飲用水是最基本的需求。

近來 WHO 特別提出警告，因氣候變遷影響，氣溫將升高及降雨量多變，熱帶發展中國家農作物產量將會降低許多，事實上許多地區的糧食安全已成為問題。於 2022 年 3 月 2 至 3 日的「世界水資源日」會議中，提出 2022 年主題：地下水—讓它不再隱身。因為沒有地下水就不可能有生命，世界上大多數乾旱地區是完全依賴地下水。我們飲用、衛生使用、食品生產和工業加工所需的大部分水都是地下水，地下水對於濕地和河流等生態系統的功能健康也至關重要。地下水的過度使用會導致地面不穩定和沉降，在沿海地區過度使用還會導致海水侵入地下。我們必須保護地下水不被過度使用，現在我們從含水層中抽取的水比雨水和積雪補充的水要多，持續的過度使用最終會導致資源枯竭。許多地區的地下水受到污染，其修復往往是一個漫長而困難的過程，這將提高了處理地下水的成本，有時甚至使其無法使用（UN, 2022）。UN-Water 拋出這些問題，促使全球共同思考「水的價值」（Valuing Water），以回應 SDG 6「潔淨水與衛生」目標，即在 2030 年以前，如何達成人人都能享有水、衛生及水資源永續管理。在面對每年 3 月 22 日世界水資源日之時，試想，如果一旦地球上沒有水，會對人類及萬物造成何種影響？會因人種或國家不同而有差異嗎？答案是：不會的。

7. 永續能源（**Affordable and Clean Energy**）

——可負擔與乾淨的能源。

本項目標主要是：發展乾淨能源與能源普及化，確保世上人人都能使用到乾淨能源；並提升乾淨能源技術發展，達到可負擔、可靠、永續及現代化能源服務。祈望到2030 年，能確保世人普遍獲得負擔得起、可靠的現代能源服務；在全球能源結構中大幅增加再生能源的份額；翻倍全球能源效率；加強國際合作，促進乾淨能源研究和技術發展，包括再生能源、能源效率以及先進和乾淨的化石燃料技術，並促進對能源基礎設施和乾淨能源的投資；擴大基礎設施和升級技術，為發展中國家，特別是最不發達國家、小島嶼發展中國家和內陸發展中國家的所有人提供現代和永續能源服務。

國際能源署 2021 年「世界能源展望報告」以四種不同情境分析全球能源變遷趨勢，分別為：既定政策情境（Stated Policies Scenario, STEP）、宣示承諾情境（Announced Pledges Scenario, APS）、永續發展情境（Sustainable Development Scenario, SDS）、淨零排放情境（Net Zero Emissions, NZE），並為 2050 年淨零提供指引。由此報告評估顯示，若要將全球溫度上升趨勢控制在 1.5 ℃，至少需要達到淨零排放情境，即勢必須要減少二氧化碳與其它溫室氣體排放，減少化石燃料之使用，有效降低二氧化碳排放量，同時積極推動再生能源發展成為重要指標，以符合潔淨能源使用精神。

8. 就業機會與經濟成長（**Decent Work and Economic Growth**）

——促進包容且永續的經濟成長，讓每個人都有一份好工作。

本目標在於促進包容且永續的經濟成長，達到全面且有生產力的就業，讓每一個人都有一份好工作。文明進步、科技發展，有時帶來卻是全球失業率的增高，惟有透過穩定和高薪的工作才能消除貧窮。而在某些地方，有工作也不一定能擺脫貧窮，不平等的經濟發展讓人類重新思考和調整，關於消除貧窮的經濟與社會政策。經濟的永續成長將為社會創造條件，為人們創造優質就業機會。而尋求經濟發展的同時，也要兼顧環境永續發展。

9. 工業化、創新與基礎建設（**Industry, Innovation and Infrastructure**）

——建設具有韌性的基礎設施，促進包容性和永續的工業化，推動創新。

從 1992 年在里約熱內盧舉行的聯合國世界高峰會中通過的《21 世紀議程》和《關

於環境與發展的里約宣言》，都為工業和永續發展相關事項的政策和行動提供了基本框架，也具體論述了工商業在國家發展時應如何作為一個主要永續項目。有關工業和經濟發展、消費和生產方式、社會發展和環境保護有關的議題，都在《21世紀議程》中有完整的述及。2002年聯合國在南非提出的《約翰尼斯堡執行計劃》中的第二章，也明確定義社會和工業發展與工業化如何直接或間接促進各種社會目標之間的關係（例如，創造就業、消除貧困、性別平等、勞動標準以及增加教育和醫療保健機會）。

10. 消弭不平等（Reduced Inequalities）

——減少國家內部和國家之間的不平等。

本目標內涵是呼籲一個國家之內以及國家之間，應促進所有人的社會、政治、和經濟包容，無論年齡、性別、種族、宗教信仰、身心狀況、或社會經濟地位，人們皆生而平等，應平等的享有富足安全的生活、公平參與的權利與機會，確保人與國的機會均等，促進永續發展目標三大面向之一的「社會進步」。然而，不平等的情形在世界各國仍普遍存在，諸如因收入不平等、貧富差距過大，導致低薪族群因經濟條件不足而無法取得更好的生活品質；因性別偏見或刻板印象，女性受教育及就業的機會較男性為低，或是女性投入無酬家務的時間較男性為高；因族群或身心條件差異，造成無法獲得相同的就業機會或是同工不同酬；甚或因為種族或國籍的不同而無法獲得基本權益保障。

11. 永續城鄉（Sustainable Cities and Communities）

——建構具包容、安全、韌性及永續特質的城市與鄉村。

永續發展的城市，是一個從社會、經濟和環境角度尊重永續發展為優先的城市，使居民能夠在生活在良好的條件下，與周圍的自然環境取得平衡，讓城市和住宅兼具包容性、安全性、靈活度與永續性（教育部，2020）。為什麼建立永續城市，如此的重要且迫切？因為世界上大多數的人口居住在城市，仰賴城市提供的服務與資源，卻造成人口過度集中。人口過度向城市集中，會導致各種問題出現，對「城市」來說，包括住宅不足、交通壅塞、空氣污染、噪音干擾、垃圾處理、生態破壞等；就「鄉村」而言，過度的城市化，會形成越來越多的偏鄉、基礎設施和服務不足等。

自COVID-19流行以來，許多國家的城市成為COVID-19的主要傳播中心，大約60%的COVID-19病例在城市中被發現，這顯示城市人口集中的特性，加速了疾

病的流行。城市化伴隨而來的交通壅塞和城市內的人口流動、接觸頻繁,被認為是通過氣溶膠和飛沫傳播流行病的主要因素(Thoradeniya, Tharanga; Jayasinghe, Saroj,2021)。因此,本項目標在 COVID-19 大流行期間顯得至關重要,透過疏解城市的人口壓力,可以減少擁擠地區的人群接觸。

12. 責任消費(Responsible Consumption and Production)

——負責任的消費與生產。

相對於有意識消費強調通路端是否能夠營造出一個支持資訊透明與多元的消費環境,責任消費則是更明確的聚焦在消費者的動心起念。不僅要有意識消費,而更強烈的是要把尊重環境、永續發展放在產品的價格或質量之前,也就是將純粹消費者行為內化成公民消費態度的社會變革力量,將責任消費轉化成一種生活信仰。從 1947 年開始,科學家認為「如實陳述」是他們的道德義務,透過《原子科學家公報》(Bulletin of the Atomic Scientists)開始每年的一月以「世界末日鐘」(如圖 3-7)向人類清楚地警告世界距離毀滅的距離。時針離午夜的距離遠近,是由全球事件、潛在災難、不可復原性生物科技的發展,以及氣候變化對世界的影響綜合評估訂定。

基於有效的生產總是建立在符合和滿足消費者需求與期望的基礎上,所以,責任消費認為消費方式與理念的革新是可以驅動社會生產方式的改變,進而引導創造一個有利永續的地球環境。

圖 3-7　世界末日鐘。(BBC News,2017)

13. 氣候變遷對策（**Climate Action**）

——採取適當行動，以因應氣候變遷及其影響。

　　「氣候變遷」的影響是多尺度、全方位、多方面的，正面和負面影響並存，但它的負面影響更受關注。其對全球許多地區的自然生態系統已經產生了影響，如海平面升高、冰川退縮、湖泊水位下降、湖泊面積萎縮、凍土融化、河（湖）冰遲凍且早融、中高緯生長季節延長、動植物分布範圍向極區和高海拔區延伸、某些動植物數量減少、一些植物開花期提前等等。自然生態系統由於適應能力有限，容易受到嚴重的甚至無法恢復的破壞。人類活動對「氣候變遷」的影響相對直接，其中燃燒化石燃料、過度砍伐和畜牧等，都對氣候有不同程度和範圍的影響；尤其是自工業革命以來，已開發國家工業化過程的經濟活動引起的破壞。化石燃料燃燒、破壞森林、土地利用變化等人類活動，所排放溫室氣體導致大氣溫室氣體濃度大幅增加，溫室效應增強，從而引起全球暖化。據美國能源部橡樹嶺國家實驗室（Oak Ridge National Laboratory, ORNL）研究報告，自 1750 年以來，全球累計排放了 1 萬多億噸二氧化碳，這一現象導致了大氣中溫室氣體的含量越來越高，以氣候變暖為主要特徵的全球氣候變化，其中已開發國家排放約占 80%（張瑞剛，2012）。由於人類生活及生產系統導致全球氣溫迅速上升，因此人類應盡力減少對氣候影響的活動，並設法減低即將面臨的災難。

14. 海洋生態永續（**Life Below Water**）

——保護及永續利用海洋和海洋資源，促進永續發展。

　　全球海洋環境遭遇破壞、污染、過漁及採捕，海洋生物多樣性與漁業資源的快速枯竭，海洋廢棄物的增加已被認為是全世界海洋中普遍存在的問題。塑膠類製品為海洋廢棄物最常見的類型，估計 2025 年流入量將從目前 2010 年約 1,270 萬噸增加至 2.5 億噸。海洋廢棄物對全球環境、經濟和人類健康構成高風險。聯合國農糧組織（FAO）於 2018 年發表的世界漁業和水產養殖狀況報告書（The State of World Fisheries and Aquaculture, SOFIA）特別提到兩大海洋污染 - 漁業廢棄網具和海洋塑膠微粒，對海洋生態環境的健康和魚產品的安全，需要特別的關注。愛倫‧麥克阿瑟（Ellen MacArthur）基金會於 2016 年的發表報告中指出，就重量而言，到了 2050 年，全球海洋中的塑膠將比魚多。目前海洋中的塑膠垃圾估計重 1 億 5000 萬公噸，約為魚類的 1/5。美國海洋學者 Jenna Jambeck 統計每年有 800 萬公噸塑膠進入海洋，等於每分鐘倒一台垃圾車的塑膠到海裡，到了 2030 年，排入海洋的塑膠量，相當於每分鐘倒入兩

車的量；到了 2050 年，可能增至每分鐘四輛車。因此，2050 年海洋中的垃圾重量將多過魚類，此為海龜、鯨豚、鳥類等將近 700 種生物帶來生存危機。隨著海洋汙染物越來越多，由塑膠製品裂解後所成為的塑膠微粒，已經進入食物鏈，成為人類餐桌上的佳餚。

15. 陸地生態永續（Life on Land）

——保育及永續利用陸域生態系，確保生物多樣性並防止土地劣化。

森林砍伐、荒漠化和生物多樣性喪失已嚴重威脅陸地上的生命，人們依賴陸地生態系統—森林、熱帶草原、沙漠、濕地都已被嚴重破壞。森林面積比例從 2000 年佔土地總面積的 31.9% 降至 2020 年的 31.2%，淨損失世界森林近 1 億公頃。從 2000 年到 2020 年，亞洲、歐洲和北美洲的森林面積有所增加，而拉丁美洲、撒哈拉以南非洲和東南亞的森林面積則顯著減少，這得益於土地向農業的轉化。到 2020 年，保護區內陸地、淡水和山區生物多樣性的每個主要生物多樣性區的平均比例分別為 44、41 和 41%，比 2000 年增加了約 12 至 13 個百分點。然而，大多數關鍵的生物多樣性地區仍然不完整或沒有保護區覆蓋。物種滅絕威脅著永續發展並損害了全球遺產，主要由於不永續的農業、收穫和貿易造成的生態環境喪失、毀林及外來入侵物種。就全球而言，物種滅絕風險在過去 30 年中惡化了約 10%。截至 2020 年 2 月 1 日，122 個國家和歐盟批准了《關於獲取遺傳資源以及公平和公平分享利用遺傳資源所產生的惠益的名古屋議定書》，63 個國家和歐洲聯盟分享了關於獲取和惠益分享架構的資訊。目前世界各地政府針對本目標提出的對策有：保護、恢復和促進陸地生態系統的永續利用、可永續管理森林、防治荒漠化、制止和扭轉土地退化、制止生物多樣性喪失。

16. 和平與正義（Peace, Justice and Strong Institutions）

——促進和平且包容的社會，以落實永續發展；提供司法管道給所有人；在所有的階層建立有效的、負責的且包容的制度。

依據聯合國難民署在 2015 年聯合國大會通過的《2030 年永續發展議程》，該文件序言中，特別將「和平」的要義以專項羅列之，強調全球各國應以和平價值為引導，建構彼此的夥伴關係，指出：（1）我們決心推動創建沒有恐懼與暴力的和平、公正和包容的社會。沒有和平，就沒有永續發展；沒有永續發展，就沒有和平。（2）我們決心動用必要的手段來執行此議程，以本著加強全球團結的精神，在所有國家、所有利益攸關方和全體人民參與的情況下，嘗試恢復全球永續發展夥伴關係的活力，尤其注

重關注最貧困最脆弱群體的基本需求。（3）各項永續發展目標是相互關聯和相輔相成的，對於實現新議程的宗旨至關重要。如果能在議程述及的所有領域中實現我們的雄心，所有人的生活都會得到很大改善，我們的世界會變得更加美好。

從 2020 年新冠肺炎大流行之後，全球原有的動態議題，涉及個別地域之內的抗爭活動，例如塔利班重掌阿富汗政權引發大舉難民潮；也有受到疫情各國治理變化下的國界隔離或者歧視，迄今影響仍未止息。當中也存在某些人道問題的退步，例如跨國疫苗分配的原則以國力強弱為區隔。前述種種問題多元面貌都加劇區域、國內、國際等不同層次的弱勢族群遭遇不平等對待。而這些國境之間、國族之間、國內外群體和差異群體所遭遇的和平與正義缺漏，也讓世人距離期許的永續發展目標之和平與正義成果，仍有久遠的路途需要奮鬥前進。

17. 全球夥伴關係（Partnerships for the Goals）

——建立多元夥伴關係，協力促進永續願景。

要達成上述 16 個永續發展目標，每一個國家或是地區的努力是非常重要的，但是要站在地球永續的視角來看，在全球的現況下，要完成永續發展目標的確需要堅強的國際合作。世界各國的發展基礎不同，例如網路對我們來說已經是便捷到生活日常的基本，網路覆蓋率已普及化，但到目前為止全世界在低度開發國家即開發中國家仍有 37 億人無法上網（UN，2019；教育部，2020）。在這樣的基礎上，為確保每一個國家或地區都有足夠資源、資金，能夠在 2030 年達成永續發展目標，這是一定需要有共識，而且需要國際一起行動。

本目標的目的是增進國際合作，並在政府層級強化全球夥伴關係，其中包括透過公私夥伴，及民間社會的公民參與，一同為未來的生活展開基於永續發展項目其它 16 項目的推動。這些對於開發中國家，或是低度開發的國家來說，透過這樣的夥伴關係的促進，得以加強國內財政資源的調動，並能夠獲得國際支持；從多元來源調動額外的財務資源，以推動國家的發展與永續建設；並通過促進債務融資的協調政策，來實現長期債務永續性，而不至於讓債務壓跨國家永續發展。

以上 17 個永續發展目標約有三分之一直接或間接與氣候變遷或環境保護有關，因此金融業推展綠色金融，無庸置疑能符合多個 SDGs 目標，並且善盡企業社會責任。

參考文獻

中文文獻

1. Nike（2023），永續發展。2023 年 10 月 02 日，摘自：https://www.nike.com/tw/sustainability

2. 大愛感恩科技公司（2023），大愛感恩科技公司官網。2022 年 10 月 02 日，摘自：https://reurl.cc/z6npDV

3. 今周刊（2022），ESG 是什麼？企業顯學要知道，清楚了解和 SDGs、CSR 有何不同！2022 年 05 月 31 日，摘自：https://www.businesstoday.com.tw/article/category/80401/post/202205310020/

4. 市場先生（2021），投資人該如何用 ESG 選股？如何查詢 ESG 分數？2021 年 04 月 20 日，摘自：https://rich01.com/anue-esg-2021-1/

5. 玉山金控（2023），玉山金控官網。2023 年 10 月 09 日，摘自：https://www.esunfhc.com/zh-tw/

6. 仲繼銀（2013），企業管理 / 公司為誰存在？大華網路報，2013 年 3 月 14 日，摘自：https://reurl.cc/GK25pD

7. 朱延智（2015），《企業倫理》。南圖書出版股份有限公司，ISBN：9789571182735，2015 年 08 月 17 日，臺北。

8. 朱姵慈（2023），碳匯」是儲存二氧化碳的倉庫！一文看懂綠碳、藍碳、黃碳是什麼？今周刊 ESG 永續台灣，2023 年 08 月 16 日，摘自：https://reurl.cc/r6O3v1

9. 貝萊德（2022），納入環境、社會及公司治理（ESG）因子。2022 年 05 月 28 日，摘自：https://reurl.cc/2ER66m

10. 阮怡婷（2023），碳權交易所正式掛牌、CBAM 十月試行　碳權是什麼？如何碳交易？2023 年 08 月 16 日，CSR@ 天下，摘自：https://csr.cw.com.tw/article/43288

11. 周祖城（2020），《企業倫理學》。清華大學出版社，9787302560326，2020 年 09 月 21 日，北京。

12. 宜家家居（2023），IKEA 官網。2023 年 10 月 10 日，摘自：https://www.ikea.com.tw/zh

13. 林慧芬（2015），企業倫理與企業社會責任意涵之探討。《社區發展季刊》，152 期，59-68 頁。

14. 知識學院（2022a），ISO 14064-1 溫室氣體排放盤查原則。2022 年 08 月 03 日，摘自：https://reurl.cc/3eq66R

15. 知識學院（2022b），ISO14064-1 vs ISO14067 分不清？ISO 介紹懶人包全攻略 _14064-1 篇，2022 年 06 月 16 日，摘自：https://www.digiknow.com.tw/knowledge/62aac9ad3c05b

16. 信義房屋（2023），信義房屋官網。2023 年 10 月 08 日，摘自：https://www.sinyi.com.tw/

17. 柳婉郁（2023），「碳匯」是二氧化碳的倉庫，3 分鐘看懂綠碳、藍碳、黃碳。綠學院、ESG 遠見，2023 年 01 月 04 日，摘自：https://esg.gvm.com.tw/article/20525

18. 家樂福（2023），家樂福官網。2023 年 10 月 06 日，摘自：https://www.carrefour.com.tw/

19. 徐家仁（2020），糧食計畫署談糧食危機不患寡而患不均。公視新聞網，2020 年 10 月 16 日，摘自：https://news.pts.org.tw/article/497380

20. 高勇強（2021），《企業倫理與社會責任》。清華大學出版社，ISBN：9787302586678，2021 年 08 月 01 日，北京。

21. 國泰金控（2023），國泰金控官網。2023 年 10 月 09 日，摘自：https://www.cathayholdings.com/holdings/esg

22. 張瑞剛（2012），《抗暖化，我也可以—氣候變遷與永續發展》。ISBN 978-986-221-930-0，秀威資訊科技股份有限公司，2012 年 04 月 09 日，臺北。

23. 張瑞剛等（2022），《SDGs 與台灣教育場域實踐》。ISBN 9786263282537，全華圖書，2022 年 07 月，臺北。

24. 教育部（2020），永續發展目標（SDGs）教育手冊臺灣指南。摘自：https://reurl.cc/m0KRYG

25. 郭逸（2023），長榮海運數位轉型三大措施，提升營運效率、解決碳稅需求。ESG 遠見，2023 年 10 月 06 日，摘自：https://esg.gvm.com.tw/article/33644

26. 陳映璇（2023），碳權交易 5 大必懂問題：種樹能換碳權嗎？可以轉賣嗎？綠碳、黃碳、藍碳是什麼？《數位時代》，2023 年 08 月 07 日，摘自：https://www.bnext.com.tw/article/76221/carbon-credit-faq

27. 陸孝立（2022），ESG，企業永續經營的關鍵 DNA。Deloitte，2022 年 07 月 08 日，摘自：https://reurl.cc/V4b0m6l

28. 麥當勞叔叔之家慈善基金會（2023），麥當勞叔叔之家慈善基金會官網。2023 年 10 月 10 日，摘自：https://www.rmhc.org.tw/about/mcd.html

29. 彭立言、CSR@ 天下編輯部（2023），2024 碳費開徵！企業減碳的「三大必修基本功」 什麼是碳中和？碳盤查、碳揭露怎麼做？2023 年 02 月 21 日，CSR@ 天下，摘自：https://csr.cw.com.tw/article/43018#2

30. 曾允盈（2023），台灣碳權交易所上路企業永續該怎麼做？聯合新聞網，2023 年 10 月 07 日，摘自：https://udn.com/news/story/6846/7489850

31. 華人百科（2022），三重底線。摘自：https://www.itsfun.com.tw/ 三重底線 /wiki-3426486

32. 黃一展（2021），ESG 成為趨勢 責任投資原則（PRI）對企業永續發展的影響。新新聞，2021 年 03 月 14 日，摘自：https://www.storm.mg/article/3526540?mode=whole

33. 楊政學（2013），《企業倫理－倫理教育與社會責任》，全華圖書股份有限公司，ISBN：9789572187791，2013 年 02 月 06 日，臺北。

34. 經理人（2023），ESG 是什麼？何謂 ESG？企業永續關鍵字 CSR、ESG、SDGs 一次學。2023 年 09 月 25 日，摘自：https://www.managertoday.com.tw/articles/view/62727

35. 鉅亨網新聞中心（2011），CSR：從三重底線義務向三重價值創造跨越。摘自：https://csrone.com/news/216

36. 綠色和平（2021），什麼是「藍碳」？為什麼藍碳很重要？3 個您必須關注的吸碳高手。2021 年 11 月 04 日，摘自：https://reurl.cc/r6O3Kb

37. 趙斌（2011），《企業倫理與社會責任》。機械工業出版社，ISBN: 9787111354420，2011 年 08 月 31 日，北京。

38. 劉庭莉（2023），碳權交易如何防漂綠學者建議：減碳一定要有「外加性」。環境資訊中心，2023 年 07 月 04 日，摘自：https://e-info.org.tw/node/237091

39. 蔡仁厚（2019），《王陽明哲學》。三民書局，ISBN：9789571465968，2019 年 04 月 26 日，臺北。

40. 鄧白氏（2019），ESG 是什麼？了解企業為何開始重視 ESG 永續？2022 年 07 月 18 日，摘自：https://www.dnb.com.tw/Thoughts/What-is-esg/

41. 鄧凱元（2016），世界首雙海洋垃圾回收鞋材 原來在桃園觀音製造。天下雜誌，2016 年 10 月 27 日，摘自：https://www.cw.com.tw/article/5079044?template=transformers

42. 霍華德•鮑恩（2015），《商人的社會責任》。經濟管理出版社，ISBN：9787509640364，2015 年 10 月 01 日，北京。

43. 聯合國（1997），經濟及社會理事會，1997/17 決議，婦女地位委員會關於第四次婦女問題世界會議《行動綱要》指定的重大關切領域的商定結論。摘自：https://www.un.org/chinese/documents/ecosoc/1997/r1997-17.pdf

44. 聯合國（2015），SDGs：Goal 5 GENDER EQUALITY。摘自：https://reurl.cc/WvKAbk

45. 顏和正（2019），什麼是企業社會責任？一次搞懂關鍵字 CSR、ESG、SDGs。2019 年 01 月 03 日，CSR@ 天下，摘自：https://csr.cw.com.tw/article/40743

46. 顏國瑞（2009），國際潮流下的企業社會責任。證券櫃臺月刊，第 141 期，頁 7-13。

英文文獻

1. BBC NEWS｜中文 (2017),「末日鐘」公布！距離世界末日僅 2.5 分鐘。2017 年 1 月 26 日，摘自：https://www.bbc.com/zhongwen/trad/world-38764346

2. Carroll, A. B. (1991), The Pyramid of Corporate Social Responsibility: Toward the Moral Management of Organizational Stakeholders. Business Horizons, Juli 1991, p.43,

3. Elkington, J. (1997), Cannibals with Forks: The Triple Bottom Line of 21st Century Business. Capstone, Oxford.

4. Sustainable Development Report (2021), 2022/03/31 Retrieved from: https://dashboards.sdgindex.org/chapters/part-2-the-sdg-index-and-dashboards

5. Thoradeniya, Tharanga; Jayasinghe, Saroj (2021), COVID-19 and future pandemics: a global systems approach and relevance to SDGs. Globalization and Health. 17 (1): 59.

6. UN (2022), World Water Day 22 March. From: https://www.un.org/en/observances/water-day

7. Welthungerhilfe (2021a), HUNGER: FACTS & FIGURES. 2021/10/14 From: https://www.welthungerhilfe.org/hunger/

第貳篇

溫室效應與氣候變遷

近年來，溫室效應與氣候變遷日趨嚴重。2023 年熱浪席捲全球，世界各國被極端高溫籠罩，全球各地相繼傳出災情。如：智利中南部於 2 月因熱浪引發森林人火，燒毀超過 28 萬公頃土地，死亡人數增至 24 人、數千人無家可歸；阿根廷於 2 月遭逢 60 多年來最嚴重的熱浪襲擊，氣溫直逼攝氏 40 度；印度束部於 4 月多地也飆出攝氏 40 度以上的高溫，導致柏油路面融化，車輛及人行走都非常困難；中國 3 月至 6 月，有數十座城市溫度創紀錄高點，7 月 16 日甚至於新疆一處氣象觀測站測得攝氏 52.2 度高溫，改寫中國氣象資料的最高溫紀錄，嚴重影響家畜動物生存；臺灣於 7 月初連續 5 日高溫，衛生福利部統計全臺共 136 人熱傷害；加拿大西部英屬哥倫比亞省於 7 月野火燒毀面積創歷史新高，近 400 處野火中之一半以上已經失控；日本大阪府枚方市於 7 月 27 日下午測得攝氏 40.5 度高溫，不僅刷新日本 2023 年最高溫紀錄，也創下當地自 1977 年開始觀測以來最高溫；西班牙全國平均氣溫刷新 70 年新高紀錄，幾乎全西班牙都處於高溫紅色警報下；南半球於 9 月份出現罕見的創紀錄高溫，秘魯、玻利維亞、巴拉圭、阿根廷和巴西等南美多國氣溫超過攝氏 40 度。

由以上事件可了解全球已深受溫室效應、全球暖化與氣候變遷的影響，我們都應有此方面的危機認知，並立即行動阻止氣候繼續惡化。本篇是從溫室效應談起，先介紹溫室效應、全球暖化及溫室效應加劇因素，接著詳細解釋氣候變遷定義及造成因素，最後是詳述氣候變遷可能會造成的風險災害。

第 4 章
溫室效應

當行星的大氣層吸收輻射能量，使行星表面產生升溫的效應，即為「溫室效應（greenhouse effect）」。20 世紀 80 年代初，科學家們發現，由於人類大量活動而排放出的二氧化碳、氧化亞氮、甲烷等氣體會產生溫室效應，導致地球平均溫度升高，引發了熱浪、乾旱、山火、洪水、雪暴、降水變更、海平面上升、海洋酸化、亞熱帶地區的沙漠擴張，以及因溫度變化引起的大規模物種滅絕等一系列之災害。

第一節 認識溫室效應及全球暖化

一、溫室效應

1824 年法國物理學、數學家約瑟夫·傅立葉（Jean Baptiste Joseph Fourier）提出大氣中存有溫室效應的「溫室氣體」的想法；而後法國物理學家克勞德 · 普依埃（Claude Servais Mathias Pouillet）在 1838 年推導了溫室效應數學式，他推測水蒸氣（H2O）和二氧化碳會在大氣中攝取紅外輻射，使地球變暖以支撐植物和動物的生存，並應證了溫室氣體的論點。接著，愛爾蘭物理學家約翰 · 丁達爾（John Tyndall）與瑞典化學家斯凡特 · 奧古斯特•阿倫尼烏斯（Svante August Arrhenius）也分別於 1859 年及 1896 年確認了此一效應。不過這些科學家都沒有用「溫室效應」來描述此一現象，一直到 1901 年瑞典氣象學家尼爾斯 · 古斯塔夫 · 埃科赫姆（Nils Gustaf Ekholm）才開始使用此一名詞。亞歷山大 · 格拉漢姆 · 貝爾（Alexander Graham Bell）於 1917 年更是提到「未檢測到的化石燃料燃燒會造成類似溫室的效應」。

太陽輻射（radiation）主要是可見光或近可見光（如紫外線），屬短波輻射；地面和大氣放出的輻射主要是紅外輻射，屬長波輻射。大氣層對長波輻射的吸收力較強，對短波輻射的吸收力比較弱。雖然太陽輻射和長波輻射都會被大氣層所吸收，但太陽光射到地球表面時，部分能量會被大氣層吸收，約 47% 左右的能量被地球表面所吸收，有三分之一被直接反射回太空（圖 4-1）。為了平衡吸收的入射能量，地球也必須向太空輻射出平均起來等量的能量。夜晚時，地球表面以紅外線的方式向太空散發白天所吸收的熱量，其中有部分會被大氣層吸收。由於大氣層如同覆蓋玻璃的溫室（greenhouse）一樣，保存了一定的熱量，使地球表面全年平均氣溫為攝氏 14 ～ 15 度。如果沒有溫室效應，地球表面全年平均氣溫會降到零下攝氏 18 ～ 19 度，則地球就不適合人類居住。我們可以想像，如果地球沒有大氣層，就會像月球一樣，當月球被太陽照射時，月球表面溫度會急遽升高；如月球沒有被太陽照射時，月球表面溫度就會快速下降（德國之聲，2008）。

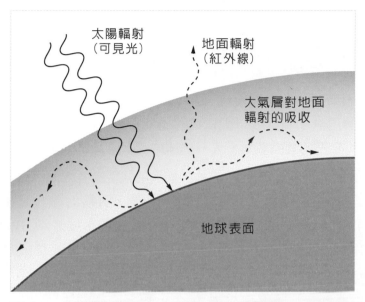

圖 4-1 太陽輻射主要是以可見光射到地球表面，地面和大氣放出的輻射主要是紅外輻射。

英國童話故事《金髮女孩和三隻熊（Goldilocks And The Three Bears）》是描述一位名為 Goldilock 的金髮女孩到森林裡散步，她看到一間可愛的小熊屋。她敲了敲門，沒有回應，她就直接開門進去，發現熊爸爸、熊媽媽和熊小孩外出都不在。因 Goldilock 非常飢餓，直接走到廚房裡尋找可以吃的食物。她喝了不太冷又不太熱，而是溫度正好（just right）的粥。吃完粥後她覺得好睏，她睡了軟硬適中正好（just right）的床，因而 Goldilock 很快就睡著了。當她在熟睡的時候，熊爸爸、熊媽媽及熊寶寶回到家發現了 Goldilock，金髮女孩被驚醒睡眼惺忪看著三隻熊，趁三隻熊還沒有反應過來，立即大喊「救命！」跳起來跑出門，一路跑進了森林，自此她再也沒有回到三隻熊的家。故事寓意：凡事都必須要有節制，正好（just right）就好，不能超越一定規範。按照這一原則行事產生的效應就稱為「金髮女孩效應」或「金髮女孩原則」。由於「just right」的概念很容易理解，被廣泛的應用於多門學科，包括天文學、經濟學、發展心理學、生物學和工程學等。例如，在經濟學門，「金髮女孩經濟」指的是適度經濟增長和比較低的通貨膨脹率的經濟。在天文學門，「金髮女孩地帶」指的是行星系中適合生命存在的區域或地帶，天文學家又稱其為適居帶（habitable zone）。地球位處於適居帶，又有液態水的存在，且地球表面全年平均氣溫為攝氏 14 ～ 15 度，非常適合萬物生存，因而地球又被稱為「金髮女孩的行星」。

二、全球暖化

「全球暖化（global warming）」是指在一段時期中，地球的大氣和海洋因溫室效應，而造成溫度上升的氣候變化現象，其所造成的效應稱之為「全球暖化效應」。造成全球暖化的因素有非人為與人為因素，非人為因素有太陽活動及火山活動等；人為因素有溫室氣體的無節制排放、畜牧業的過度養殖、森林大量砍伐、農地的流失及雨林的破壞等。科學界的共識認為，人為排放的溫室氣體是「全球暖化」的主因。

因為人類活動造成溫室效應的增強，稱為增強型溫室效應。目前公認「全球暖化」是二氧化碳及其他溫室氣體，如甲烷、氧化亞氮、六氟化硫、氫氟氯碳化物、全氟碳化物及三氟化氮等氣體，排放到地球大氣層所造成的。這些氣體就像厚厚的毯子，把反射回太空的熱能罩住，而造成地球的溫度上升（圖4-2）（德國之聲，2008；環境資訊中心，2008）。

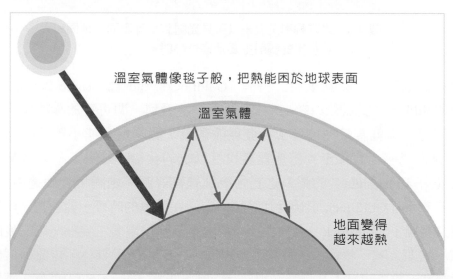

溫室氣體像毯子般，把熱能困於地球表面

溫室氣體

地面變得
越來越熱

圖 4-2 溫室氣體使地球大氣層像厚厚的毯子，把日光的熱能罩住，造成地球的溫度上升

IPCC（Intergovernmental Panel on Climate Change，聯合國政府間氣候變遷委員會）是聯合國環境規劃署和聯合國世界氣象組織（World Meteorological Organization，簡稱 WMO）於 1988 年共同成立附屬於聯合國之下的跨政府組織，負責研究由人類活動所造成的「氣候變遷（climate change）」相關議題，及發表與執行《聯合國氣候變化綱要公約》〔此為我國官方所譯名稱，聯合國中文譯名為《聯合國氣候變化框架公約》（United Nations Framework Convention on Climate Change，簡稱 UNFCCC）〕有關的專題報告。IPCC 依據成員提供的資料、數據及已發表的科學文獻來撰寫報告，提

供世人有關「氣候變遷」正確且客觀的科學知識、氣候變化及其潛在的環境和社會經濟影響（UNFCCC，2011）。IPCC 於 2013 年提出第五次評估報告認為：「因人類活動排放出諸如二氧化碳、甲烷及氧化亞氮等溫室氣體，是 20 世紀中葉以來觀測到地球變暖現象的主要原因。」（IPCC，2013）由過去的氣候觀測資料，發現近 50 年氣候改變的速度是過去 100 年的兩倍，因此可推論這時期的氣候改變是由人類活動所造成的。由於人類活動在全球暖化中扮演主要角色，這種現象有時候被稱為「人為全球暖化」或「人為氣候變化」。

1980 年以來，全球平均氣溫迅速上升，異常的天氣與氣候現象，使得氣候變遷突然成為世人矚目的議題。近年來，「全球暖化」一詞逐漸被「氣候變遷」取代，甚至強化至「氣候危機」（climate crisis），此氣候現象帶來的影響不僅是溫度變化，更是會衝擊您我生活各層面的威脅。人為因素所造成的「全球暖化」，已經引起一連串全球氣候異常連鎖反應，並且對地球生態造成嚴重的威脅：至少有 279 種動植物將棲息地往高緯度移動、海鷗 2000 年首度出現在北極圈內、北極熊被列為瀕危物種、植物花期錯亂、動植物生長季縮短。不僅全球生態秩序大亂，人類生存環境也岌岌可危（公共電視，2007）。

氣候暖化衝擊全球、多地區高溫破紀錄；例如，美國加利福尼亞死亡谷國家公園（Death Valley National Park）於 2020 年 8 月 17 日測得地表最高溫度攝氏 56 度（圖 4-3），打平地表最高溫紀錄（黃伃君，2020）；義大利於 2021 年 8 月 12 日出現該國的「歷史最高溫」攝氏 48.8 度；2021 年 8 月歐洲太空總署（European Space Agency）於土耳其和賽普勒斯測得 2 次超過攝氏 50 度的高溫紀錄（陳怡君，2011）。IPCC 指出，地球暖化速度比科學家先前觀察到的還要快，全球均溫在 10 年內恐將會升高攝氏 1.5 度。地球暖化已經開始影響氣候及衝擊人類生活環境，不僅氣溫飆高頻破紀錄，連帶效應可能會引發森林大火、暴雨和洪災，重創人類生存環境於一旦。

圖 4-3　美國加利福尼亞死亡谷國家公園於 2020 年 8 月 17 日測得地表最高溫度攝氏 56 度（黃伃君，2020）

第二節 溫室效應加劇因素

　　自 1760 年代工業革命，英國人瓦特改良蒸汽機之後，一系列技術革命引起了從手工勞動轉變為動力機器生產，工廠代替了手工工場。人類為了生存及追求更好的生活環境，大量的製造甲烷、氧化亞氮、六氟化硫、氫氟氯碳化物、全氟碳化物及三氟化氮等溫室氣體。由於人類的貪婪，不斷向大自然爭取空間，對大自然的損害不只是侷限於地表，而是擴張影響至大氣，因而帶給環境無限的衝擊與破壞。隨著人口快速增加、科技不斷突飛猛進，人類的傷害影響更是不斷加速並且擴大影響範圍。

　　科學家預估，在不久的未來，地球上的暴雨、洪水、致命熱浪、旱災、森林大火等極端氣候變化，將日趨頻繁且越演越烈；流行性傳染病會大量散播，極地冰原、冰山的迅速消融將導致全球海平面上升 6 公尺以上，而全球沿海地區都將慘遭滅頂。談到「溫室效應」，極地的融冰是一大指標；在冰雪覆蓋的北冰洋，地球升溫導致海冰加速融化，而冰蓋面積的縮小又加速了氣候變暖，預計到了西元 2030 年至 2050 年，北極圈的海冰將會全數消融殆盡、數以百萬的物種將面臨絕種危機。不過，就算到了 2030 年代，北極夏季也不會真的「完全」無冰，因為科學家對無海冰的定義是，當北極海冰覆蓋面積不足 38.6 萬平方英里（100 萬公頃），即會將北極視為無海冰地區，此大小約佔北極總面積的 7%。由美國航空暨太空總署（NASA）的數據顯示，北極的海冰正在迅速減少，2023 年 9 月份的海冰正以每 10 年減少 12.6% 的速度迅速萎縮。美國國家冰雪數據中心（National Snow and Ice Data Center，NSIDC）於 2021 年 9 月 15 日記錄到北極海冰最小值（Arctic Sea Ice Minimum），讀數為 473 萬平方公里，北極海冰體積已經減少三分之二，而且過去幾十年來，海冰面積持續在下降。過去 10 年間，北極暖化的速度是全球其他地區的 4 倍，與 19 世紀後期相比，兩極地區的氣溫平均上升攝氏 3 度，明顯高於全球平均值。綠色和平北歐辦公室海洋專案主任 Laura Meller 表示：「北極冰蓋從來沒如此薄而脆弱，95% 古老且堅固的冰層已經因氣候危機而消失。」最新數據顯示，2023 年的永久冰量已接近歷史最低點。科學家指出，夏季的北極海冰正在減少，而且速度比天氣預報模型的預測還快，更推測未來 10 至 30 年內，北極海的夏季將無海冰。若北極沒有了海冰，海洋溫度升高速度將加快，不僅影響海洋生態，更會使全球面臨極端氣候的威脅。紐約時報報導指出，「數據提醒我們，氣候是自然可變的，而且有時會影響氣候變遷的衝擊程度」。（公共電視，2007；綠色和平，2021a；BBC NEWS │中文，2021；張瑞邦，2023）。

大多數氣象學者認為，地球暖化的原因可歸類為「自然因素」及「人為因素」。雖然自始以來，「自然因素」一直影響著地球的暖化，隨著大自然環境不斷地變遷，對我們的生存環境構成嚴重威脅。

一、自然因素

（一）太陽活動

在過去的 45 億年裡，雖然太陽質量越來越小，但卻變得越來越熱；在其核融合活動中（nuclear fusion，指將兩個較輕的核結合，形成一個較重的核粒子和一個極輕的核粒子的一種核反應形式），它會產生更多的太陽輻射。在地球低緯度上空約 16 公里至 50 公里及高緯度上空 8 公里至 50 公里的平流層（stratosphere；亦稱同溫層，位於對流層的上方和中間層的下方）中，有一層含有大量臭氧（O_3）物質的臭氧層，它吸收了大部分的紫外光的輻射，以防止對人類健康和環境造成不良影響。

自 70 年代開始，由於人類大量使用氯氟烴（CFCs，或氟氯化碳）、三氯乙烷（甲基氯仿）、四氯化碳等人造化學物質，經由陽光照射後，這些人造化學物質開始分解，大量的氯釋出到空氣中，當其遇到臭氧時，經由一連串的化學變化，臭氧會遭到破壞，使臭氧層厚度年年遞減。在南極地區臭氧層厚度更是以每十年大於 4% 速度遞減，此種在南極洲上空臭氧層變薄的現象，即被稱為臭氧層空洞。此破洞會導致紫外線照射地球的數量增加（圖 4-4），因為這種輻射的一部分是以熱能形式存儲於大氣中，會導致地球的平均溫度升高。

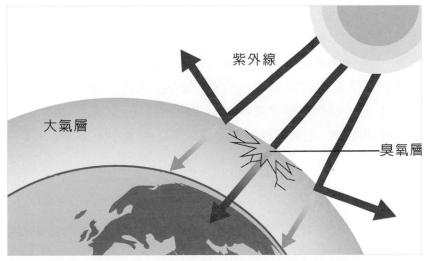

圖 4-4　臭氧層空洞會導致紫外線照射地球的數量增加。

（二）水蒸氣

水蒸氣是水的氣體形式，當水溫達到沸點時就蒸發為水蒸氣，水蒸氣在空氣中是無色的。水蒸氣是大氣中很小的單位，但卻是很重要的組成部分，其大約有 99.99％是在對流層中。

水蒸氣是造成溫室效應的來源之一，由科學證據顯示，人類因排放二氧化碳等溫室氣體造成的暖化效應，加速水蒸氣的蒸發速度，使得大氣中的水蒸氣含量大為增加。水蒸氣在大氣中的循環非常快，從海洋蒸發，再以雨雪的形式降回。因為水蒸發的速度會隨著溫度升高而加快，任一時間點大氣中的水蒸氣含量和大氣中的溫室氣體量息息相關；科學家認為水蒸發是全球氣候系統中最重要的正向反饋迴圈（positive feedback loop，人類排放二氧化碳，造成氣候暖化，加速水蒸發速度，也加劇了溫室效應），使得氣候隨著溫室氣體排放而改變的敏感程度，達到雙倍甚至三倍（陳巾眉，2011a）。當人類改變了水循環，並產生更多的水蒸氣時，大氣中水蒸氣的量越大，熱量的保留就越大。

（三）雲

美國耶魯大學的研究團隊分析衛星資料，證實雲的成分除了冰之外，所含有的液體比過去想像的要高出許多。過去科學家低估含水量多的雲對於氣候變遷所造成的影響，這將使得暖化的預測模組出現誤差。雲的含水量比過去的認知要高出許多，這將大幅降低大氣層反射陽光的效率，進而加速地球溫度的上升。此意味著未來的溫室效應問題，將比目前所推測的更加嚴重；原定地球增溫上限的攝氏 2 度，也將面臨嚴峻考驗。依照這項研究的數據，與工業革命前相比，大氣層中二氧化碳的含量增加兩倍，將導致地球溫度上升攝氏 5.3 度，而非過去預測的攝氏 4.6 度。二氧化碳的增加，減少雲的熱反射作用，這代表暖化預測的溫度上限必須提高，才能符合現狀。提高地球暖化的溫度，則會牽動著各國溫室氣體排放量的制定。耶魯大學研究人員指出，過去對於雲的研究資料不足，導致科學界忽略其重要性，於是造成暖化預測的誤差。雲是目前氣候變遷的研究議題中，相當關鍵的不確定因素（張淑芬，2016）。

（四）氣候循環

太陽是地球最主要的能源來源，無論太陽活動是長期或短期變化，都會影響地球的氣候。太陽的輻射變化，如太陽黑子每 11 年的一個週期活動變化，此週期變化會對平流層的氣溫產生約攝氏 1.5 度的影響，使高緯度更冷，低緯度更熱。另外，當日照較

強時，地球的氣溫就會上升。當地球圍繞太陽運行軌道的離心率（目前是 0.016710220，即運行軌道非常接近圓形）、轉軸傾角（axial inclination，地球自轉軸相對於繞日公轉的軌道面傾斜角度，介於 22.1°～24.5°）和歲差（precession，即地球自轉軸像陀螺似的週期性變化）隨著時間變化時，地球的氣候及氣溫也會隨之改變。

二、人為因素

（一）溫室氣體排放量增加

過去一世紀中，人類大量燃燒化石燃料，如煤炭和石油，造成大氣中的二氧化碳濃度增加，加上大幅度開墾林地、拓展農業和工業發展，致使溫室氣體濃度越來越高。人類排放溫室氣體（主要是氧化亞氮、甲烷、氫氟氯碳化物、全氟碳化物、六氟化硫、鹵烴煤炭、石油、化石燃料和天然氣燃燒產生的二氧化碳）至大氣中後產生溫室效應，從而導致全球暖化。但溫室氣體中影響全球暖化最多的是二氧化碳，雖然有專家學者認為甲烷的暖化效應是二氧化碳的 80 倍（IPCC 推估其釋放到大氣之後 20 年內的影響），但由於二氧化碳是人為排放量最多的溫室氣體，約占所有溫室氣體的 55%～65%，而且二氧化碳會存在幾百年，因此專家學者大都認為二氧化碳是溫室氣體中造成全球暖化最重要的來源。

根據 NASA 觀測，從 1750 年至今，太陽照射的平均能量仍然穩定，或僅小幅度增加。如果暖化是因為太陽更加活躍，科學家應該會在大氣層所有層面都偵測到更高的溫度，但根據目前觀察，僅在大氣層表面和底層測到較高溫度，這顯示溫室氣體使熱能被困在大氣的底層（綠色和平，2020a）。

WMO 於 2022 年《溫室氣體公報，Greenhouse Gas Bulletin》報告中指出，2021 年全球二氧化碳（CO_2）、甲烷（CH_4）與氧化亞氮（N_2O）等三種溫室氣體的大氣濃度創下了歷史新高，並警告最近 40 年開始進行系統測量以來，甲烷濃度的增加幅度最大，雖然目前還不確定原因，但似乎是生物與人為影響的結果。從 2020 年到 2021 年，二氧化碳濃度的增加幅度也大於過去十年的平均年成長率，而 WMO 表示，2022 年二氧化碳的濃度也將持續上升。WMO 秘書長 Petteri Taalas 表示，此份報告再次強調了全球採取緊急措施減少溫室氣體排放並防止全球升溫的重要性，同時也揭示了這項議題是一個巨大的挑戰。觀察 2021 年的數據：二氧化碳濃度為 415.7ppm、甲烷為 1908ppb、氧化亞氮為 334.5ppb，如果追溯到工業化前的數據，這三種氣體分別是當時的 149%、262% 與 124%。由於二氧化碳在大氣中可存在的時間很長，因此即使排放量迅速降低到淨零，已監測到的溫度也將持續數十年之久（陳明陞，2022）。

　　聯合國環境規劃署 2021 年全球碳排放量差距報告：「The Heat Is On」警告說，人類已經沒有時間，將全球暖化限制在比工業化前水平高出攝氏 1.5 度的範圍內，2021年對地球來說是令人擔憂的一年。在目前的排放速度下，氣溫可能會上升攝氏 2 度，這個氣溫上升的幅度也是 IPCC 訂定的升溫上限（UNEP，2021）。

（二）森林砍伐

　　森林對於穩定全球氣候、淨化和涵養水源無比重要，人類、野生動植物，及整個地球的健康，都仰賴健康的森林生態。森林是地球約三分之二陸生植物和動物物種的棲息地，是大小社群的命脈，更是抵禦災難性氣候變遷的一道最後防線。近年來森林大火次數大幅增加，無論是亞馬遜雨林、西伯利亞森林、印尼雨林、剛果雨林等，皆因工業化、畜牧業、種植大豆、棕櫚油等經濟作物，過度砍伐、焚燒，造成大片森林快速消失。目前全球森林正面臨空前嚴峻的危機，工業發展以來的大規模砍伐，讓森林面積急速減少。失去了重要的森林生態，許多與林共生的社群被迫遷徙，稀有及瀕危物種的棲息地也面臨威脅，大量原本封存在林中的溫室氣體釋出，加劇氣候變遷的影響（綠色和平，2022a）。

　　根據 2021 年世界資源研究所（World Resources Institute，簡稱 WRI）的最新資料，過去一年，全球熱帶地區森林覆蓋面積減少了 1,110 萬公頃，其中包括非常重要的抑制全球暖化和生物多樣性喪失的原始森林。2022 年 4 月，IPCC 依序發布第六次評估報告的三大部分，明確指出，氣候危機將變得更加頻繁、劇烈，但全球卻未做好應對氣候衝擊的準備。然而，如果我們及時保護至少 30% 的森林及其他自然環境，將有助於挽救地球與人類的生存危機（綠色和平，2022b）。

　　瑞士蘇黎世聯邦理工學院（Eidgenössische Technische Hochschule Zürich，簡稱ETH Zurich）大氣及氣候科學研究所（Institute for Atmospheric and Climate Science）及德國馬克斯 - 普朗克氣象研究所（Max Planck Institute for Meteorology）發現在中緯度很多溫帶地區，砍伐森林與地區性的溫度轉變有關，尤其是北美、俄羅斯及東歐都曾經發生過嚴重砍伐森林現象。ETH Zurich 研究員 Quentin Lejeune 跟 Carbon Brief（是一個總部位於英國的網站，專注於氣候科學、氣候政策和能源政策的最新發展。）說：「我們發現這種嚴重砍伐森林現象，導致在炎熱天氣時，日間的氣溫明顯上升；在北美地區氣溫上升的情況尤其是顯著。例如在美國中部嚴重砍伐森林地區，有時氣溫上升最高會達到攝氏 1 度。」換言之，北半球高緯度地區是氣溫升幅最大的地區，這裡的暖化速度比熱帶還快（聯合新聞網，2022）。

（三）甲烷

甲烷又叫天然氣，是細菌腐敗作用的副產品，是僅次於二氧化碳的第二大溫室氣體，且是一種比二氧化碳毒性更大的氣體，會加速氣候變暖的進程。根據 2021 年 08 月 09 日氣候變遷第 6 次評估報告（IPCC AR6），甲烷為導致全球暖化的因素之一。甲烷比二氧化碳更易吸收熱量與釋放熱能，但甲烷存活時間只有 10 幾年，因此空氣中的二氧化碳比甲烷多 200 倍。史丹佛大學大氣學家羅伯•傑克遜（Rob Jackson）所領導的「全球碳計劃」，研究 2000 年到 2017 年的地球甲烷排放情況，他們發現於 2017 年，地球大氣層吸收了近 6 億噸的甲烷，與 2000 年相比，每年的甲烷排放量增加了 9%，即每年增加 5,000 萬噸。因此，如果能在 2030 年前，將人為製造的甲烷排放量減少 45%，就能在 2045 年左右，避免全球溫度上升近攝氏 0.3 度。如果能有效減少甲烷的產生，將有助於減緩平均溫度上升速度。目前，全球產出的甲烷數量有 60% 來自於人類活動，其餘的來自動物、溼地和其他自然資源。在過去的 20 年中，歐洲是甲烷排放量減少的唯一地區，其部分原因是改變了垃圾處理方式以及肉食習慣。法國凡爾賽大學聖昆丁分校（Universitéde Versailles Saint- Quentin）的瑪麗埃勒•薩努瓦斯（Marielle Saunois）說：「歐洲降低垃圾填埋場的數量，對於糞便與汙水的處理更周密小心。人們也減少了牛肉的食用量，更多選擇家禽和魚肉。」（陳詩童，2021；江飛宇，2021）

而人造甲烷中的 40%，來自農業、牲畜飼養，35% 是天然氣、探鑽石油與運輸活動，還有 20% 是從垃圾掩埋場產生。報告指出，如果每年減少天然氣排放量 45% 或 1 億 8 千萬公噸，將能改善每年全球因汙染導致 25 萬人死亡，以及超過 75 萬人因此住院的情況。另外，減少食物浪費、改善牲畜的飼養方式、減少食用動物相關產品，估計每年也能減少產出高達 8 千萬公噸的甲烷氣體（陳詩童，2021）。簡言之，從農業畜牧、煤礦開採、永凍土融化、天然氣洩漏到天然氣加工運輸，過程都會大量排放甲烷。與二氧化碳相比，甲烷的 20 年全球暖化潛勢（GWP，全球升溫潛能值，是衡量溫室氣體對全球暖化影響的一種手段）是二氧化碳 86 倍，100 年全球暖化潛勢（GWP100）是二氧化碳 34 倍，也就是說大氣中甲烷雖然少，但造成暖化的能力不可忽視（科技新報，2022）。

由於一頭奶牛每年產生的甲烷相當於 4 噸二氧化碳造成的溫室效應；牛屁產生的甲烷占全世界甲烷排放量的 29%，比燃燒石油天然氣的 20% 還要高。聯合國糧食及農業組織（Food and Agriculture Organization，簡稱 FAO）在 2023 年的報告中指出，全球畜牧業飼養家畜的二氧化碳總排放量，為每年 71 億噸，占所有人為溫室氣體排放量的 14.5%，其中以牛隻是排放量最大的動物，約占畜牧業排放量的 65%，如以二氧化碳為基準，竟然還比運輸業多了 18%。最新研究顯示，以 1.5 ～ 3 盎司蘆筍藻替代牛飼料，可減少 80% 以上甲烷排放。

（四）農田施肥

　　雖然很多農業科學家正在努力進行「農業固碳」，但目前人類的農業開發仍是二氧化碳的來源之一，以致各類作物田間栽培及肥料使用過程，亦會排放溫室氣體，間接推助了地球暖化。「農耕土壤」中所排放的氧化亞氮最多，主要原因就是來自氮肥的使用；而農地過度翻耕，會增加二氧化碳的排放。過度在農田施用肥料，也會成為環境一大問題；過度施肥造成肥料流入湖泊海洋，產生的藻華現象嚴重破壞水中生態。肥料短期內能讓土壤中的氮含量大增，也會造成土壤中的微生物過度活躍，導致將土壤中的有機質及腐植質分解消耗掉，並將地力消耗殆盡（農傳媒，2021；游昇俯，2021）。

　　「綠色和平」組織於 2008 年 1 月 24 日在馬尼拉的「涼快的農耕：農業對氣候的衝擊及緩解的潛力」發表會中提出「化學肥料是溫室效應氣體的重要來源之一，對氣候變遷的影響甚鉅」報告。此份報告中特別提到：能源密集及化學密集的農業活動，如肥料過度使用、開荒、農耕地林木濫伐、土地變更及密集畜牧等，對全球氣候變遷造成重大的影響。因這些活動而排出的二氧化碳，約介於 85 億至 165 億噸之間，相當於人類引發溫室氣體排放的 17 % 至 32 %。肥料過度使用是農業直接溫室氣體排放的最大單一元兇，目前相當於每年製造 21 億噸的二氧化碳。肥料的過度使用，還導致了氧化亞氮氣體的排放，這種氣體對氣候變遷的效應，約是二氧化碳的 30 倍。綠色和平東南亞宣導員奧坎布在發行會上表示，農地的肥料飽和轟炸必須停止，政府應逐步廢除對化學肥料的補助，並執行肥料縮減政策，以確使農民更精準地使用少量肥料。各國政府必須停止支持有害環境的破壞性農耕作法，而聚焦於協助農民轉型到生態性及永續性的農耕系統（林行健，2008）。

（五）土壤

　　地球表面最上一層的土壤，是地球陸地中最大的碳匯（泛指自然環境中吸收或儲存二氧化碳的天然或人工「倉庫」，詳細解釋請參考本書第壹篇第三章第二節）；失去固碳（又稱碳固定，Carbon fixation）功能的土壤，將會釋放二氧化碳，讓全球溫室效應加劇，尤其以農業為最。農業於 2020 年已排放逾 149 億餘公噸二氧化碳當量（CO_2e，是測量碳足跡的標準單位），農業生產排放之溫室氣體，已遠超全球排放總量之 25%。農產品產量會因氣溫上升而減產，如氣溫比工業革命時上升攝氏一度，就會導致全球小麥減產 4,200 萬公噸；其後果已使全球小麥、水稻、玉米及大豆的產量，分別減少 6%、3.2%、7.4%及 3.1%（吳文希、陳尊賢及黃大洲，2022）。

　　健康的土壤不但可以增進二氧化碳吸存、減少溫室氣體排放，還可以確保糧食生產安全，並在水資源管理上發揮顯著的作用。全球 2 公尺深土壤儲存的有機碳達到 24,000 億噸，土壤碳匯的微小變化都可能對大氣二氧化碳濃度 生強烈影響。換句話 ，土壤碳匯的微小增加都會 生巨大的碳匯效應。因應氣候變遷，法國在 2015 的 COP21 巴黎氣候峰會上，提出「千分之四計劃：服務於糧食安全和氣候的土壤」為主題的國際倡議，這也彰顯了提升土壤碳匯儲量在應對氣候變遷中的重要地位。2020 年 3 月中旬一項新的研究結果知，全球土壤碳儲存的潛力十分可觀，估計全球農田土壤每年有 33 億～ 68 億噸二氧化碳當量的固碳潛力，相當於目前美國一年的總排放量。此顯示土壤在氣候變遷的減緩（mitigation，即是以有效的方式，減少溫室氣體的排放量或增添溫室氣體的儲存量，來降低「氣候變遷」影響的速度或規模。）與調適（adaptation，即是為了因應預知的「氣候變遷」衝擊或影響，對環境系統或人類行為進行調整，以減輕「氣候變遷」對人類與自然的傷害，並發展出有效的生存空間。）上，扮演非常重要的角色。然而，要使土壤能夠發揮如此重要的碳匯功能，保護土壤的完整與健康是十分關鍵的。尤其是森林地帶的土壤、泥炭地和溼地，都是需要積極善待與呵護的碳儲存重要場域。面對溫室效應的衝擊以及環境的快速變化，過去認為良好的土壤就是能夠提供充足的養分，使作物有最大的產量的狹隘觀念必須有所調整。我們不僅需要提高農作物產量，保障國家的糧食安全，更應該注重整體土壤環境的保育和健康（汪中和，2020）。

第 5 章
氣候變遷

　　2023 年 4 月極端熱浪席捲亞洲（圖 5-1），孟加拉至少有 8 個地區遭受嚴重熱浪，首都達卡（Dhaka）15 日飆到攝氏 40.4 度，創下 58 年來最熱紀錄；17~21 日酷熱情況更加嚴重，平均最高氣溫比前一周上升 4.3%、比 2022 年同期高出 12.5%，孟加拉西部氣溫 19 日也飆到攝氏 42.8 度。2023 年 7 月起，由於海洋變暖、濕度也高，地球創下有紀錄以來最炎熱的夏季之一。歐盟哥白尼氣候變化服務（Copernicus Climate Change Service 簡稱 CAMS）指出，2023 年 7 月的月均溫，比過往最熱的 7 月，也就是 2019 年 7 月的攝氏 16.63 度，還高出 0.33 度；也比 1991 年到 2020 年的 7 月份月均溫，高出攝氏 0.72 度；華爾街日報形容此現象為「地球進入燒烤模式」。美國賓夕凡尼亞州學院 AccuWeather 氣象預報公司高級氣象學家安德森（Andersen）說，有幾個因素導致 2023 年夏天出現創紀錄高溫天氣。其中包括：海洋溫度異常偏高，提升了濕度；全球幾個「熱穹頂（heat dome）」使熱空氣停留的時間比以往更長；高速氣流導致致命風暴移動緩慢。據世界氣象組織，氣候變遷加劇了極端高溫事件，自 1980 年代以來，極端高溫事件已增加了 5 倍。氣候變暖引起的地表溫度上升，會使熱浪持續時間更長、強度更大，並產生使熱浪停滯在一個地方的天氣條件。世界氣象組諮詢氣象學家席瓦（Silva）在談到極端熱浪時說：我們看到越來越多這種情況和極端天氣，這是因為全球暖化；這些現象並非僅此而已，而是隨著情況的惡化，其強度會愈來愈高。（聯合新聞網，2023；丘力龍，2023）。所謂「熱穹頂」是指大量的乾熱空氣長時間沉降在一個地區上空，就像鍋蓋罩在該地區上，使該地區天氣異常的熱。

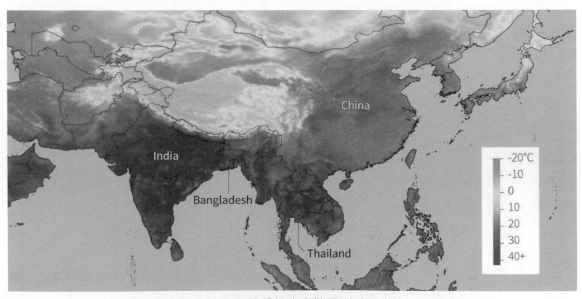

圖 5-1　2023 年 4 月嚴重熱浪席捲亞洲（丘力龍，2023）

第一節 認識氣候變遷

所謂「氣候變遷」是指氣候在持續相當一段長時間的巨大變動，聯合國政府間氣候變遷委員會認為所謂的「相當一段長時間」，是指氣候平均狀態在較長的時段內（10 年以上）的趨勢性變化（IPCC WGI，2001）。「氣候變遷」的含義非常廣泛，它可以包含地球歷史上長時期發生的各種或熱或冷的變化。「氣候變遷」主要表現於三方面：全球暖化、酸雨（acid deposition）、臭氧層破壞（ozone depletion），其中全球暖化是人類目前最迫切的問題，因其關係到人類的未來。一般人常誤認「氣候變遷」就是天氣變熱，是全球暖化的同義詞，其實這是一種誤解。

氣候變遷的含義非常廣泛，它可以包含地球歷史上發生的各種或冷或熱的變化。但目前所討論的氣候變遷，主要是指自 18 世紀工業革命以來，人類大量排放二氧化碳等氣體所造成的全球暖化現象。在各種溫室氣體如：二氧化碳、甲烷、氧化亞氮、六氟化硫、氫氟氯碳化物、全氟碳化物及三氟化氮等氣體等中，二氧化碳的吸熱能力其實不是最強的。二氧化碳之所以成為全球暖化問題的核心，是因為工業革命以來，大氣中二氧化碳含量急遽增加，成為導致氣候暖化的主因（秦大河、丁一匯等，2009）。一個可供參考的極端例證是，金星的濃密大氣中絕大部分是二氧化碳，劇烈的溫室效應使金星表面溫度最高達到攝氏 460 度左右（維基百科，2022a）。

1920 年至 1944 年間，已有科學家觀測到全球氣候發生明顯的暖化現象，但當時有關「氣候變遷」的描述，只有布萊爾（T. A. Blair）於其所著《世界和區域氣候學》中有簡單的提及。他認為人類對氣候的影響是局部性和短暫性，不會對整個氣候系統有所影響。此觀點主要源於 19 世紀初，在歐洲已觀測到氣候溫度的變化現象；接著是 19 世紀中葉，氣候溫度也較同時期的平均溫度低；但到了 19 世紀末，氣候溫度又回升至歷史的紀錄。當時盛行的觀點是，地球氣候是穩定的；這種理論一直持續至 20 世紀 50 年代，因北半球的氣溫普遍上升而改變。同時期，有越來越多的科學家注意到，因人類活動所導致全球暖化巨變的可怕現象。在 1957 年至 1958 年國際地球物理年間，展開了一個重要科學研究項目，就是在夏威夷冒納羅亞觀象台（Mauna Loa Observatory）（圖 5-2）進行二氧化碳濃度觀測。這項觀測與之後在世界其他他地方進行的觀測，都證實了大氣中的二氧化碳濃度一直持續增加中，這些觀測證明了人類活動正在破壞大氣層。

圖 5-2　夏威夷冒納羅亞觀象台。（The Climate Center，2019）

　　「大氣中二氧化碳濃度提高，會提高地球表面均溫」的理論，是 2021 年諾貝爾物理學獎獲獎的三名得主之一、美籍日裔學者真鍋淑郎（Syukuro Manabe）在 1960 年代所建立的「氣候變遷」模型來預測全球氣候狀態時就提出。把氣候變遷真正當成問題來談，始於 20 世紀 80 年代；因為科學界發現，全球氣候正經歷一場以「變暖」為主要特徵的顯著變化。

　　《聯合國氣候變化綱要公約》是對應「氣候變遷」的第一份國際協定，這份協定於 1992 年在巴西里約熱內盧舉行的聯合國環境與發展大會（United Nations Conference on Environment and Development，簡稱 UNCED）上通過，當時有 197 個締約方。《京都議定書》（全名《聯合國氣候變化綱要公約的京都議定書》，全文共 27 條及 A、B 兩個附件）是 1997 年 12 月締約方於日本京都舉行的第 3 屆聯合國氣候變遷大會（UNFCCC COP3）上通過，它是設定減排碳量目標的第一份國際協定，規範 38 個國家及歐盟（即是「附件 B 國家」），以個別或共同的方式控制人為排放之溫室氣體數量，期望減少溫室效應對全球環境所造成的影響。「附件 B 國家」必須在 2008 ～ 2012 年間，將該國溫室氣體排放量降至 1990 年水準平均再減 5.2%。根據《京都議定書》第 25 條規定，議定書必須獲 55 個以上國家批准，和其合計二氧化碳排放量，至少占議定書附件一所列國家於 1990 年二氧化碳排放總量的 55%，該議定書才能生效（World Bank，2008），其是於 2005 年 2 月 16 日正式生效。

　　為了達到這減量目標，京都議定書設計了三種「彈性機制」：國際排放交易（International Emissions Trading，簡稱 IET）、共同減量機制（Joint Implementation，簡稱 JI）和清潔發展機制（Clean Development Mechanism，簡稱 CDM）。截至目前，CDM 是三種彈性機制中發展最成功的，CDM 主要的兩個目標為：1. 協助發展中國家，盡速達到永續發展目標。2. 協助已開發國家，可以藉由購買 CDM 產生的抵換額度（Offsets），來達成減量承諾（陳巾眉，2011b）。

　　議定書生效時，西雅圖是第一個達成議定書氣體排放減量標準的美國城市，市長尼可斯（Greg Nickels）出面號召數百個城市聯合宣布，建議以城市力量推動來達成議定書規範的目標。大家發現城市市長的權力很大，且相對有獨立性，只要市長願意推動，會比以國家層級單純許多，此正好與 SDGs 鼓吹的「次國家」（sub-nation）理念不謀而合。

　　第 21 屆聯合國氣候變遷大會（COP21）於 2015 年 11 月 30 日至 12 月 12 日在法國首都巴黎舉行，締約方於 12 月 12 日通過《巴黎協定》（Paris Agreement），此協

定最大的意義是其具有法律約束力的國際氣候協議，其是於 2016 年 11 月 4 日生效。該協議主要內容是：所有締約方須訂出「國家自願減量承諾」（Nationally Determined Contributions, NDCs），並且每五年要檢討各國對減排的貢獻；另透過提供氣候融資，協助開發中國家適應「氣候變遷」。更重要的是，締約方未來將致力推動減碳政策，即本世紀全球氣溫升幅，須控制在不超過攝氏 2 度；期望目標是攝氏 1.5 度（UNFCCC, 2016）。世人對此次氣候變遷大會有很高的期許，例如 Hospitality ON（熱情好客）雜誌於 2015 年 12 月 30 日的期刊封面上標題即為：「COP 21 為巴黎的酒店帶來了新鮮空氣（COP 21 a breath of fresh air for Paris's hotels）」(Hospitality ON，2015)（圖 5-3）。

　　2021 年 11 月 1 至 12 日，於蘇格蘭格拉斯哥舉行第 26 屆聯合國氣候變遷大會（COP26）（圖 5-4），其是由英國與義大利政府合作舉辦，約有 200 個國家、2.5 萬位代表出席。本次會議原定是於 2020 年 11 月在同一會場舉行，但由於 COVID-19 疫情嚴重，遂延後一年舉辦。本次會議是合併《聯合國氣候變化綱要公約》第 26 次締約國會議、《京都議定書》第 16 次締約國會議（CMP16）以及《巴黎協定》第三次締約國會議（CMA3）等三個國際公約締約國會議。本次會議主要行動領域包括：氣候金融的建置、國家自願減量、保障脆弱社群的發展、能力建置及讓非締約方的利害關係人了解參與氣候行動的重要性。2021 年 11 月 13 日，會議通過《格拉斯哥氣候公約》，要求維持巴黎協定，要求各國把氣溫升高幅度，控制在攝氏 1.5 度以內，同時要減少煤炭使用。另確定未來碳權（Carbon Credit，是碳排放權；排碳需求高的國家或組織須購買此權利，以獲取其許可排放量。）不可重複計算；賣方售出的碳權，只能算給買方的減量成果；以 2013 年 1 月 1 日為過渡截止日，在此日期後認證的清潔發展機制的碳權才能在國際間交易。

圖 5-3　Hospitality ON 於 2015 年 12 月 30 日的期刊封面。

圖 5-4　第 26 屆聯合國氣候變遷大會標識。

第二節 氣候變遷的造成

經過一世紀的累積下，大氣中的溫室氣體已大大的過量，以致氣候變遷問題變得非常棘手。當全球平均氣溫和海洋溫度升高、海水體積膨脹、南極和格陵蘭（Greenland）的大陸冰川加速融化，導致海平面上升，淹沒了沿海低海拔地區。除此之外，降水模式改變和亞熱帶地區的沙漠化，助長極端天氣包括熱浪、乾旱、森林大火、暴雨、水患、暴雪等。各種天災襲擊在全球造成嚴重的生命與財產損失。氣候變遷不僅是氣候模式受影響，對環境極為敏感的生態更是衝擊，甚至引起大規模物種滅絕，以及糧食危機等問題。糧食與水資源關乎人類生存，若收成與供給不再穩定，將對於全球經濟造成動亂，更可能引發爭奪資源的政治風險（綠色和平，2020a）。

IPCC 於 2007 年 2 月發表的第 4 次氣候變遷評估報告，就提出「全球氣候暖化已是不爭的事實」，而人為活動「很可能」，即 90% 的可能，是導致氣候暖化的主要原因。而在 2001 年發表的第 3 次評估報告中，IPCC 使用的「可能」，那時只有 66% 的可能性（IPCC WGI，2008）。顯然，科學界對全球暖化，且是人為因素所導致的論斷，增加了確定性。而所謂人為因素，主要是人類生產、生活過程中，向大氣中釋放了大量的二氧化碳等溫室氣體。

人類活動對「氣候變遷」的影響相對直接，其中燃燒化石燃料、過度砍伐和畜牧等，都對氣候有不同程度和範圍的影響；尤其是自工業革命以來，已開發國家工業化過程的經濟活動引起的破壞。化石燃料燃燒、破壞森林、土地利用變化等人類活動，所排放溫室氣體導致大氣溫室氣體濃度大幅增加，溫室效應增強，從而引起全球暖化。據美國能源部橡樹嶺國家實驗室（Oak Ridge National Laboratory, ORNL）研究報告，自 1750 年以來，全球累計排放了 1 萬多億噸二氧化碳，這一現象導致了大氣中溫室氣體的含量越來越高，以氣候變暖為主要特徵的全球氣候變化，其中已開發國家排放約占 80%（張瑞剛，2012）。由於人類生活及生產系統導致全球氣溫迅速上升，因此人類應盡力減少對氣候影響的活動，並設法減低即將面臨的災難。

聯合國將 1990 ～ 2000 年訂定為「第一個國際減少天然災害十年」，大力宣導如何減少天然災害的危害，以及應如何實施相對應行動減災，其包括防災、減災、備災、應變、復原，並訂定每年 10 月的第二個星期三為「國際減災日」；綜言之，就是要提升所有國家對「氣候變遷」引起災害的應變能力。建議各國減災的策略有：設立對應各國地形及環境的預警系統、提升各國的結構性防護力及善用科技、教育和培訓等。聯合國國際減災策略組織（United Nations International Strategy for Disaster

Reduction，以下簡稱 UNISDR 或 ISDR）另建議各國應訂定「氣候變遷」風險的調適策略，優先將「氣候變遷」的減災與調適策略納入各國發展計畫中。同時各國應重視「氣候變遷」的調適、早期預警制度建立、災害對健康影響及該國社區的耐災能力等四大議題之科學研究與發展成果。聯合國於 2002 年 1 月 21 日的會議中，通過「第二個國際減少天然災害十年」繼續進行，提醒各國政府要重視自然災害的嚴重性。

《聯合國氣候變化綱要公約》第 25 屆締約方大會於 2019 年 12 月在西班牙馬德里舉行，會中討論各國的二氧化碳排減量，同時針對各國如何以「國家自願減量承諾」促進氣候行動進行磋商。我國雖不是《聯合國氣候變化綱要公約》締約方，但仍積極按照公約精神，協助開發中國家進行減緩與調適計畫以對抗「氣候變遷」，展現我國對世界貢獻的決心。因應開發中國家的需求，我國特別針對環境治理、防災預警、能源效率提升、綠色金融及創新科技等領域，加強與開發中國家及已開發國家之合作（外交部，2019）。

美國國家海洋暨大氣總署（NOAA）表示，於 2021 年 5 月份測得大氣中二氧化碳平均濃度為 419.13ppm，相比 2020 年 5 月高出 1.82 ppm，此數值比工業化前的濃度 280 ppm 還要高 50%（李宣融譯，2021）。世界氣象組織及國際科學理事會在奧地利召開「菲拉赫氣候會議」（Villach Climate Conference）的結論是：人類活動正在引起全球氣候暖化，假如不予以控制的話，將會導致災難性的「氣候變遷」（朱松麗與高翔，2019）。

IPCC 於 2021 年 8 月 9 日公布氣候變遷第六次評估報告（IPCC AR6），其中特別提到 2019 年大氣中二氧化碳濃度是近 200 萬年中最高，而甲烷與氧化亞氮的濃度也是近 80 萬年最多。人類對大氣、海洋及陸地暖化的影響是不容置疑，如北極海冰面積的年平均量是 1850 年以來最少的，而全球冰川自 1950 年以來持續退縮，且退縮幅度是過去 2000 年沒有過的。長時期以來大氣、海洋、冰雪圈及生物圈，都發生了快速且大範圍的變遷，此些變化都是前所未有；尤其是人為的「氣候變遷」，於世界各地產生許多極端天氣與氣候事件。由各種氣候追蹤數據可知，在目前二氧化碳加倍的惡劣條件下，至 2040 年全球將持續增溫攝氏 1.5 度；除非在未來幾十年內，大家同心協力大幅減少溫室氣體的排放，否則在本世紀末全球暖化幅度將超過攝氏 1.5 度。

氣候變遷造成的因素來自多方面，包括輻射平衡與地球運行軌道改變、太陽能量輸出的變化、造山運動、溫室氣體排放等：

一、輻射平衡與地球運行軌道改變

如第 4-2 節所述，地球氣候的演變中已有多次氣候變遷現象，其中又以「地球輻射平衡」變化是主要因素。所謂「地球輻射平衡」，即是地球的大氣系統中，「從太陽到達地球的能量」和「地球自身反射至太空的能量」之間的平衡。從冰期（glacial period，即一段持續的全球低溫、大陸冰蓋大幅度向赤道延伸的時期）開始到過去近 300 萬年間，已有充分的證據顯示，這段期間的氣候變遷與地球圍繞太陽的軌道週期變化有關，也就是所謂的米蘭科維奇循環（Milankovitch cycles）（交通部中央氣象署，2022a）。

米蘭科維奇在二十世紀初，提出地球圍繞太陽運行時的三個軌跡幾何參數，會影響地球冰河時期。第一個參數是地球環繞太陽公轉軌跡的形狀，軌跡有時較接近圓形，但有時卻呈橢圓形，而這個參數的變化週期約為 100,000 年。軌跡的改變會影響在不同季節抵達地球的太陽能量（圖 5-5）。第二個參數是地球自轉軸心的傾斜角度，它會在 22.1 度至 24.5 度之間變化，週期約為 40,000 年。這個參數的變化不會改變抵達地球的太陽能量，但會影響日照在不同緯度的分布（圖 5-6）。最後一個參數是地球自轉軸心的歲差（precession），亦即地球軸心的搖晃，變化週期約為 25,722 年。地球軸心的搖晃同樣會影響日照在不同緯度的分布（圖 5-7）。米蘭科維奇認為這三個參數對抵達北半球高緯度地區的日照影響至為重要，因為地球大部份的冰雪面都集中在這些地區，而冰雪面的變化可以引起一些「正回饋」作用。例如，當北半球高緯度地區所接收的日照減少，夏季的升溫不足以融化上一個冬季的冰雪，全年整體的冰雪便會增長，把更多的陽光反射回太空，減少地球接收到的熱力，幫助冰雪進一步增加，造成惡性循環；年復一年的冰雪增長，最終會把地球推進冰河時期（岑富祥，2017）。

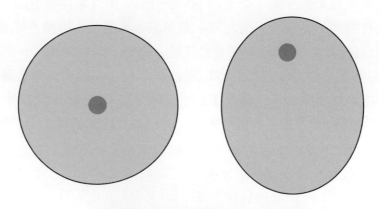

圖 5-5　左：圓形軌道；右：橢圓軌道。（岑富祥，2017）

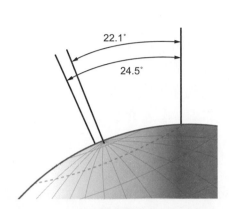

圖 5-6　地球自轉軸傾斜角度的變化。
（岑富祥，2017）

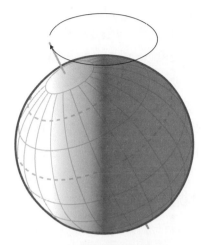

圖 5-7　地球自轉軸的歲差。
（岑富祥，2017）

故由上知，有三種基本途徑可以改變地球的輻射平衡，從而導致氣候變遷：(1) 改變射入的太陽輻射（例如，地球軌道或太陽自身的變化）；(2) 改變太陽輻射的反射率（該反射率稱之為反照率，它可以通過雲層的變化、被稱為氣懸膠的顆粒物或陸地層等來改變）；(3) 改變輻射回空間的長波的能量（例如，通過改變二氧化碳的濃度）。另外，局部地區氣候也取決於風和洋流如何分布熱量。所有這些因素都在過去的氣候變遷中發揮了作用（交通部中央氣象署，2022b）。

二、太陽能量輸出的變化

經由幾十年的觀測數據得知，在 11 年的太陽黑子周期中，太陽能量輸出約有 0.1% 變化。自 17 世紀起，太陽黑子觀測以及從宇宙輻射產生的同位素資料，確證了太陽活動的長期變化。再由資料和模式的對比，結果均顯示了在工業化時代開始前的 1 百萬年中，太陽變化和火山活動都有可能是導致氣候變遷的重要原因（交通部中央氣象署，2022a）。

倫敦帝國學院的大氣物理學家喬安娜•黑格（Joanna Haigh）和她的同事於 2010 年發現，前些年的紫外線輻射量遠小於預期，而到達地球的可見光則增加。雖然太陽活動是在下降階段，使地球表面溫暖的可見光卻增加，光譜的變化似乎已經改變了大氣層內的臭氧分布。他們指出在 2004 ～ 2007 年間，在海拔約 45 公里高空以下的平流層臭氧濃度減少，而在此高度之上的大氣臭氧濃度則增加。黑格認為臭氧會調節太陽光的「輻射強迫（radiative forcing）」，臭氧增加可以減少達到對流層頂的太陽紫外線輻射通量，及增加在平流層的紅外線輻射通量。實際影響是淨向下的太陽輻射通量有小量增加（趙孔儒，2017）。

　　「輻射強迫」是指影響氣候變遷的外部影響強度改變（自然或人為因素，例如：二氧化碳濃度、太陽輻射等變化），而使對流層頂的垂直光輻照度或太陽輻射通量產生的變化量（也就是向下的減去向上的能量傳遞，單位：瓦特／公尺^2）。若「輻射強迫」是正數時，進入的能量比釋放出的多，表示地球表面和低層大氣變暖；相反的，如果「輻射強迫」是負數時，釋放出的能量比進入的多，表示地球表面和低層大氣變冷（趙孔儒，2017）。

三、板塊漂移

　　遠古時代的地球是「泛古陸」（圖 5-8）或稱「盤古大陸」的龐大陸地，被稱為「泛大洋」的水域包圍。大約於 2 億年以前「泛大陸」開始破裂，到距今約二、三百萬年以前，漂移的大陸形成現在的七大洲和五大洋的基本地貌。經過幾百萬年時間，地球大陸板塊漂移（die Verschiebung der Kontinente），造成陸地和海洋位置和面積的變化，影響了全球大氣環流，從而產生全球或區域性的氣候變遷。海洋的位置對全球的熱量和溼度的轉移，有非常重要的作用；因此也對全球氣候起著決定性的作用。更早的石炭紀時期，大陸漂移造成大規模的碳被貯存起來，也因此引發冰河時期的到來。

　　地貌狀態也能影響氣候變遷，造山運動形成了山脈，山的存在會造成地形降水；由於隨著地勢增高，氣溫下降，水蒸汽凝結，這種降水是高山冰川形成的主要原因，也使山區在不同高度有不同的動物植物群落，形成高山生態系統。大陸的面積也對氣候有重要作用，因為海洋熱容量大，可以穩定溫度變化，沿海的年氣溫變化要比內陸小，所以面積大的大陸季節性溫度變化要比面積小的陸地或島嶼大（維基百科，2022b）。

圖 5-8　泛古陸與環繞在其外的泛大洋（維基百科，2022c）

四、火山活動

　　火山活動是由於地球的地殼和地函之間新陳代謝運動造成的，火山噴發會向大氣噴出氣體和火山塵，也會形成溫泉。火山在歷史上每個世紀平均都會發生幾次噴發，

都會影響幾年的氣候變遷,火山塵會阻斷太陽輻射,造成氣溫下降。1991 年的皮納圖博火山噴發,使得全球氣溫下降了大約攝氏 0.5 度;1815 年的坦博拉火山噴發,造成無夏天之年。火山噴發還影響到碳循環,將地殼和地函中的碳,以二氧化碳的形式釋放到大氣中,然後又沉積到地層中(維基百科,2022b)。

最新研究發現,氣候變遷可能會強化火山爆發後,伴隨而來的大氣冷卻效應。不過,強化的只是世紀罕見的巨大火山爆發,對於較小型的火山噴發,反而會弱化影響。劍橋大學地理學系歐布瑞(Thomas Aubry)教授研究發現,1991 年菲律賓皮納土波火山(Mount Pinatubo)爆發,其產生的火山灰與氣體形成了一層霧霾,造成接下來的一年,全球氣溫下降多達攝氏 0.5 度。但研究發現,氣候變遷導致大氣層暖化,會讓未來皮納土波火山,爆發級別的煙流上升至更高的高度,阻隔更多陽光、加快氣懸膠體(aerosol,在大氣圈的對流層中,有無數多的微小塵埃粒子,因為這些微粒非常小而且又輕,所以可以一直懸浮在空中。)散布速度,把對全球造成的冷卻效應提高15%。不過,火山氣懸膠體帶來的影響只會持續 1 或 2 年;相較之下,人為的溫室氣體,對氣候造成的影響會延續數個世紀。不過,小型火山噴發,在極端暖化情況下,冷卻效應的影響反而會減少約 75%;這是因為對流層頂(對流層與平流的邊界)的厚度將會增加,使得火山煙流很難抵達平流層。火山噴發出的氣懸膠體會侷限在對流層,幾週後就會被降水沖散,帶來的氣候影響相對較小,也較局部性(戴雅真,2021)。

五、洋流變化

洋流又稱海流,是氣候系統的基礎組成部分。洋流中除了由引潮力引起的潮汐運動外,海水會沿一定的途徑做大規模流動。引起洋流運動的有風及溫鹽環流(thermohaline circulation)造成的海水密度分布的不均勻性。加上地球自轉偏向力(又稱科氏力,Coriolis force)的作用,造成海水既有水平流動,又有垂直流動。短期幾年或幾十年內的漲落變化,如聖嬰現象(El Niño)、太平洋、北大西洋、北冰洋的溫度漲落,比大氣溫度更能代表氣候變遷情況。就長期而言,海洋中的溫鹽環流是海洋深層的緩慢水流,對其中熱量的重新分布起到了決定性的作用。洋流是具有相對穩定的流速和流向的大規模的海水運動,是促成不同海區間水量、熱量和鹽量交換的主要原因;對於氣候狀況、海洋生物、海洋沉積、交通運輸方面,都有很大影響(維基百科,2022b)。洋流對氣候的影響,總體來說,暖流增加溫度和溼度,寒流降低溫度和溼度。對氣溫的影響,洋流使低緯度的熱量向高緯度的熱量傳輸。

六、人為因素

於第 4-2 溫室效應加劇因素單元中，對於人為因素已分析很多，主要是由於大氣中溫室氣體含量的變化造成的。此外，大氣中懸浮微粒（Particulate Matter，PM）的變化，以及土地使用的變化等也是氣候變遷的原因。目前大氣中的二氧化碳、甲烷和氧化亞氮濃度已達到過去 80 萬年以來的最高點；這些人為排放的溫室氣體和其他人為活動的影響，被認為是 20 世紀以來氣候變遷的主因。IPCC 於 2013 年發布的第 5 次評估報告指出，1951 ～ 2010 年所觀測到的全球增溫，有一半以上是由人類活動所造成（交通部中央氣象署，2022a）。總言之，人類對氣候影響最大的因素，是因為燃燒化石燃料，製造水泥，排放了大量的二氧化碳和懸浮顆粒，此外還有土地利用、臭氧層破壞、畜牧業和農業活動、森林砍伐等，都是對氣候有不同範圍的影響，並成為造成氣候變遷的因素。

圖 5-9 是 1951 ～ 2010 年間所觀測到各項因素對於地表溫度變化所產生的影響，其中溫室氣體是地球暖化的最大來源。而人為的溫室氣體最主要來源是燃燒化石燃料，向大氣中釋放二氧化碳。現今人類對氣候的影響超過了太陽活動、火山爆發等自然過程的變化帶來的影響。圖中用黑色部分，表示觀測得到的地表溫度變化。暖化幅度的估算，結合了觀測和氣候模擬的結果；合併的人為作用力的貢獻比，分開評估溫室氣體和其他人為作用的影響，能更清楚呈現人類對氣候的嚴重破壞（交通部中央氣象署，2022a）。

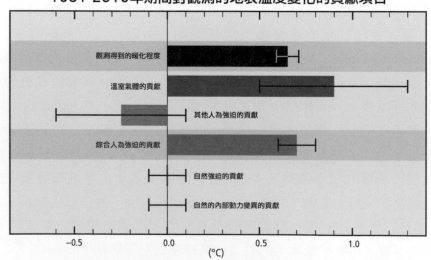

圖 5-9　1951-2010 年期間各項因素造成的暖化程度評估。（交通部中央氣象局，2022a）

第 6 章
氣候變遷可能會造成的風險災害

聯合國於 2020 年 10 月 12 日公布報告，指過去 20 年因為氣候變遷引發的全球自然災害（natural disasters），增加將近一倍。其中大部份是與氣候相關的災害，包括因極端天氣引起的災害，例如洪水、乾旱與暴風雨等。聯合國減少災害風險辦公室（UNOffice for Disaster Risk Reduction, UNDRR）表示，從 2000 年到 2019 年，全球發生 7,348 起重大災難事件，奪走 123 萬條人命，42 億人受到影響，造成全球經濟損失約 2.97 兆美元（張子清，2020）。全球第二大瑞士再保險公司指出 2023 年上半年的極端天氣造成的經濟損失是過去幾年新高，達到 1,200 億美元，與過去十年的平均值相比增加了 45%；就自然災害言，如風暴、洪水、乾旱、森林野火及地震等造成的經濟損失，創下 2011 年以來的最高紀錄（羅拉，2003）。可以斷言的是，未來將會有越來越多的人，受到不斷增加的氣候緊急事件影響而受害。

在《聯合國氣候變化綱要公約》中明定，因人類活動而改變大氣組成的氣候變化，使一地某時的氣候與當時段長時間（如 30 年）氣候的平均值或其他統計量相比，如差異量大於 20%，則謂該時段的氣候為「極端氣候」（翟盤茂、李茂松、高學傑，2009）。如降水量比 30 年平均值高出 20% 時算偏多，高出 50% 以上算多；反之，算偏少和少。我國中央氣象署將其稱為「災變天氣」，臺灣常見的災變天氣有颱風、異常降水、乾旱、寒潮、冰雹、龍捲風、突變強風、海水倒灌等 8 項，其中前 4 項被稱為臺灣的四大氣象災害。有時候天氣會突然大異常，且其系統範圍很小、並在很短時間內成形，以致很難預報；常常是其出現前幾小時，才知道其可能發生，甚至已經出現才能被察覺，如龍捲風、大雷雨、冰雹、突變強風等，這些突發性的災變天氣，又稱「突變天氣」。此時，中央氣象署就立刻以警報或特報方式向民眾發布，此謂「災變特報服務」。警報是用在颱風侵襲時，特報是用於低溫、強風、大雨、豪雨、濃霧等情況（交通部中央氣象署，2022a&c）。當某地天氣現象或氣候狀態，嚴重偏離其平均狀態時，這些不容易發生的事件，就可以稱為「極端天氣氣候事件」（或簡稱極端事件）。例如上述之颱風、突變強風、乾旱、異常降水、熱浪、寒潮和熱帶氣旋等都是極端事件。由於每個地區的氣候平均狀態會有所不同，以致一個地區的極端氣候事件，在另外一個地區很可能是正常氣候。

依據 IPCC 於 2021 年 8 月 9 日所公布之氣候變遷第六次評估報告（IPCC AR6，IPCC Sixth Assessment Report：AR6 Climate Change 2021：The Physical ScienceBasis），全球地表至少將持續增溫至本世紀中。如果未來幾十年內，無法大幅減少二氧化碳和其他溫室氣體排放，全球暖化幅度在本世紀內將超過攝氏 1.5 度或 2 度。全球暖化將直接造成氣候系統的改變，包括極端高溫、豪雨、乾旱發生頻率與強

度的增加，以及強烈颱風比率增加等。2021 年 8 月 10 日中央研究院與科技部引用此評估，預測在最惡劣的情境下，於本世紀末臺灣夏季將從 130 天增為 210 天，冬季甚至從 70 天變為 0 天，到 2060 年可能沒有冬季；世紀末侵臺的颱風個數減少 55%，強度卻增加 50%（楊惠芳與李琦瑋，2021）。

第一節 物理風險災害

臺灣地表溫度過去一百多年已有明顯增加的趨勢，臺灣約增加攝氏 1.3 度。近年增溫速度有持續增加的趨勢，白天最低溫的增溫尤為顯著；未來推估將繼續升溫，在最壞的情境下，21 世紀末臺灣可能增溫超過攝氏 3 度（許晃雄等人，2017）。非政府組織基督教援助協會的 2021 年度報告（Christian Aid Annual Report 2021）：氣候變遷衝擊及受到反聖嬰現象（La Niña）影響下，從全球 2 月溫度是 2014 年以來最冷的 2 月到中國河南洪災，全球的 10 大自然災害總共造成 1,700 億美元的損失；災損金額較去年高出 200 億美元，同時奪走 9,830 人的生命，導致逾 33 萬人流離失所。

一、颱風、颶風或熱帶性氣旋

熱帶風暴於西北太平洋，被稱為「颱風」；在北大西洋、北太平洋中部和東北太平洋，被稱為「颶風（hurricane）」；在南太平洋和印度洋，則被稱為「熱帶氣旋（cyclone）」。前述氣候變遷造成的極端氣候現象，是形容在過往中極罕見的天氣現象，尤其是嚴重或反常氣候的類型。如颱風及其他熱帶性氣旋，可以從溫暖的海水中獲得更多的能量。因此當海水溫度越高，這些颱風及熱帶氣旋的威力也越大，也將挾帶更豐沛的雨量。由於溫度越高所產生的蒸發現象越旺盛，因此氣候變遷所造成的颱風威力也隨之增強。

近年來常發生極端低溫或極端高溫等現象，而熱浪是比高溫日更極端的高溫現象，世界氣象組織定義熱浪標準為每日最高溫超過 30 年的氣候平均攝氏 5 度，且持續超過 5 日（閻芝霖，2019）。2023 年 8 月 1～4 日颱風卡努（Khanun）影響臺灣，造成 4 死 2 傷、農業災情金額達 1 億 8122 萬元、農作物被害面積 1123 公頃，損害程度 22%，換算無收穫面積為 249 公頃。2023 年 9 月 4～6 日颱風海葵（Haikui）在中國東南沿海 3 度登陸，為福建、廣東一帶帶來暴雨，打破了 12 年來的紀錄，引發洪水、土石流，多地水庫達到極限水位，釀嚴重災情，迫使福建省多個城市的地鐵停止運行，關閉學校並疏散居民；受災的鄉鎮達到 147 個，受災人數超過 5.1 萬人、受損公路與橋梁達 170 處、損壞房屋 919 間、倒塌房屋 67 間，直接經濟損失超過約新台幣 24 億元。

2022 年 9 月颶風伊恩（Hurricane Ian）重創佛羅里達州，造成 152 人死亡，損失高達 1129 億美元。2021 年 8 月 29 日颶風艾達（Hurricane Ida）襲擊美國墨西哥灣，造成 752.5 億美元損失及 115 例死亡的嚴重災損。

二、洪災

　　氣候變遷助長極端天候肆虐，2023 年 9 月 10 日颶風「丹尼爾」在利比亞東北部登陸，造成利比亞多個城市遭遇暴雨並引發山洪，10 日晚利比亞北部城市德爾納兩座老舊大壩決堤，洪水摧毀了德爾納四分之一的城區，造成超過 1.1 萬人喪生，另有 1 萬餘人失蹤。2021 年，在中國、印度、德國和比利時都發生致命洪災，災損不計其數，人類的生命和財產都大受威脅：西歐於 2021 年 7 月爆發「百年一遇」世紀洪災，衝擊荷蘭、比利時、盧森堡、德國及法國等國家，德國 1,300 人失蹤、59 人死亡，造成 430 億美元的洪災損失；7 月 20 日極端暴雨，造成中國河南鄭州死亡失蹤 398 人，約損失達 200 億美元。為了能更掌握洪水的動向，一群專家從 2000 年開始透過衛星數據，觀察 169 個國家的 900 多場水災，並配合對降雨和海拔等地面觀測模擬取得的水災地圖，將數據製成了全球水災資料庫（Global FloodDatabase），以便對死亡與流離失所的人數、降雨量等災情提供公開的訊息。研究人員在「自然」（Nature）期刊指出，根據這個資料庫發現，在 2000 ～ 2015 年間，全球有多達 8,600 萬人因為經濟需求，遷移入已知的洪災區，人數增加了 24％；也就是說，過去 20 年來易於遭受洪患威脅的人口暴增近四分之一。此外，令人震驚的是，從 2000 年到 2018 年的短短 18 年內，共有 223 萬公頃的土地被淹沒，大小超過整個格陵蘭島，多達 2.9 億人受到影響。更糟的是，電腦模擬預估，氣候變遷和人口統計的變化，意味著在 2030 年將多出 25 個國家面臨洪災的高風險（吳寧康，2021）。

　　面對天災風險升高，人類如何因應未來的命運？臺灣四面環海位在環太平洋地震帶上，也處在西太平洋颱風生成後易侵襲的路徑上，屬於極易受到天然災害影響的地理位置。臺灣地區地形陡峻、降雨強度集中，近 40 年每年侵襲颱風平均約 4 ～ 5 次，再加上梅雨季豪大雨，平均年損失約 128 億元以上（國立臺灣大學氣候天氣災害研究中心，2022）。根據中央氣象署觀察得知，臺灣各地降雨日數皆呈現減少的趨勢。由統計資料顯示，大豪雨日數（日雨量大 200mm）在近 20 年有明顯增多的趨勢。臺灣西部及西南部沿海地區，為淹水脆弱度較高地方；若加上人口密度與社會脆弱度分析，南部人口密集之都會區與西南沿海地區之淹水風險便相對提高。若未來降雨強度增加，將會直接衝擊目前各區域排水系統排水能力，與河川堤防之防護能力。當降雨的強度

超過區域排水系統的容量負擔或堤防防護標準時，將會大大提升淹水風險；目前高淹水潛勢地區的淹水頻率，也將會日趨增多。

三、乾旱

2021 年美國西南部和墨西哥部分地區，遭受過去 20 年來的特大乾旱，是 1,200 年來的最嚴重乾旱。由「自然氣候變遷」（Nature Climate Change）的研究可知，2021 年的乾旱嚴重程度非常「異常」，所有跡象都表明極端天氣情況將持續整個 2022 年。根據這篇研究結論了解，人為導致的氣候危機使得特大乾旱嚴重程度加劇 72%（陳怡君，2022）。

臺灣年平均降雨量達 2,500 公釐，總降雨量可說相當豐沛，卻因高山地勢高聳，河川短小流急，河川流量變化甚大，水量不易儲存。由近六十年的年降雨量統計可發現，雖然每年的降雨量互有增減，但是，豐水年與枯水年差距逐漸加大，且枯水年的次數有增加的跡象（圖 6-1）。依據過去四十多年的乾旱事件統計，可以發現我國的乾旱災害通常發生在春季，偶爾會持續四、五個月之久，甚至在 2002 年至 2004 年期間，發生連續三年平均將近 7 個月的嚴重乾旱事件。通常乾旱事件必須等到夏季明顯降雨，方能解除旱象（國家災害防救科技中心，2022）。

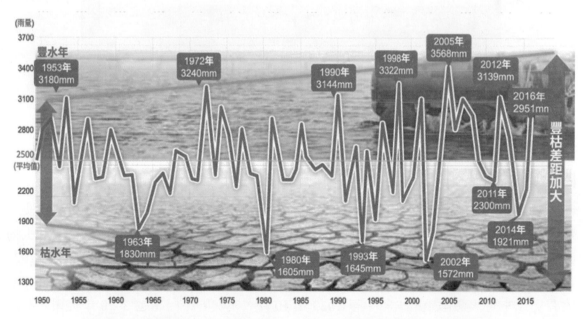

圖 6-1 臺灣豐枯水年雨量記錄。（國家災害防救科技中心，2022）

2020 年臺灣創下 56 年來首度颱風季沒有颱風登陸的紀錄，同年 10 月，臺灣氣象史更寫下了三項「第一次」：第一次在夏季豐水期進行人工增雨、第一次在 10 月召開旱災應變會議、第一次在 10 月將水情燈號轉為一階限水的「黃燈」；臺中、苗栗更在 2021 年 4 月亮起紅燈，開始實施「供五停二」限水措施。過去 10 年間，臺灣發生過 3 次大規模的缺水危機，然而至 2021 年已是近 56 年來最嚴重的一次（圖 6-2）。中央研究院人為氣候變遷專題中心執行長許晃雄則表示，在本世紀中葉，臺灣春雨量將減少 13.2%；隨著全球氣溫升高，臺灣的颱風也逐漸減少；到了本世紀末，登陸臺灣的颱風可能減半，顯示在氣候變遷的影響下，臺灣乾旱的情況將越來越常見。（綠色和平，2021C）。

圖 6-2　臺灣缺水十年史。（綠色和平，2021C）

四、森林大火

近年來，隨著氣候變遷加劇極端氣候發生，異常高溫、乾旱、降水量缺少，使人類毀林行為引發的森林大火更加難以撲滅。迅速蔓延的火勢不僅使森林及其中的生物面臨生存危機，大量釋放的溫室氣體更助長氣候變遷，形成惡性循環。如：(1) 自 2023 年 3 月起加拿大持續發生一系列野火，加拿大政府於 6 月 27 日表示，2023 年成為加拿大有史以來野火最嚴重的一年。至 2023 年 10 月，本次野火已超越 2020 年美國西部野火，成為北美歷史上有記錄以來最嚴重的一次野火季。截至 2023 年 10 月 18 日，此場

野火已產生超過 6,000 起火災，燒毀了超過 16.6 萬公頃的土地，有超過 1,000 多處野火仍然活躍，而其中 650 多處仍處在「失控」狀態，已有兩名消防人員在參與撲滅野火時殉職。(2) 2020 年 6 月，北極圈內西伯利亞一處小鎮測得創紀錄高溫攝氏 38 度，熱浪隨即引發西伯利亞最嚴重大火浩劫，野火焚燒總面積達 2,000 萬公頃，相當於 5.5 個臺灣，其中 1,100 萬公頃為森林（圖 6-3）；大火可能導致更多北極永凍土解凍，重擊脆弱的北極生態系統，並且釋放更多溫室氣體，加劇全球氣候變遷。(3) 南美洲亞馬遜盆地的亞馬遜雨林（葡萄牙語：Amazônia）在 2019 年 8 月至 2020 年 7 月間，偵測大火紀錄增加 9.5%，創下 12 年來最高紀錄；根據統計，燃燒熱點不只在雨林地，還有全球生物多樣性最豐富的稀樹草原（savannah）「塞拉多草原（Cerrado）」，以及全球最大溼地「潘塔納爾溼地（Pantanal）」；大火造成上千物種喪命，重創亞馬遜生物群系（Amazonbiomc），恐難恢復。估計 2020 年大火已釋放 8.13 噸溫室氣體，在目前氣候緊急之時如同雪上加霜。(4) 綠色和平於 2020 年 12 月報告指出，2015 年至 2019 年，印尼森林大火共燒毀林地達 440 萬公頃，相當於 1.2 個臺灣；印尼政府、棕櫚油及紙漿企業難辭其咎；人為焚燒清除林地，不但破壞自然生態棲息地，大火造成的有毒煙霧和空氣汙染，嚴重危害印尼與鄰近東南亞國家的人民健康，更增加感染 COVID-19 的風險（綠色和平，2020b）。據氣象資料顯示，近年臺灣的梅雨季節有逐漸延後趨勢，大都是集中在 6 月上旬，且午後雷雨次數增多、鋒面降雨減少。這種現象會影響山林的起火及擴散程度，森林會更加乾燥及容易著火。

圖 6-3　2020 年 6 月，西伯利亞發生嚴重大火，綠色和平俄羅斯調查團隊，於 7 月前往現場空拍記錄大火實況。（綠色和平，2020b）

五、海平面上升

　　海平面觀測工作是從 1850 年開始，由記錄知，全球海平面平均上升至少有 20 公分以上；而且從 2000 年起，上升速度更逐漸加快。主要是因燃燒化石燃料，如煤炭和石油排放大量溫室氣體導致的全球暖化。海平面若進一步上升，將衝擊沿海居民的安危以及我們的生活。按目前氣候變遷發展趨勢，2040 年前海平面將可能上升 60 公分，2050 年前則會上升達 90 公分。如果海平面上升 2 公尺，全球將有數億人成為氣候難民。若上升至 2.5 公尺，許多沿海城市將會淹沒在水中，以及其他毀滅性的後果。在印度洋的馬紹爾群島、吐瓦魯、吉里巴斯和馬爾地夫，原處南太平洋的小島，目前已有部分土地被海水淹沒，未來將會失去家園，而被迫遷移（綠色和平，2021b）。

　　世界銀行（World Bank）專家喬曼（Brenden Jongman）表示，可以應用聯合國「災害資料庫（EM-DAT）」去了解氣候變遷和社會經濟發展之間的關連；使用衛星科技於保護生態系統，能發揮追蹤水平面變化的作用；不過，雖是如此，也無法因應日益升高的水平面問題。他認為對部份社區來說，撤離容易淹水的地區將是唯一的選擇。英國里茲大學（University of Leeds）冰川學家史雷特（Thomas Slater）表示，雖然情況令人擔心，但有意義的氣候目標和行動，仍可限制這個世紀的海平面上升幅度，減少嚴重的水災對全球人類與基礎設施造成的破壞（吳寧康，2021）。

　　由於地理位置和洋流影響，赤道海水向西累積至西太平洋，因此臺灣周邊的海平面上升速度是全球平均的 2 倍；加上颱風的規模和強度都在增加，發生水災的風險也會提高。根據「臺灣氣候變遷科學報告 2017」，臺灣平均海平面在過去數十年有上升的趨勢，全球平均海平面高度在過去一百多年，上升了 0.19 公尺。臺灣周遭海域的海平面近 20 年期間上升速度為每年 3.4 公釐，但是上升速度有區域間的差異。在最糟的情境下，21 世紀末全球海平面可能上升 0.63 公尺，但臺灣目前尚未有海平面推估的研究成果（許晃雄等人，2017）。綠色和平於 2020 年 8 月曾發布研究報告，顯示如果再不積極減碳，未來 30 年臺灣將受到海平面上升和風暴潮的威脅。以六都來說，臺南市淹沒面積最多（約 426.65 公頃），地區包括古蹟熱蘭遮城遺址與安平古堡等；新北市則因人口密度高，將有 75 萬人受衝擊；而臺北的大同區、臺北車站及社子島，淹在水中的風險也較高（綠色和平，2021b；閻芝霖，2019）。

六、水產漁獲量減少

　　氣候變遷造成的環境變動將直接或間接影響漁業生產的質與量，並使得漁產供應的不確定性與風險增加，尤其對近海漁業的衝擊，部分定棲性與洄游性種群的消失與季節洄遊性改變或遠離現象，造成漁產量減少、漁獲物種組成改變、生態系統失衡、漁場分布改變、漁撈作業困難度增加等（閻芝霖，2019）。

　　氣候變遷對臺灣水產漁獲量的影響，可分為環境的長期「漸變」與短期「突變」。「漸變」就是海溫逐漸上升，自 1980 年代至今的臺灣周邊水域表水溫，平均已上升超過攝氏 0.7 度；在長期水溫上升的趨勢下，季節型漁獲量有明顯的改變；冬季型漁獲比例逐年遞減，總漁獲量因而大幅度降低。「突變」是暖化現象所造成之極端天候，發生的頻率增加，並造成更強勁的東北季風與更強的颱風降雨，給臺灣海洋生態系、箱網養殖、陸上養殖及淺海養殖帶來很多的災害。例如，近年頻繁的聖嬰、反聖嬰週期，使漁產量波動變大，而極端天候直接造成養殖業的重創。根據 IPCC 的預估，未來臺灣周邊海域的暖化趨勢必然會持續，極端天候將更形嚴重。未來的衝擊可能有：(1) 漁場分布改變及捕獲量降低、(2) 捕獲量變動加劇、(3) 漁撈作業危險性增高及漁業生產成本增加、(4) 漁港設施維護成本提高，部分地區甚至必須棄守（李明安與呂學榮，2013）。

七、水資源匱乏

　　IPCC 於 2007 年提出有關水資源問題的技術報告，明確指出在很快的未來，氣候變遷將會造成水資源減少以及淡水品質下降的問題。氣候變遷對於水資源最直接的影響，就是降雨模式的改變；科學家認為高緯度地區的降雨量會增加，間接提高了洪水發生的機率。而溫帶地區的降雨量則會減少，促使乾旱周期變長。當海平面持續上升，則會加劇風暴潮和淹水的衝擊。當土地被海水淹沒，農業用地將遭受「鹽害」，因為鹽分高的海水湧入農田，使沿岸地區難以種植農作。如果海水滲入地下水，更將影響飲用水和農業用水的品質。以美國佛羅里達州南部為例，如果海平面上升 60 至 90 公分，將會導致地下水處理設施毀損、陸面上大規模積水，居民失去乾淨用水。海平面的升高不僅影響沿岸居民，仰賴該地區農產品和飲水而生活或做生意的其他區人民，也將因此面臨風險。「臺灣氣候變遷科學報告 2017」指出，氣候變遷導致水溫上升的現象也影響到水環境，增加水質惡化之潛勢，進而影響水資源的取得、安全與品質，造成地區性水資源短缺、飲用水缺乏或品質不佳（綠色和平，2021b；閻芝霖，2019）。如何克服水資源的困境，不僅是水的保存與節省問題，也關係到我國整體國土規劃。未來如何作出有效的國土規劃，是大家都須面對的挑戰。

第二節 健康風險災害

全球已有多國人民因氣候變遷造成的災害，被迫遷移或是逃難；其中居民在遷移或逃難時的健康狀況，已受到聯合國關注及重視。這些氣候變遷災民，除了心理上的傷害影響，也有身體受傷、醫療資源支援不上、傳染病、社區關係分裂等情形發生。

一、對健康的危害

氣候變遷會對人體健康造成許多方面的影響，比如高溫引起的熱壓力〔指逾量生理代謝熱能、作業環境因素（包括空氣溫度、溼度、風速和輻射熱）及衣著情形等作用，對人體造成的熱負荷影響〕與高溫事件，可能使心臟、血液循環系統和呼吸道相關疾病惡化，提升這些疾病的致死率。另一方面，高溫有利接近地面的臭氧形成，而這些臭氧對人體健康有不良影響，例如可能導致肺功能下降。水災或暴風雨等極端氣候現象更頻繁出現時，也會對人體健康帶來更多隱憂，比如人可能因此受傷，嚴重時甚至導致死亡等。此外，原本已經受到汙染的水域，可能因為暴雨和水災而提升傳染病爆發的風險。在德國，氣候變遷帶來的另一個影響，就是花粉季時間延長，使氣喘或過敏性鼻炎等呼吸道疾病的症狀更加惡化。而且這樣的氣候條件，更有利引起過敏植物的生長與繁衍，如豬草（Ambrosia）就是一個例子（戴維內勒斯、克里斯堤安塞爾勒，2021）。

二、病媒傳染病的擴散

病媒指的是可以將病原體從被感染的動物或人類身上，傳染到其他動物或人類的生物，如俗稱壁蝨的蜱，或是蚊子。氣候變遷正在改變現今經由病媒散布病原體的環境條件。近幾十年來，因全球化和氣候上的有利條件，使得原生於亞洲的白線斑蚊（又稱「亞洲虎蚊」）活動範圍，已經抵達南歐部分地區。接下來的不久，歐洲緯度較高的其他地區，應該也會因為氣候變遷而成為適合蚊子活動的環境。值得注意的是，白線斑蚊會散播登革熱與屈公病毒（Chikungunya virus）。另一方面，高溫維持一段時間後，病毒就有機會經由被感染的蚊子散布出去，這是因為溫暖的溫度能讓病毒在蚊子體內成功繁殖，然後在蚊子叮咬人類時將病毒傳染給人類。氣溫上升為白線斑蚊的擴散創造了有利條件，同時縮短了病毒在白線斑蚊體內的繁殖時間。要是再結合全球化，以及隨之而來的風險，如外國商品進口可能夾帶白線斑蚊，或是被病毒感染的歸國旅人，都會提高疾病傳播的風險（戴維內勒斯、克里斯堤安塞爾勒，2021）。

三、氣候變遷對公共衛生的影響

主要有 2 點：一是因平流層臭氧破壞，所帶來的紫外線照射量增加；另一是溫室效應。哈佛大學研究發現，全球暖化會增加心腦血管、熱中暑、熱休克、熱衰竭、氣喘、過敏性、皮膚病、腎結石、結核病、蟲媒病、水媒病（Waterborne disease）、眼疾、呼吸道系統與沮喪或憂鬱症等許多疾病的罹患率（王根樹，1999；蘇慧貞、林乾坤、陳培詩，2008）。IPCC 也提出類似警告，例如瘧疾等由帶原者傳染的疾病，很可能會因氣候變遷而轉變；例如肯亞境內過去無瘧疾地區，如今也傳出病例（全球之聲，2008）。

由南美洲、非洲與其他地區之登革熱與黃熱病（Yellow Fever；為一病期短且嚴重度變化大的急性病毒感染疾病，輕微病例在臨床上難以診斷。典型症狀包括有猝然發作、冷顫、發燒、頭痛、背痛、全身肌肉痛、虛脫、噁心、嘔吐、脈搏慢而無力但體溫上升。）（行政院衛生署疾病管制局，2011）之疫情顯示，蟲媒傳染疾病之疫情爆發，常與不正常之氣候有密切關係。因聖嬰現象常導致一些國家會有較多降雨情形，隨後此些國家即爆發蟲媒傳染相關疾病之疫情。而受聖嬰現象影響之地區或國家，蟲媒傳染疾病之病例數目，通常在聖嬰年會較多；也就是，當聖嬰現象發生時，較易導致蟲媒傳染疾病之疫情。上述現象，在溫室效應較明顯之地區或國家，是最為嚴重（王根樹，1999）。

第三節 農業風險災害

一、對全球糧食的影響

高溫、空氣中二氧化碳濃度過高、降雨型態的改變，以及連帶發生變化的天氣參數，都會影響到植物的生長。當溫度上升到最適當的生長溫度時，可以提升特定作物的產量；但一旦溫度超過這個最適值，作物產量就會開始減少。以玉米和大豆為例，生長期間只要有一天超過攝氏 30 度，就不利這些作物的發育。另外就是極端天氣，尤其是乾旱和高溫，以及暴雨，都會對產量造成負面影響。僅 2000 至 2007 年間，全球穀類作物就已經因為乾旱及高溫減少約 6.2% 的收成。

　　當空氣中的二氧化碳濃度增加時，許多植物會快速以減少水分從葉面發散出去，同時增加光合作用的方式來加以因應。如此一來，就有足夠的水分和養分可以促進植物生長，這就是所謂的「二氧化碳施肥效應」（CO_2-Düngungseffekt）。至於這樣的施肥效應，可以抵消多少某些地區因為溫度與降雨型態改變造成的減產，目前仍存在爭議。此外，空氣中二氧化碳濃度增加，雖然可以促進植物生長，但同時也意味著會相對降低植物中的養分濃度。倘若因為平均氣溫上升，因此有較長的耕作期、較少寒害進而提升農作物的產量，那麼氣候變遷對地球緯度較高的區域，如北歐就有正面意義。相對地，對於熱帶和副熱帶地區的作物產量，氣候變遷就不見得是好事了（戴維內勒斯、克里斯堤安塞爾勒，2021）。

　　在 NASA 最新的研究報告顯示，如果人類再不調整經濟政策及生活習慣，最快在2030 年氣候變遷就會影響全球玉米和小麥的生產。而此說法也呼應了 IPCC 發布的《氣候變遷與土地報告》，如果不採取有效的因應措施，到了 2050 年氣候變遷將導致全球糧食產能下降 5 ～ 30%。

　　聯合國糧食及農業組織指出，晚上氣溫上升攝氏 1 度，稻米收成會減少一成。而極端氣候發生頻率增加，如豪雨、乾旱、極端高溫、極端低溫，將使作物瞬間受損，不僅是我國糧食生產量減少的問題，其他糧食輸出國也會面臨相同威脅，將使全球糧食供應鏈更加脆弱。稻米是全球過半人口的主要糧食，所以全球暖化的輕微變化，可能造成糧食短缺（臺灣國家公園，2019；閻芝霖，2019）。由於氣候變遷日趨嚴重，造成資源短缺、糧食生產等問題，行政院環境部表示，在過去的 100 年裡，地球表面的平均溫度已增加攝氏 0.8 度；根據「臺灣氣候變遷科學報告 2017」推估，臺灣全年氣溫百年來已上升約攝氏 1.3 度，且近 10 年增溫有加速趨勢，而本世紀末將可能增溫超過攝氏 3 度、未來的極端高溫每年可能超過 100 天（戴維內勒斯、克里斯堤安塞爾勒，2021）。

二、對全球植物的影響

　　「氣候變遷」的影響是多尺度、全方位、多方面的，正面和負面影響並存，但它的負面影響更受關注。其對全球許多地區的自然生態系統已經產生了影響，如海平面升高、冰川退縮、湖泊水位下降、湖泊面積萎縮、凍土融化、河（湖）冰遲凍且早融、中高緯生長季節延長、動植物分布範圍向極區和高海拔區延伸、某些動植物數量減少、一些植物開花期提前等等。自然生態系統由於適應能力有限，容易受到嚴重的甚至無

法恢復的破壞。目前正面臨這種危險的系統包括：冰川、珊瑚礁島、紅樹林、熱帶雨林、極地和高山生態系統、草原溼地、殘餘天然草地和海岸帶生態系統等。隨著「氣候變遷」頻率和幅度的增加，遭受破壞的自然生態系統數目一直在增加，其地理範圍也將增加（楊宏偉，2007；維基百科，2022b）。

　　氣候變化造成的海平面上升，將嚴重威脅到紅樹林生態系；就太平洋地區 16 個島國的調查結果，到本世紀末，13% 的紅樹林都將被淹沒，某些島嶼甚至超過一半的紅樹林，都將逐漸消失（聯合國氣候變化綱要公約資訊電子報）。且過去數十年間，全球的沿岸溼地面積，平均每年減少 0.5 至 1.5％（李培芬，2008）。包籜矢竹是陽明山地區特有種，不但是臺灣海拔分布最低的箭竹草原，也是陽明山國家公園的代表性植群。1999 年至 2000 年間，陽明山地區的包籜矢竹發生大量開花現象，隨即舊有竹子枯死殆盡，再由竹米萌播的竹苗重新更新。經過近年的初步觀察，發現新生竹叢之棲地邊緣已遭到白背芒入侵，而發生族群縮減的現象。這種竹芒之間的此消彼長，雖然有可能是天然演替過程中必經的現象，但亦有可能與全球暖化或臺灣北部地區的局部乾化有關。全球溫度升高攝氏 1 度，將導致許多種類的樹木提早 5 ～ 7 天發葉芽（李培芬，2008；臺灣國家公園，2019）。

第四節　結語

　　2014 至 2023 是人類史上最熱的十年，依據研究極端天氣觀測專家馬克西米利亞諾•埃雷拉（Maximiliano Herrera）表示，於 2021 年就有超過 400 個氣象站打破了單日的歷史最高溫度記錄，其中的阿曼、阿聯酋、加拿大、美國、摩洛哥、土耳其、臺灣、意大利、突尼斯和多米尼加都打破或追平了各自國家最高紀錄，另有 107 個國家打破了月最高溫記錄（The Guardian，2022）。受颱風「蘇拉」沉降作用影響，2023 年 8 月 30 日白天全台多地都被高溫籠罩，當天下午 2 點 20 分年苗栗縣頭份市測得 40.5 度的歷史高溫紀錄；9 月 1 日苗栗縣各地中午前後依然是熱烘烘，到下午 2 點多，全台測得的 10 大高溫排行榜，苗栗縣就有大湖、西湖、造橋、頭份 4 個鄉鎮市入榜，其中大湖在當天上午 11 點 40 分測得 36.1 度的高溫，居全台之首，許多人擔心「回不去了，以後的夏天會比現在還熱！」2021 年 7 月 15 日 12 點 01 分臺東縣太麻里出現全臺史上最高溫攝氏 40.6 度，打破 2004 年 5 月 9 日臺東的攝氏 40.2 度極端高溫紀錄，刷新了 2019 年 7 月 8 日當地紀錄攝氏 39.8 度（施鴻基，2021），而高溫恐將會助長更多極端氣候現象。

　　IPCC 建議各國，必須將全球平均升溫控制在攝氏 1.5 度以內，為了達到此目標，各政府在 2030 年應減碳 45%，並在 2050 年達到淨零碳排。在此氣候戰役中，必須盡速淘汰高碳排的化石燃料，其中包括燃煤發電和仰賴石油的產業。所幸在國際間，有越來越多國家紛紛承諾 2050 年前達到淨零碳排的目標，更有企業以 100% 潔淨能源供應鏈作為號召，要求製造產業供應商轉用再生能源，以維持合作關係。除此之外，歐盟也宣布將在 2023 年試行向高碳排進口商品徵收碳關稅，並在 2026 年正式起徵，若各國想減輕出口成本，就必須減少製造商品的碳排，或是在產地支付合理的碳費，藉此降低商業行為的整體碳排放量（綠色和平，2020b）。

　　「氣候變遷」所引發的災害及困境，已是跨國際、跨區域、每個人都須面對的課題；各國未來都須面臨到不同程度的「氣候變遷」衝擊及危害。既然「氣候變遷」所引起的災害不可能被根治，只能期望災情能降到最低。為達到降低「氣候變遷」及自然災害的傷害最小目標，各國應將對「氣候變遷」的防災、備災、減緩、復原與調適等相對應措施，納入各國之政策、策略和規劃中，才能避免「氣候變遷」衝擊可能引發的生存危機。

　　聯合國環境規劃署於《氣候變遷調適政策綱領》（Adaptation Policy Frameworkfor Climate Change）中，述及當各國政府面對「氣候變遷」衝擊時，如何對「氣候變遷」造成的「脆弱度與風險」分析是件很重要的課題；從國家防災及減災的觀點言，如何進行「災害風險分析」與「極端事件衝擊」應是最優先面對的。為因應「氣候變遷」及自然災害所帶來的傷害，各國政府應強化災害的「復原」與「調適」能力，使災害與傷害降至最小。同時也須提升各國的災後復原能力，縮短災後的復原時間。

參考文獻

中文文獻

1. 公共電視 (2007), 全球暖化。2007 年 08 月 19 日,摘自:https://reurl.cc/OjKmj3
2. 丘力龍 (2023), 半世紀來最熱!孟加拉高溫飆近 43 度　百萬人無電用。TVBS,2023 年 04 月 21 日,摘自:https://news.tvbs.com.tw/world/2102846
3. 外交部 (2019), 對抗氣候變遷 - 臺灣願貢獻己力。中華民國 108 年 10 月 31 日,摘自:https://reurl.cc/q0WYrg
4. 交通部中央氣象署 (2022a), 氣候變遷的原因。2022 年 05 月 27 日,摘自:https://reurl.cc/x6V3L1
5. 交通部中央氣象署 (2022b), 工業化時代之前出現冰期和發生其他重要氣候變化的原因是什麼?。2022 年 05 月 27 日,摘自:https://www.cwb.gov.tw/V8/C/K/Qa/qa_6_1.html
6. 交通部中央氣象署 (2022c), 氣象常識。2022 年 06 月 26 日,摘自:https://reurl.cc/q0WYvg
7. 全球之聲 (2008), 氣候變遷:加速疾病蔓延?2008/10/30,摘自:https://reurl.cc/NyKxlQ
8. 朱松麗與高翔 (2019), 從哥本哈根到巴黎:國際氣候制度的變遷和發展(電子書)。2019 年 08 月 30 日,崧燁文化,臺北。
9. 江飛宇 (2021), 全球甲烷排放量歷史新高將加劇全球暖化。中時新聞網,2020 年 07 月 15 日,摘自:https://www.chinatimes.com/realtimenews/20200715006957-260408?chdtv
10. 行政院衛生署疾病管制局 (2011), 黃熱病。疾病管制局全球資訊網,摘自:https://reurl.cc/Y0K3qa
11. 吳文希、陳尊賢及黃大洲 (2022), 有機農田固碳對抗氣候變遷。聯合新聞網,民意論壇,2022 年 02 月 12 日,摘自:https://udn.com/news/story/7339/6092527
12. 吳寧康 (2021), 地球的泡水危機氣候變遷升高人類洪災風險。中央廣播電臺,2021 年 08 月 20 日,摘自:https://www.rti.org.tw/news/view/id/2107572
13. 岑富祥 (2017), 米蘭科維奇循環。香港天文臺,2017 年 4 月,摘自:https://reurl.cc/o5EYVD
14. 李明安與呂學榮 (2013), 因應氣候變遷－海洋漁業的衝擊與調適。農政與農情,第 252 期,2013 年 6 月,摘自:https://www.coa.gov.tw/ws.php?id=2447678
15. 李宣融譯 (2021), 二氧化碳濃度達到另一個危險的里程碑。臺灣氣候變遷推估資訊與調適知識平臺計畫(TCCIP)。環境資訊中心,2021 年 06 月 22 日,摘自:https://tccip.ncdr.nat.gov.tw/km_news_one.aspx?kid=20210622175419
16. 李培芬 (2008), 氣候變遷對生態的衝擊。科學發展。第 424 期,第 34-43 頁,2008 年 4 月。
17. 汪中和 (2020), 全球土壤退化恐引糧食及碳危機。臺灣醒報,2020 年 03 月 25 日,摘自:https://reurl.cc/QZKa5Z
18. 林行健 (2008), 綠色和平:化肥導致氣候變化最大元兇。大紀元摘自 2008 年 01 月 24 日中央社報導,摘自:https://www.epochtimes.com/b5/8/1/24/n1989549.htm
19. 施鴻基 (2021), 破歷史紀錄臺東太麻里焚風 40.6 度空無一人。聯合報,2021 年 07 月 25 日,摘自:https://udn.com/news/story/7266/5626048
20. 科技新報 (2022), 暖化效應比二氧化碳還強,新方法可用便宜貓砂捕捉大氣中甲烷。2022 年 01 月 12 日,摘自:https://technews.tw/2022/01/12/cat-litter-carbon-dioxide-methane-zeolite-clay-climate-change/
21. 秦大河、丁一匯等 (2009), 21 世紀的氣候。ISBN 978-7-5029-4133-8,氣象出版社,共 260 頁,北京。
22. 國立臺灣大學氣候天氣災害研究中心 (2022), 地層下陷災害與防災。2022 年 05 月 26 日,摘自:http://www.wcdr.ntu.edu.tw/2232023652199793851928797234753328738450287797.html
23. 國家災害防救科技中心 (2022), 臺灣乾旱災害特性。2022 年 06 月 1 日,摘自:https://reurl.cc/m0KYR7

24. 張子清 (2020), 氣候變遷加劇自然災害發生聯合國：過去 20 年增近一倍。中央廣播電臺，2020 年 10 月 13 日，摘自：https://www.rti.org.tw/news/view/id/2082145

25. 張淑芬 (2016)，雲層讓地球暖化越來越嚴重。天下 Web，2016 年 04 月 17 日，摘自：https://reurl.cc/r6OY3O

26. 張瑞邦 (2023)，北極海冰最快於 2030 年夏季消失美媒：北半球熱浪、野火及豪雨頻率上升。環境資訊中心，2023 年 06 月 29 日，摘自：https://e-info.org.tw/node/237075

27. 張瑞剛 (2012)，抗暖化，我也可以—氣候變遷與永續發展。秀威資訊科技股份有限公司，臺北。

28. 許晃雄等人 (2017)，臺灣氣候變遷科學報告 2017－物理現象與機制。共 52 頁。

29. 陳巾眉 (2011a)，水蒸氣也是溫室氣體大宗，為何要在意人為排放的溫室氣體？2011 年 11 月 24 日，摘自：https://reurl.cc/DorOq6

30. 陳巾眉 (2011b)，【氣候變遷 Q&A】(12) 何謂清潔發展機制？2011 年 08 月 18 日，摘自：https://reurl.cc/MyKz3L

31. 陳怡君 (2022)，人為致氣候變遷美西面臨 1200 年來最嚴重乾旱。中央通訊社，2022 年 02 月 15 日，摘自：https://www.cna.com.tw/news/aopl/202202150115.aspx

32. 陳怡君 (20221)，熱浪襲土耳其與賽普勒斯地表溫度再度飆破攝氏 50 度。中央通訊社，2021 年 08 月 04 日，摘自：https://www.cna.com.tw/news/firstnews/202108040021.aspx

33. 陳明陞譯 (2022)，全球二氧化碳與甲烷濃度再創新高。台灣氣候變遷推估資訊與調適知識平台，2022 年 12 月 02 日，摘自：https://tccip.ncdr.nat.gov.tw/km_news_one.aspx?kid=20221202232618

34. 陳詩童 (2021)，解決氣候暖化聯合國報告：減少甲烷排放最關鍵。公視新聞網，2021 年 05 月 07 日，摘自：https://news.pts.org.tw/article/525138

35. 游昇俯 (2021)，【護土固碳 01】「超載」農地長出暖化潛勢？臺灣土壤劣化與農地上過重的肥料。農傳媒，2021 年 6 月 23 日，摘自：https://www.agriharvest.tw/archives/61765

36. 黃仔君 (2020)，地表最高溫破百年紀錄！加州死谷測出攝氏 54.4 度熱得像烤爐。Newstalk 新聞，2010 年 08 月 18 日，摘自：https://reurl.cc/7MzVK5

37. 楊宏偉 (2007)，全球氣候變化：問題與挑戰。中國青年出版社出版，北京。

38. 楊惠芳、李琦瑋 (2021)，氣候變遷加劇臺灣 2060 年恐無冬季。國語日報，2021 年 8 月 11 日。

39. 農傳媒 (2021)，【護土固碳】施肥超載過度翻耕農地裡外的永續危機。2021 年 6 月 23 日，摘自：https://www.agriharvest.tw/archives/61930

40. 綠色和平 (2020a)，什麼是氣候變遷？全球暖化的原因？有哪些影響？懶人包一次告訴你。2020 年 12 月 17 日，摘自：https://www.greenpeace.org/taiwan/update/22703

41. 綠色和平 (2020b)，回顧 2020 全球災難：森林大火、全球暖化、漏油事件等天災人禍總整理。2020 年 12 月 29 日，摘自：https://reurl.cc/jvKrrD

42. 綠色和平 (2021a)，2021 年北極海冰最低點數據出爐！整體海冰面積持續下降。2021 年 10 月 4 日，摘自：https://reurl.cc/x6V33V

43. 綠色和平 (2021b)，氣候變遷危機！關於海平面上升，你需要知道的 7 件事。2021 年 7 月 22 日，摘自：https://reurl.cc/3eqMbM

44. 綠色和平 (2021C)，氣候緊急！臺灣面臨 50 年來最嚴重乾旱，可能與「它」有關。2021 年 5 月 18 日，摘自：https://reurl.cc/QZKaVM

45. 綠色和平 (2022a)，森林。2022 年 3 月 28 日，摘自：https://reurl.cc/1GNO88

46. 綠色和平 (2022b), 科學家這樣說：扭轉氣候危機，就從守護自然森林開始！2022 年 5 月 6 日，摘自：https://reurl.cc/K319Eq

47. 維基百科 (2022a), 金星地質。2021 年 9 月 7 日，摘自：https://reurl.cc/y69AoO

48. 維基百科 (2022b), 氣候變遷。2022 年 04 月 30 日，摘自：https://reurl.cc/MyKzDk

49. 維基百科 (2022c), 盤古大陸。2022 年 05 月 28 日，摘自：https://reurl.cc/MyKzDk

50. 翟盤茂、李茂松、高學傑 (2009), 氣候變化與災害。ISBN 978-7-5029-4710-1，共 178 頁，氣象出版社，北京。

51. 臺灣國家公園 (2019), 氣候變遷對全球的影響。2019 年 03 月 13 日，摘自：https://np.cpami.gov.tw/youth/index.php?option=com_content&view=article&id=2432&Itemid=33

52. 趙孔儒 (2010), 太陽光在太陽活動週期期間的光譜變化對地球氣候的可能影響。香港天文臺，2010 年 12 月，摘自：https://www.hko.gov.hk/tc/education/space-weather/effects-of-space-weather/00430-the-possible-effects-on-earths-climate-by-the-solar-spectral-change-in-a-solar-cycle.html

53. 德國之聲 (2008), 全球溫室效應的研究。商品型號：HDW11，文采實業有限公司，臺北。

54. 閻芝霖 (2019), 近 10 年增溫加速！氣候變遷十大衝擊不可不知。Newtalk，2019 年 09 月 19 日，摘自：https://newtalk.tw/news/view/2019-09-19/300711

55. 戴雅真 (2021), 研究：氣候變遷影響火山爆發大氣冷卻效應更強。中央社，2021 年 08 月 12 日，摘自：https://zh.m.wikipedia.org/zh-tw/%E7%9B%A4%E5%8F%A4%E5%A4%A7%E9%99%B8

56. 戴維內勒斯、克里斯堤安塞爾勒 (2021), 《資訊圖表看懂氣候變遷》：天氣變熱不只危害人類健康，農業、經濟也已經付出代價。The News Lens，2021 年 05 月 12 日，摘自：https://www.thenewslens.com/article/150279

57. 環境資訊中心 (2008), 氣候變遷自然災害元兇。摘譯自 2008 年 12 月 2 日 ENS 馬來西亞，吉隆坡報導，摘自：http://e-info.org.tw/node/39500

58. 聯合新聞網 (2022), 研究：絕大多數國家恐每兩年就逢極熱年分。2022 年 1 月 7 日，摘自：https://udn.com/news/story/6809/6017571

59. 聯合新聞網 (2023), 史上最熱夏天地球進入「燒烤模式」。摘自 2023 年 7 月 20 日聯合報綜合報導，摘自：https://udn.com/news/story/6812/7312145

60. 羅拉 (2003), 全球自然災害損失激增上半年高達 1200 億美元。Rfi，2023 年 08 月 11 日，摘自：https://reurl.cc/WvKO77

61. 蘇慧貞、林乾坤、陳培詩 (2008), 氣候變遷對公共衛生的衝擊。科學發展，第 421 期，第 12-17 頁。

英文文獻

1. BBC NEWS｜中文 (2021), 地球南北極的今昔：北極海冰融化和地球升溫互為因果。2021 年 7 月 8 日，摘自：https://www.bbc.com/zhongwen/trad/science-57723322

2. Hospitality ON(2015), COP 21 a breath of fresh air for Paris's hotels. 30 Nov 2015, From: https://hospitality-on.com/en/activites-hotelieres/cop-21-breath-fresh-air-pariss-hotels

3. IPCC WGI(2001), Climate Change 2001: The Scientific Basis. eds. by Houghton, J. T. et al., Cambridge University Press, UK, 83pp.

4. IPCC WGI(2008), Climate Change 2007: Impacts, Adaptation and Vulnerability—Working Group II contribution to the Fourth Assessment Report of the IPCC, Intergovernmental Panel on Climate Change. eds. by Martin, L. P. et al., Cambridge University Press, UK, 986pp.

5. IPCC (2013), Climate Change 2013: The Physical Science Basis – Summary for Policymakers (AR5 WG1) , 29pp.

6. NASA(2006), File:NASA and NOAA Announce Ozone Hole is a Double Record Breaker.png. 24 September 2006, From：https://commons.wikimedia.org/w/index.php?curid=2644633

7. The Climate Center(2019), Mauna Loa observatory in Hawaii. June 19, 2019, From：https://theclimatecenter.org/latest-data-shows-steep-rises-in-co2-for-seventh-year/mauna-loa-observatory-in-hawaii/

8. The Guardian(2022), More than 400 weather stations beat heat records in 2021. From: https://www.theguardian.com/world/2022/jan/07/heat-records-broken-all-around-the-world-in-2021-says-climatologist

9. UNFCCC (2011), UNFCCC／CDM HOME. From: http://cdm.unfccc.int/index.html

10. UNFCCC (2016), Advice on how the assessments of the Intergovernmental Panel on Climate Change can inform the global stocktake referred to in Article 14 of the Paris Agreement. FCCC/SBSTA/2016/L.24

11. UNEP (2021), Emissions Gap Report 2021. 2021/10/26 Report, From: https://www.unep.org/resources/emissions-gap-report-2021?utm_source=Asia+LEDS+Partnership+Email+List&utm_campaign=f072a4acce-EMAIL_CAMPAIGN_2020_11_13_04_53_COPY_01&utm_medium=email&utm_term=0_75a1c84ffc-f072a4acce-481245554

12. World Bank(2008), State and Trends of the Carbon Market 2008. From: https://openknowledge.worldbank.org/handle/10986/13405

第參篇

氣候變遷與綠色金融
保險功能

———

　　在本書第壹篇企業倫理與社會責任的內容中，已經詳細說明倫理學的研究對象是人，且可擴及至由人所經營的企業。企業倫理是倫理學理論的應用，所以原本運用在判定個人倫理行為的道德評價標準，均可運用於評價一個企業的行為是否符合道德標準。據此，企業倫理研究者就發展出許多企業倫理準則，其中就包含了環境保護此一主題。無獨有偶，不論是 ESG 或 SDGs，環境保護一直都是談論 CSR 時最被關切的議題。身為地球的一份子，企業必須關注企業倫理問題，更須盡其社會責任，對環境保護工作投入資源。在所有相關的環保問題中，最為迫切且必須優先處理的就是地球暖化導致的氣候變遷危害。

　　本書的第貳篇溫室效應與氣候變遷的內容中，即深入淺出的說明溫室效應產生的原因與因溫室效應所致的氣候變遷，會帶來哪些災害。更進一步而言，在履行社會責任或擬定環境永續策略時，企業就可以知道要怎麼做才能在經營過程中幫助社會節能減碳，要準備什麼才能針對可能產生的極端氣候災害，幫助社會做出充分的補償。

　　銀行與保險是金融產業的兩大支柱，在經營過程中是否能針對氣候變遷此一議題履行其最大的社會責任？銀行的業務性質並不具備補償功能，故其主要的社會責任將是在於提供資金來源，協助企業投資於所有可以節能減碳的經營管理項目中。保險的業務性質略不同於銀行，除了能在產品設計上引導社會大眾或企業節能減碳之外，另外的補償功能更可以使得因極端氣候所致的損失獲得保障。這也是在第三篇的內容中，有關綠色保險的內容略多於綠色金融的原因。

第 7 章
綠色金融功能與氣候變遷災害防治

■ 第一節 綠色金融的意義

綠色金融是指為支持環境改善、應對氣候變化和資源節約高效利用的經濟活動，即對環保、節能、清潔能源等領域的專案投融資、專案運營、風險管理等所提供的金融服務。綠色金融可以促進環境保護及治理，引導資源從高汙染、高能耗產業流向理念、技術先進的企業。也可以說，任何有助於支持綠色活動的貸款或投資，例如購買綠色產品或服務或開發環保基礎設施，都是綠色融資。例如，用於推廣可再生能源的資金，進行環境審計等。此外，有助於降低汙染，碳足跡和森林砍伐的投資也將屬於這種類型的融資。綠色金融不僅僅是通過金融業來促進環保和經濟社會的可持續發展，也是通過可持續的方式來發展金融業自身（Finance Management，2022）（百度百科，2022）。

詳言之，綠色金融可分為兩大層含義，一層是金融業如何促進環保和經濟社會的可持續發展，另一層是指金融業自身的可持續發展。而金融業如何促進環保和經濟社會的可持續發展這一層又可細分為兩小層。其一為業務層面，即是開展綠色業務，從客戶的角度，將金融業務和低碳經濟充分結合，開發綠色金融產品及服務，發揮金融在經濟血脈的作用，通過綠色金融促進社會的低碳和可持續發展。其二為公益層面，也就是開展綠色公益，從社會的角度，積極與各種利益相關方開展合作和互動，共同開展致力於環境保護，促進可持續發展的公益活動。而所謂的金融業自身的可持續發展的層次，指的就是在運營方面，建立綠色公司，從公司自身的角度，減少運營環節的碳排放，提高能源和資源的使用效率，並提升公司環境管理績效（時財網，2020）。

一、綠色金融與傳統金融之比較

綠色金融與傳統金融相比，它更強調人類社會的環境生存利益，它將對環境保護和對資源的有效利用程度作為衡量其活動成效的標準之一，通過自身活動引導各經濟主體注重自然生態平衡。綠色金融講求金融活動與環境保護、生態平衡的協調發展，最終實現經濟社會的可持續發展。綠色金融與傳統金融中的政策性金融有共同點，即是其實施需要由政府做政策推動。傳統金融業在現行政策思想引導下，或者以經濟效益為目標，或者以完成政策任務為職責（百科360度，2022）。

二、推動綠色金融的必要性

推動綠色金融有其必要性，原因是：

1. 實行綠色金融是實現金融企業和工商企業雙贏的必然選擇

在宏觀層面，實施綠色金融能有效封緘歐美等交易夥伴利用「環境容忍度」對我國出口品進行抵制的藉口，提高我國出口企業的市場份額，增加產品的綠色附加值，這對實現經濟可持續發展具有重要意義。

在微觀層面，金融企業利用其資金導向作用來引導企業降低資源和能源的消耗以及減少環境的汙染，提高產品的市場競爭力，追求企業的綠色利潤最大化。

2. 實行綠色金融是提升金融企業聲譽和增強社會效益的必經之路

單純追求經濟增長的發展模式已經不能滿足可持續發展的要求，金融業應該順應這一趨勢，利用金融手段來引導改善產業結構，努力承擔自己的社會責任，以此贏得國內外各界的肯定，為自己樹立良好的社會形象和提升社會聲譽。

3. 實行綠色金融是提高金融業自身和外部生態效益的必要之舉

金融企業通過自身內部管理，減少能源和物資的消耗（例如電能消耗、差旅費用、辦公紙張），可以節約開支甚至增加利潤。同時，開發利用可再生資源、研究新技術，可以帶來巨大的經濟效益，能夠保證資金的順利回流，從而促進金融業的可持續發展（智庫百科，2022）。

綠色金融產品主要分為綠色信貸、綠色債券、綠色基金、碳權、綠色保險。以下分為四節，依次說明綠色信貸、綠色債券、綠色基金、碳權等金融產品。而綠色保險由於內容較多，且其功能涵蓋了氣候變遷防治與氣候變遷災害的補償，因此，另在第八章與第九章中有詳細的介紹。

第二節 綠色信貸

綠色信貸（green-credit policy）業務的特殊性是指綠色信貸政策需要公眾的監督，政府和銀行不僅應該將相關環境和社會影響的信息公開，並且應該提供各種條件包括信息的披露、必要的經費和真正平等對話的機制。「綠色信貸」的推出，提高了企業貸款的門檻，在信貸活動中，把符合環境檢測標準、汙染治理效果和生態保護作為信貸審批的重要前提。經濟槓桿引導環保，經濟槓桿可以使企業將汙染成本內部化，從

而達到事前治理，而不是以前慣用的事後汙染治理，這些顯然是行政手段所無法實現的目標。商業銀行通過差異化定價引導資金導向有利於環保的產業、企業，可有效地促進可持續發展。同時增強了銀行控制風險的能力，創造條件積極推行綠色信貸，也有利於擺脫過去長期困擾的貸款「呆賬」、「死賬」的陰影，從而提升商業銀行的經營績效。

一、綠色信貸起源內涵

　　綠色信貸的概念源於綠色金融，自 18 世紀工業革命以來，人類文明達到了一個嶄新的高度，但也因環境汙染、資源耗竭、生態失衡等全球性環境問題，付出了慘重的代價。至此人們才普遍意識到人類過去的生產和消費方式對於環境會產生嚴重危害。為有利於經濟與環境的協調發展，人類必須確立一個可持續發展的策略去倡導綠色文明，並引導產業逐步朝環保產業發展和綠色經濟靠攏。綠色信貸為推動綠色金融重要的工具，常被稱為可持續融資（Sustainable-Finance）或環境融資（Environmental Finance）。

　　Jeucken（2001）認為可持續融資是銀行通過其融資政策為可持續商業項目提供貸款機會，通過收費服務產生社會影響力，並為消費者提供投資建議。因為金融機構擁有對各種市場、法規和市場發展方面訊息的優勢，就可以利用其金融專業知識與相對完整的訊息，調整貸款方式以刺激企業的可持續發展。此外，Labatt & White（2002）認為環境融資涵蓋了基於市場的特定金融工具，這些特定金融工具往往是為了傳遞環境質量和轉化環境風險而設計的。環境問題主要以三種方式影響金融機構，分別是規章制度和法庭判決所帶來的直接風險，借貸和其顧客的信用所帶來的間接風險以及金融機構處理爭議項目的環境信譽風險。為了解決這些因環境因素所帶來的信貸風險，金融機構必須在借貸和投資策略中加入衡量環境問題的標準。同時，這些環境問題還催生了更多的創新金融產品，這些創新金融產品為有環保意識的個人和企業提供了更為容易的融資通道。因此 Thompson & Cow-ton（2004）認為綠色信貸就是金融機構在貸款的過程中將項目及其運作公司與環境相關的信息作為考察標準納入審核機制中，並通過該機制作出最終的貸款決定。

二、綠色信貸的定義與核心要素

　　雖然，學者對於綠色信貸有不同方式的解釋，統整來說，綠色信貸應該包含以下

幾層含義:其一,綠色信貸的目標之一是幫助和促使企業降低能耗,節約資源,將生態環境要素納入金融機構的信貸風險核算和融資決策之中,並能有效扭轉企業汙染環境、浪費資源的經營短視,避免陷入先汙染後治理、再汙染再治理的惡性循環;其二,金融機構應密切關注環保或生態產業的發展,注重人類的長遠利益,以未來良好的環境或生態經濟效益,反饋金融業,促成金融產業與生態環境永續的良性循環。

同時,綠色貸款還必須要符合的四個核心要素如下:

1. **資金用途:**貸款資金必須用於綠色項目(包括研發在內的其他相關支出與配套費用)。
2. **項目評估與挑選過程:**借款方應明確告知貸款方其環境可持續性目標為何,以及如何評估這些目標是否符合項目整體要求。
3. **資金管理:**借款方應適當監測貸款方貸款資金的使用情況,確保貸款資金用途透明合理。
4. **報告:**借款方應每年向貸款方如實報告資金用途,直到貸款資金全部提取完畢。

二、綠色信貸的財務功能

然而從財務角度來看,金融機構與投資者參與綠色貸款能得到哪些好處呢?分述如下(FinMonster 博客,2020)。

(一)分散企業與金融機構的投資項目與資產配置

金融機構作為融資放款者,遵循 ESG 的原則,為企業提供有條件的貸款,並指名貸款用途須與防治氣候變遷和環境保育相關。由於不少資產擁有人認為投資過程中必須包含長期可永續發展需求,唯推動綠色產業或是在現有產業中加入環境保護元素,均需要大量資金投入,因此不少跨國企業在衡量企業表現的因素裡,約有 40% ～ 50% 與 ESG 有關。金融機構能把貸款項目分散在不同領域,並延伸至環保創新環保技術標的。

(二)履行社會責任與贏得市場信譽

許多國際知名銀行已經停止非清潔能源開發與開採的融資申請。例如英國第二大銀行(巴克萊銀行,Barclays)已經停止為新的煤與北極石油開採項目提供融資,並著手對於在已在這些領域活動的客戶與企業減少貸款。澳洲四大銀行之一的澳盛銀行(Australia and New Zealand Banking Group Limited,簡稱 ANZ)亦直接與清潔能源金融公司(Clean Energy Finance Corporation, CEFC)合作,提供貸款資助澳洲企

業通過創新降低能源消耗成本與碳排放。再如，法國的最大銀行法國巴黎銀行（BNP Paribas）為了推動再生能源發展，所以拒絕融資予從事油頁岩與油砂的石油或天然氣公司，同時對於油頁岩與油砂相關的上下游產業的融資項目也已經停止核貸。由此可見，金融機構為了響應綠色金融，在相關的融資與核貸政策上都做了相應的調整。這些舉措等於是向社會大眾宣示願意為環境保護盡一己之力，並帶動企業參與綠色經濟，使得金融環境能永續發展。

（三）降低營運成本提高效率

　　綠色信貸與可持續發展密切相關，也就是若能將 ESG 的原則融入投資決策將有助於調節風險並產生較高的投資報酬。英國牛津大學根據 200 多個學術個案的研究結果顯示，當企業落實 ESG 的精神，採取相關環保措施，有 90% 以上的企業能降低營運成本並提升經營效率。亦有不少投資報告指出，ESG 表現較好的企業較有更好的長期財務表現，並外溢於股東與投資者。所以 ESG 已經廣泛地被大眾視為投資時必須考慮的因素。因 ESG 衍生的綠色貸款原則（SLLP)（THE SUSTAINABILITY LINKED LOAN PRINCIPLES, 2021, 由 ICMA、APLMA 及 LSTA 聯合公布）所包含的綠色項目分類及例子如下表 7-1。

表 7-1　綠色貸款原則的綠色項目分類及例子

	類別	例子
1	可再生能源	包括生產、傳輸、相關裝置和產品
2	能源效益	如新建和翻新建築中的能源存儲、區域供暖、智慧電網、相關裝置和產品
3	汙染預防及控制	包括廢氣減排、溫室氣體控制、土壤修復、預防產生和減少廢物、廢物循環再造，以及高能源效能 / 低排放的轉廢為能
4	生物自然資源及土地利用的環境可持續發展管理	包括環境可持續發展農業、環境可持續發展畜牧業；氣候智慧型農場投入，例如生物農作物保護或滴灌；環境可持續發展漁業和水產養殖業；環境可持續發展林業（包括造林或再造林）；以及自然景觀保護或修復
5	陸地和水域生態的多樣性保護	包括海岸、海洋及流域環境保護

	類別	例子
6	清潔交通運輸	例如電動、混能、公路、鐵路、非機動、多式聯運、清潔能源車輛及減少有害排放的基礎設施
7	可持續的水資源和汙水管理	包括可持續的潔淨和／或飲用水基礎設施、汙水處理、可持續城市排水系統以及河道整治及其他形式的防洪措施
8	氣候變化的適應	包括資訊支援系統，例如氣候觀測及預警系統
9	可達至高生態效率和／或循環經濟的產品、生產技術及流程	例如開發和推出環境可持續發展產品，並以生態標籤標識或環保認證，採用節省資源包裝和分銷
10	綠色建築	符合地區、國家或國際認可標準或認證的綠色建築

四、綠色信貸的市場概況

根據 Refinitiv LPC 2020 有關綠色信貸的統計，在統計名單內的 25 家涉及綠色借貸金額最高的是法國巴黎銀行，其次是日本三井住友金融集團。中國大陸是全球能源消耗大國，亦是全球可再生能源的投資大國，在綠色信貸的金額上仍在急速提升中。根據中國大陸財經網報導，2015 年中國大陸開始構建綠色金融體系，並不斷修訂完善標準，要求重點排汙企業必須披露排放資訊，且要求金融機構加大綠色金融體系的支持。因此，中國大陸也不斷推出綠色金融的激勵機制，例如中國人民銀行 2021 年正式宣布類似再貸款的碳減排工具，讓中國大陸主要銀行能提供低成本的資金讓它支持的低碳項目（楊日興，2021）。再根據中國大陸中國經濟網的統計，截至 2021 年末，工商銀行、農業銀行、建設銀行的綠色貸款金額規模在商業銀行中分列前三。其中工商銀行貸款規模破 2.4 萬億元，農業銀行及建設銀行貸款規模接近 2 萬億元。從綠色信貸規模同比增速來看，平安銀行、中信銀行、民生銀行綠色貸款餘額增幅均超 100%，位列前三，增幅分別為 204.6%、140.75%、103.76%。從綠色貸款的投放方面來看，主要方向是基礎設施、綠色交通、環保、水資源處理、風電專案、生態環境、清潔能源等綠色產業金融需求（中國經濟網，2022）。

第三節 綠色債券

2015 年底，於巴黎召開聯合國氣候變化綱要公約會議（UNFCCC）第 21 次會議（簡稱 COP21），174 個締約國達成共識簽署「巴黎氣候協定（Paris Agreement）」，共同承諾要在本世紀結束以前，將全球平均溫度上升幅度控制在工業化前水準的 2°C 以下。為了避免人類生存環境滅絕，巴黎氣候協定清楚表示溫室氣體減量是全球公民刻不容緩的重要共識，除了需要各國政府制定具體政策與行動，更需要加大民間部門的參與力道。在此同時，隨著開發中國家的崛起與都市化，地球面臨前所未見的大量基礎建設發展及公共建設投資需求。依據 2015 年 OECD 的統計（OECD，2015），為滿足全球基礎設施需求，同時確保低碳經濟轉型，全球需要的運輸、能源和水系統基礎設施投資需求高達 93 兆美元，而每年低碳投資資金缺口估計將達 1.2 兆美元，且目前僅有 7～13％ 的基礎建設計畫屬於低碳計畫，具備可對抗氣候變遷影響的設計。所以，低碳資金缺口以及基礎建設是否可達永續低碳標準或足以對抗氣候變遷，將是一大挑戰。立即展開綠色投資，並確保低碳投資計畫走在綠色永續標準的路上，是全球溫室氣體治理策略中，關鍵且刻不容緩的手段。

「綠色債券（Green Bond）」於綠色經濟轉型、溫室氣體減量、對抗氣候變遷、基礎建設永續發展等重大議題中，均扮演著關鍵的資金引導角色。2016 年 9 月舉辦之 G20 杭州峰會提出的「G20 綠色金融綜合報告」即以帶動私人資本進行綠色投資，以及發展綠色債券為主要建議。2006 年聯合國發表了「責任投資原則（Principles for Responsible Investment, PRI）」，供機構投資人將環境、社會與公司治理（Environmental, Social and Governance, ESG）納入其投資決策考量之中。目前有超過 1,700 家企業或機構簽屬聯合國責任投資原則（PRI）並履行負責任的 ESG 投資管理框架。全球社會責任投資正快速成長，於 2016 年已達到 62 兆美元之規模。而資金需求面而言，依據資誠聯合會計師事務所（PwC）所發布的「2015 年低碳經濟指標（Low Carbon Economy Index 2015）」研究報告指出，僅歐盟和中國，每一年低碳轉型就需要至少 7,000 億美元的年投資額。所以，為滿足龐大的低碳或綠色投資資金需求，各國政府亟需建置完善的綠色債券架構，使債卷發行人者及投資人均能依循相關規則參與綠色資本市場運作，並藉由確立外部認證或資訊揭露機制，確保資金用途用於低碳轉型目的。

2013 年瑞典資產管理集團 Vasakronan 發行 1.45 億歐元債卷，開創全球公司發行綠色債券的首例。近幾年則快速大幅成長，發行人擴及至政府機構、銀行及企業，並以「綠色債券（Green Bond）」為名以別於一般債券。經濟合作暨發展組織（OECD）認

為，綠色債券是一種承諾（commitment），發行綠色債券的企業承諾發債所得將僅用在對綠色計畫、綠色資產及綠色經濟活動的融資與再融資計畫（陳立中，2018）。一般來說，綠色債券用途範圍廣泛，只要是對具有特定環境效益之計畫進行籌資均可屬之，如能源、交通、廢棄物計畫等。

一、綠色債券（green bond）的定義

根據國際資本市場協會（The International Capital Market Association, ICMA）的定義，綠色債券指的是將募集資金或等值金額專用於為新增及 / 或現有合格綠色專案提供部分 / 全額融資或再融資的各類型債券工具。2007 年，聯合國政府間氣候變遷委員會（Intergovernmental Panel for Climate Change）發表報告指出，人類行為與全球暖化存在因果關係。為了因應該報告所疾呼的氣候變遷風險，瑞典退休基金、瑞典北歐斯安銀行（SEB）、世界銀行（World Bank）及國際氣候與環境研究中心（CICERO）聯手合作，為債市建立起一套綠色債券發債流程，確保永續發展計畫的投資與籌資能實質促進環境保護與改善的效益，同時也訂定出一套綠色債券發行資格與標準。之後，在2008 年，歐洲投資銀行（European Investment Bank）與世界銀行順利發行了第一檔綠色債券。首檔綠色債券目的在為綠色債券市場建立框架，除了明訂債券發行與報告的標準，也建立外部審查的先例，並且採納國際氣候與環境研究中心的意見。據此，國際資本市場協會（ICMA）通常按年更新綠色債券原則，進一步擬定透明度準則，俾便支持氣候變遷解決方案的投資人有所依循（PIMCO 品浩投資學堂，2022）。

綠色債券需具備《綠色債券原則》（The Green Bond Principles）的四大核心要素，而《綠色債券原則》本身即是一套自願性流程指引，通過明確綠色債券發行流程提高資訊透明度與披露水準，提升綠色債券市場發展的誠信度。《綠色債券原則》可供市場廣泛使用，為發行人發行可信的綠色債券所涉及的關鍵要素提供指引；促進必要資訊披露，協助投資者評估綠色債券投資對環境產生的積極影響；明確發行關鍵步驟，協助承銷商促成可信交易，維護市場信譽。

二、綠色債券的四大核心要素

以下根據 ICMA 的資料，簡要說明《綠色債券原則》的四大核心要素，包括了募集資金用途、專案評估與遴選流程、募集資金管理、報告。

（一）募集資金用途

綠色債券的核心是債券募集資金應當用於合格綠色專案，且應在證券的法律檔中進行合理描述。所有列示的合格綠色項目應具有明確的環境效益，發行人應對其進行評估並在可行的情況下進行量化。《綠色債券原則》明確了合格綠色專案應有助於實現環境目標，如：氣候變遷減緩、氣候變遷適應、自然資源保護、生物多樣性保護以及汙染防治。綠色專案包括資產、投資及研發費用等其他相關的支持性支出，且一個綠色專案可涉及多個專案類別及／或環境目標。以下列示綠色債券市場中最常見的項目類別：

1. 可再生能源（包括其生產、傳輸、相關器械及產品）。

2. 能效提升（例如新建／翻新建築節能、儲能、區域供熱、智慧電網、相關器械與產品等）。

3. 汙染防治（包括減少廢氣排放、溫室氣體控制、土壤修復、預防和減少廢棄物、廢棄物迴圈利用、高效或低排放廢棄物供能）。

4. 生物資源和土地資源的環境可持續管理（包括可持續發展農業、可持續發展畜牧業、氣候智慧農業投入如作物生物保護或滴灌、可持續發展漁業及水產養殖業、可持續發展林業例如造林或再造林、保護或修復自然景觀）。

5. 陸地與水域生態多樣性保護（包括海洋、沿海及河流流域的環境保護）。

6. 清潔交通（例如電動、混合能源、公共、軌道、非機動、多式聯運等交通工具類型、清潔能源車輛相關及減少有害排放的基礎設施）。

7. 可持續水資源與廢水管理（包括可持續發展清潔水和／或飲用水基礎設施、汙水處理、可持續城市排水系統、河道治理以及其餘形式的防洪措施）。

8. 氣候變化適應（包括提高基礎設施抵禦氣候變化影響的能力，以及氣候觀測和預警系統等資訊支援系統）。

9. 迴圈經濟產品、生產技術及流程（例如可重複利用、可回收和翻新的材料、元件和產品的設計和推廣，迴圈工具和服務）和／或經認證的生態高效產品。

10. 符合地區、國家或國際認可標準或認證的綠色建築。

值得注意的是《綠色債券原則》並不判定哪種綠色科技、標準或聲明具有最佳的環境可持續發展效益，因此，目前有若干國際、國家、地區組織制定了綠色專案分類方案及定義，並提供了不同標準之間的對應關係以供市場參與者對照。此舉有助於綠

色債券發行人更深入地理解何種項目為綠色項目且為投資者所接受。這些分類標準目前處於不同的發展階段。發行人及其他利益相關者可在 ICMA 官網的可持續金融專區查閱相關案例。

（二）專案評估與遴選流程

綠色債券發行人應向投資者闡明：

1. 合格綠色專案對應上述哪些環境目標。
2. 發行人判斷專案是否為認可綠色專案類別（如上文所列）的評估流程。
3. 發行人如何識別和管理與專案相關的社會及環境風險的流程。《綠色債券原則》還鼓勵發行人結合其環境可持續管理相關的總體目標、戰略、制度和 / 或流程，闡述上述資訊。
4. 說明項目與現有一些官方或經市場發展形成的分類標準（如適用）一致性程度的資訊，相關評判標準、排除標準（如有）；同時披露專案遴選過程中參照的綠色標準或認證結論。
5. 針對項目有關的負面社會和 / 或環境影響所引致的已知重大風險，發行人制定風險緩解措施等有關流程。此類風險緩解措施包括進行清晰中肯的利弊權衡與分析，若發行人評估後認為承擔潛在風險執行該項目具有意義，應進行必要監控。

（三）募集資金管理

綠色債券的募集資金淨額或等額資金應記入獨立子帳戶、轉入獨立投資組合或由發行人通過其他適當途徑進行追蹤，並經發行人內部正式程序確保用於與合格綠色專案相關的貸款和投資。在綠色債券存續期間，應當根據期間合格綠色專案的投放情況對募集資金淨餘額進行追蹤和定期分配調整。發行人應當使投資者知悉淨閒置資金的臨時投資方向規劃。《綠色債券原則》提倡高透明度，建議發行人引入外部審計師或協力廠商機構對綠色債券募集資金內部追蹤方法和分配情況進行覆核，為募集資金管理提供支援。

（四）報告

發行人應當記錄、保存和每年更新募集資金的使用資訊，直至募集資金全部投放完畢，並在發生重大事項時及時進行更新。年度報告內容應包括綠色債券募集資金投

放的專案清單，以及專案簡要說明、獲配資金金額和預期效益。若由於保密協議、商業競爭或專案數量過多不便披露項目細節，《綠色債券原則》建議以一般概述或匯總以組合形式（例如對每類專案投放的資金比例）進行披露。透明度在披露項目預期和／或實際實現的效益方面至關重要。《綠色債券原則》建議使用定性績效指標，並在可行情況下使用定量指標，並披露定量分析的方法論及／或假設。以摘要形式展示綠色債券或綠色債券發行計畫的主要特點，以及其與《綠色債券原則》四大核心要素的契合情況將有助於市場參與者瞭解情況。

三、綠色債券的分類

　　隨著市場發展可能出現的綠色債券類型，都將納入更新版本的《綠色債券原則》之中，目前有四種綠色債券類型為：

1. **標準綠色債券：** 符合《綠色債券原則》要求，對發行人有追索權的債務工具。

2. **綠色收益債券：** 符合《綠色債券原則》要求，對發行人無追索權的債務工具。債券的信用風險涉及收入、收費、稅收等質押現金流，債券募集資金用於與現金流來源相關或不相關的綠色項目。

3. **綠色專案債券：** 符合《綠色債券原則》要求，對應一個或多個綠色專案的債務工具。投資者直接承擔項目風險，可能對發行人具有追索權。

4. **綠色資產支持證券：** 符合《綠色債券原則》要求，由某一個或多個具體綠色項目作為抵押的債務工具，包括但不限於資產擔保債券、資產支持證券、住宅抵押貸款支援證券和其他結構。償債資金的首要來源一般是資產的現金流。

　　通常符合《綠色債券原則》要求的債券即為綠色債券，也可將之區分為綠色標籤之綠色債券（labeled green bond）、無綠色標籤之綠色債券（unlabeled green bond）以及氣候領袖（climate leader）債券。如前所述，綠色債券係針對環境或氣候相關計畫所發行的債券。無綠色標籤之綠色債券是以低碳產品與服務為營運主軸的發行機構所發行的債券，例如替代能源公司債券或市政水利系統改善債券，而非經過認證的綠色債券。氣候領袖債券則是引領淨零碳排轉型、帶動產業前進的企業所發行的債券。這些發行機構展現減少碳排放的堅實承諾，致力於發揮環境影響力，涉及的產業可能涵蓋水資源、塑膠、空汙或生物多樣性（PIMCO 品浩投資學堂，2022）。

四、綠色債券主要發行人與發展趨勢

目前綠色債券主要發行人於公部門包括超國家機構及組織（如歐盟）、國際金融機構、政府及市政機構；私部門則如企業及金融機構。截至 2017 年 5 月，發行統計分析摘要如下：

1. **發行者：**45% 是由國際機構、次主權與政府機構發行，37% 由公司發行，18% 為金融機構。

2. **發行幣別：**歐元占比 39% 為最大宗；美元 34% 為次，人民幣則於近年快速上升達 11% 排名第 3。

3. **發行期間：**5 ～ 7 年期為最大宗達 46%，其次為 8 ～ 15 年期占 31%。

4. **資金用途：**除了多部門用途（Multi-sector）之債券外，專門用途綠債依資金占比分別為能源 29%、建築與產業 9%、運輸 6%、水資源 6%、廢棄物及汙染 0.75%、農業及森林 0.1%。

就發展趨勢而言，繼波蘭及法國分別於 2016 年底及 2017 年初，相繼推出綠色主權債券之後，預計將帶動越來越多的主權國家陸續建構其綠色債券的政策管理框架，並推動綠色債券發行。在新興市場方面，隨著發展中國家對綠色經濟與環保議題的重視，將快速推升全球綠色債券市場的規模。如近年中國大陸環境保護意識抬頭，綠色債券市場於 2016 年開始發行，發行量即達 280 億美元，占當年度全球發行量的 33%。

五、綠色債券的功能

而綠色債券扮演了很好的仲介工具，將投資人資金轉化為對綠色經濟建設的投資。一般而言，債券提供了相對低的成本以及長期的資金來源，是適合投資人進入基礎建設投資之工具。而對於低碳基礎建設，取得低成本的資金特別重要。以下將發展綠色債券對各利害關係人的益處，整理歸納如下表 7-2。

表 7-2　綠色債券的發展對各利害關係人的益處

對投資者	1. 投資人可免除對環境實地查核的成本 2. 提供參與快速成長的債務工具的機會 3. 協助將債券市場進行差異化 4. 有助管理風險 5. 滿足責任投資者的履行社會責任投資需求，並兼顧較低風險與一定收益

對發行者	1. 提供與較積極之長期投資人接觸之管道 2. 提高聲譽 3. 增加成功獲得較優惠條件的機率 4. 增進員工對機構永續目標及方法的意識 5. 綠色債券可以吸引具有 SRI 與 ESG 使命的新投資人
對國家發展	1. 對綠色環保企業直接融資，而非間接融資，有助綠色產業資金成本降低 2. 與間接融資相較，綠色企業或環保項目往往需要數額大期間長的資金，綠色債券可以提供中長期穩定資金來源，有助於經濟體系中長期資金供需獲得配置調適 3. 金融機構發行綠色債券也有助於獲得長期穩定的資金來源，拓展其業務發展空間 4. 對資金充裕的機構投資人如大型保險公司養老基金而言，有助於去化閒置資金，增加投資標的，並實踐責任投資原則 5. 提供利害關係人將企業策略結合永續與金融的機會 6. 綠色債券有助國家引導市場資金方向，推動綠色經濟轉型

資料來源：

1.Green Bonds 002° C-A guide to scale up climate finance, WBCSD Leadership Program 2015

2. 蕭郁蓉（2018），發展綠色債券的國際經驗與啟示，經濟研究，第 18 期，328-263 頁

第四節 綠色基金

　　近年隨著全球面臨愈來愈嚴重的氣候變遷問題，節能減碳成為投資顯學，許多投資人與專業投資機構紛紛將環境保護的概念納入投資決策，以永續、節能減碳以及環境保護為訴求的投資產品儼然成為長期投資趨勢。長期來看，更多資金將投資於促進低碳轉型的公司，成長潛力很大。例如在臺灣的基金市場上就有一檔環境基金專注投資於促進低碳轉型的公司，透過由下而上的方法，投資在減碳過程中具有結構性增長、可持續回報和競爭優勢的公司。此檔基金的投資主軸涵蓋三大主題，分別為可再生能源（例如太陽能）、電氣化（例如電動汽車）和資源效益（例如能源效益的裝置），這些都是轉型至低碳經濟的主要途徑。此環境基金聚焦於從事與環境可持續性有關的公司，包括服務、基礎設施、科技和資源。此外，環境基金所投資的企業至少有 50% 的收入是來自與減碳有關的領域。受惠於減碳趨勢的企業包括有助促進運輸電氣化的科技公司、提供具能源效益建材的公司及可再生能源供應商等。

從此基金市場實例來看，由於各國政策支持、科技創新和應對氣候變化的消費意識提升，可再生能源、運輸、供暖和工業程序電氣化以及資源效益相關的公司都將有機會獲得類似基金的投入。

一、綠色基金（Green Fund）的定義

綠色基金（含 Exchange Traded Funds, ETFs）是指專門針對節能減排戰略，低碳經濟發展，環境優化改造項目而建立的專項投資基金，其目的旨在通過資本投入促進節能減排事業發展。綠色基金所投項目一般具有以下特點：1. 具有節能環保特性。2. 具有較高的科技含量。3. 具有良好的回報前景。也就是說，綠色基金鼓勵投信事業發行或管理以投資國內並以環保（綠色）、公司治理或企業社會責任（綠色）為主題之基金（含 ETFs）或全權委託投資帳戶（百度百科，2022）。

二、綠色基金的資金來源、管理與組織方式

簡單來說，一般基金的資金來源是發行機構向一群人或組織募集資金，並由基金管理人代為管理使用，將募集到的這筆錢，投入到符合基金所規範的各種標的。若以投資收益為目的的基金就會由每位投資人再依據各自的參與份額，共享整個基金的投資成果。也就是讓投資基金的人或組織，有機會用很便利的方式，把同樣一筆錢分散投資到多種商品之中。

（一）資金來源

綠色基金的資金來源也是向一群人或組織募集資金，並由基金管理人代為管理使用，將募集到的這筆錢，投入到符合基金所規範的各種標的。一般而言，綠色基金的資金來源大致可以分為以下幾種：

1. **國際社會：** 包括了聯合國、國際機構或相鄰國家的捐助、投資。
2. 地主國政府：包括政府投資、財政撥款、地主國企業捐助、環境相關稅收、汙染治理費、個人捐助、政府發行綠色債 補充綠色基金。

（二）資金管理

募集的綠色基金要進行管理，否則難免產生使用分散或重複使用的弊端。為了最大效率地使用每一分綠色基金，因此應在綠色基金上成立一個專家型的投資管理委員會，在充分諮詢專家的狀況下使用基金。

（三）綠色基金的組織方式

綠色基金可能由國家、企業和個人共同投資組建。政府出面，官辦民營，也就是政府的環保部門主管，財政部門或銀行監督的方式，在基金內部設立專業管理委員會或董事會。在綠色基金中，政府持股但不控股，不介入基金的商業運作，但負監管職責，政府與民間投資者共同承擔風險，但不會以營利為目的。

三、綠色基金的資金使命與扶持政策

政府可以通過基金來傳達國家的環保規劃和減碳計畫，並以此引導民間資本在環保或減碳領域上的投資，達到通過基金使用向大眾宣達環保減碳意識，同時引導環保科技的投入和市場化。

（一）綠色基金的使用方向

通常綠色基金的使用方向有以下幾點（陳坤，2003）：

1. 為環境保護基礎建設進行投融資。

2. 綠色基金擔任了環保科研成果市場化資金提供者和資訊服務者的角色。

3. 為大型環境災害提供援助。

4. 給予汙染嚴重、技術水準不足企業的技術與資金援助。

5. 對環境汙染治理進行投資。

6. 擔負環境保護的宣傳和教育工作。

（二）綠色基金的政策扶持

由於綠色基金通常不以營利為目的，為能使基金能全力支持環保減碳產業的發展，尚需政府的扶持政策加以維護。也就是說政府或國家對於綠色基金應給予一定的政策扶持，扶持的面向包括了：

1. **扶持綠色基金上市：**綠色基金因僅投入環保減碳對象，具備公益的特點而非投資收益，因此在發展初期規模有限。但因綠色基金對於環保減碳的外部效益非常明確，因此政府應特許此基金通過上市融資方式募集資金以充實基金實力，為整個環境保護工作做出貢獻。

2. **賦予綠色基金稅收優惠：**綠色基金不以營利為目的，所以政府可以考慮只要求基金的投資者繳納個人所得稅而不負擔其他的基金相關賦稅。

3. **給予綠色基金優惠貸款：**政府可要求國有政策性銀行撥出環保減碳的專項貸款。

第五節 碳權

　　由於不同企業由於所處國家、行業或是技術、管理方式上存在著的差異，他們實現溫室氣體減排的成本是不同的。從經濟學角度來看，就是鼓勵減排成本低的企業減排，將其所獲得的剩餘碳配額或溫室氣體減排量通過交易的方式出售給減排成本高的企業，從而幫助減排成本高的企業實現設定的減排目標，並有效降低實現目標的減排成本。據此，《京都議定書》為促進全球減少溫室氣體排放，採用市場機制，建立了以《聯合國氣候變化框架公約》作為依據的溫室氣體排放權（減排量）交易。但對全球升溫的貢獻百分比來說，二氧化碳由於含量較多，所占的比例也最大，所以關注焦點集中在碳權交易。

一、碳權定義

　　「碳權」簡而言之就是「碳排放的權利」，通常以一公噸的碳排放量來作計算單位。碳權的產生則可分為兩種方式，其一是透過政府強制性的總量管制與交易（Cap and Trade）產生（如下圖）；另一種方式則是在自願性市場上產生，通常被企業用來作為碳抵換（Carbon Offset）的用途（綠色和平氣候與能源專案小組，2022）。此兩種碳排放權的產生與交易流程詳細說明如下：

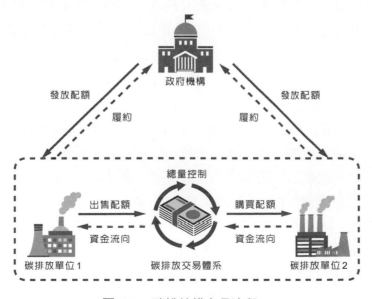

圖 7-1　碳排放權交易流程。

（一）透過政府強制性的總量管制與交易產生的碳權

在這裡的碳權其實是排放額度（allowance）。政府設定了碳減量目標，並進一步把允許的碳排放量當做一種籌碼發放給碳排放受管制者。換言之，就是以這些碳權做為交易標的。舉個例子，假設因為塞車太嚴重，紐約市政府希望減少市區道路上的車子，於是宣布每週二、四、六只有車牌號尾數為雙號的車輛可以進城，週一、三、五只有車牌號尾數為單號的車輛可以進城，當日原本可以進城的車子若願意犧牲不進城，可以把這個進城權利賣給原本無法進城的車子。如果進城的需求量很大，就會使得這個進城權利的價格上漲。如果大家都想賣出進城權力，進城的車輛減少，紐約市政府就達到了最初的碳減量目標。碳權交易也是如此，但是前提條件是政府必須出面擔保，並給予適當的法律地位（綠學院，2022）。

如上圖 7-1 所示，此種碳權來自於強制性的管制措施，在此碳排放權交易流程機制下，政府會為碳排放總量訂定上限，並根據不同產業別，核配給不同的企業碳排放的額度，假如企業的碳排放量超過了額度，就需要在碳交易市場中購買碳權，彌補超額的碳排放量。假如企業減碳措施執行成功，碳排放量低於核配額度，多出的碳排放額度就會轉換成碳權，可讓企業在碳交易市場中拍賣，賺取利潤。根據 Greenpeace（綠色和平組織）調查，電動車品牌特斯拉（Tesla）2021 會計年度透過出售碳權賺進 14.6 億美元，占當年總收入 3%。這也難怪有人問是哪一件事，把馬斯克推上世界首富的寶座？答案是「碳權」（Carbon Credit），反而不是一般人所認為的特斯拉電動車。攤開特斯拉財報，可以發現，如果不是碳權的交易收入，特斯拉還在連年虧損狀態，因為製造電動車衍生出來的碳權，才讓特斯拉成為市值近八千億美金的超級公司。

世界上第一個碳權交易機制是起源於歐盟碳交易市場（European Union Emission Trading System, EU ETS），其他採用碳權交易系統（ETS）的代表地區還有美國的區域溫室氣體倡議制度（Regional Greenhouse Gas Initiative, RGGI）。企業若能在減碳上搶得先機，不僅對減緩氣候變遷有所貢獻，企業營收也可能因碳權的交易而有所成長。最知名的案例就是前述的電動車品牌特斯拉，因碳排放低於歐盟標準，因此獲得大量碳權，可以拍賣給其他燃油車廠。例如，擁有愛快羅密歐、瑪莎拉蒂、Jeep 等品牌的飛雅特克萊斯勒汽車集團（Fiat Chrysler Automobiles）就因生產的汽車無法達到歐盟規定的碳排放標準，在短短三年之間（2019 ～ 2021）就花費了 24 億英鎊（668 億新臺幣）向特斯拉購買碳權（綠色和平氣候與能源專案小組，2022）。

（二）自願性的碳市場所產生的碳權

在自願性的碳市場所產生的碳權，代表的是經認證過的碳減量成效，故也可稱碳信用（credit）。目前取得減量信用額度，都是個別減量專案接受不同核證單位評估而來，這些核證單位基本上可分為三種：聯合國、國際獨立機構、以及各國或地方的政府主管機關。這裡能創造的碳權空間，當然比有總量限制的強制性市場大非常多。雖然在 2021 年，自願性市場的碳權規模已經達到十億美元左右，但如果這個市場的碳權都只是需求者買來之後就直接用來抵消碳排放量，無法再轉售，也就是這些碳權並未持續在市場上交易轉手，缺乏流動性，所以金融市場的工具就很難引入這個碳權交易機制（綠學院，2022）。舉個例子來說，當企業透過不同的減碳手段（如使用再生能源或碳捕捉、或造林），並且向地主國政府或是國際的機構申請認證，即可獲得碳權。凡通過相關機構認證的碳權，即可在自願性市場上販賣或進行碳抵換（Carbon Offset）。「碳抵換」，簡而言之，是指企業透過支持或資助減少溫室氣體排放的計畫，以彌補日常活動產生的碳排放對氣候變遷的影響。許多國際大廠之所以能宣稱已經達成碳中和（Carbon Neutral）也須部分依賴碳抵換，如 Google 的減碳策略除了透過增進能源效率、購買或自產綠電使用外，也另採碳抵換的策略（綠色和平氣候與能源專案小組，2022）。

二、碳權市場概況

即便是有總量限制的強制性碳市場，再加上缺乏流動性的自願性的碳市場，全球碳市場仍然具有一定的規模。根據《Carbon Pricing 2021》的報告統計，全球碳市場（Carbon Pricing Mechanism），在 2020 年已經達到 530 億美金。2020 雖然全球遭遇新冠肺炎衝擊，但整體碳市場規模，相較於 2019 年，仍向上成長 80 億美金。目前碳權單位多元且分散，根據《Carbon Pricing 2021》報告指出，截至 2020 年，目前全球一共有 1 萬 8644 個不同的單位或組織發行碳權，比 2019 年增加了 11%。從 2002 年第一支碳權發布到現在，已經有 43 億噸的二氧化碳，被計價或「碳權化」，相當於種植 2000 億顆樹，但碳權發行也只涵蓋全球總碳排的 7.9%（王之杰，2022），顯然人類仍有很大的努力空間。

碳權的買賣當然要在碳交易市場（ETS）中進行。2021 年之前，全球一共有 64 個碳交易市場。但跨區域或跨國交易，仍然有限。為了解決目前碳市場分散、零碎化的問題，聯合國氣候變遷大會第 26 次締約國會議決議，未來要建立全球統一的碳權交易

市場，將成為通往零碳道路上，最重要金融機制。雖然目前並無全球統一的碳權交易市場，但中國大陸已在 2021 年 7 月 16 日正式啟動全國性的碳權交易市場。第一階段僅重點納入 2225 家發電企業和自備電廠等電力行業，二氧化碳排放總量約為 40 億噸／年。第二階段將逐步納入石化、化工、建材、鋼鐵、染整、造紙、航空等七大行業。第一、二階段共計八大行業納入中國大陸碳權交易市場，覆蓋的碳排放總量預計在 80 億噸／年，約占中國大陸年碳排放總量的 70 ～ 80%。而中國大陸的碳權交易市場目前也是全球最大的碳權交易市場。

也由於目前並無全球統一的碳權交易市場，所以碳定價標準不一，僅 3.76% 碳價符合巴黎協定預期 2020 年每噸 40 ～ 80 美元的定價水準，其中僅歐洲與瑞士的交易所符合巴黎協定的價格水準。至 2030 年，須將碳價格提升至每噸 100 美元，才能達到全球升溫控制 2°C 內的目標。瑞典、瑞士及列支敦世登是全球碳價最高的國家，瑞典每噸碳價高達 137 美元，瑞士則為 101 美元，列支敦士登也為 101 美元（王之杰，2022）。

除了上述碳權交易市場的「以量制價」（控制碳排放總量，讓市場的供需來決定排碳的價格）方式抑制碳排放量，另外也可由「以價制量」（課徵碳稅）的方式來促進減排，透過直接對每噸的碳排放訂價，由控制價格高低來影響排放程度。全球目前收取碳稅的國家包含了英國、加拿大、北歐、新加坡、日本等。大多數課徵碳稅（Carbon tax）的國家，是由財政機關統一徵收，稅收入國庫後的用途多半與發展各項低碳的基礎建設有關。

三、碳權交易的原理

理解了碳權交易流程後，可以歸納出碳權交易的原理是將外部成本內部化，提高組織碳排放成本，以促進節能減碳。也就是說，將碳排放總量與權利進行限制，有需要多排碳的組織們會在市場上收購碳權，當碳權達到最適價格，排碳量將最適分配。而排碳量高的組織因為需購買碳權，造成製造成本上升，會想辦法減少排碳，如此一來達到減碳的效果。舉例來說，汽車工業因需符合嚴格的碳排放上限，極有需求去市場購買碳權。歐盟在 2021 年　用新門檻「每公里排碳 95 克」，但 2019 年全歐盟車輛的平均碳排放量是每公里 122.4 克，因此無法降低排碳量的車廠只能去交易所購買碳權以順利販售車輛，若不理會此規定，廠商們將會面臨高額罰款。而碳權的供應者則來自那些致力於製造低排碳車輛的廠商（例如特斯拉）。這些車廠可以在碳權市場依靠碳權獲利，而販售碳權的盈餘也須持續投入減碳相關的項目（永豐金證券，2021）。

四、有效的碳定價政策

碳定價真的對減碳有幫助嗎？答案是「有」，但前提是必須運用得當。如前所述，一個有效的碳定價政策（碳權交易價格與碳稅），可以拉近傳統高碳排能源與再生能源的成本從而鼓勵綠化轉型，進而實現汙染者付費的環境倫理正義。但是不容忽視的是，上述的碳定價政策也可能因下列某些因素，導致事倍功半的減碳效果（綠色和平氣候與能源專案小組，2022）。

（一）碳定價設計機制本身充斥漏洞

目前有不少的碳定價機制充斥漏洞，如政府在相關法規中所制定的碳權交易價格政策，就可能因費率訂定過低無法造成市場的減量誘因，而使企業產生付錢了事的心態，根本無助於減碳。另一種設計上的漏洞是有一些政府提供企業太多在碳交易系統中的免費配額，使得企業減碳壓力不足。例如南韓政府 2015 年推出全球第二大的碳交易系統 KETS（Korea Emissions Trading Scheme），當時預期在 2030 年能減碳 37%。然而 2016 ～ 2020 五年間，南韓碳排放量不減反增，深究其因即發現，在此 5 年的階段，南韓政府發放超過 97% 以上的免費碳排放憑證給企業，多數的企業免費配額都用不完，導致碳權交易市場乏人問津，自然就產生不了減碳的效果。

（二）「碳權」淪為企業漂綠工具

不同認證機構的碳權與碳抵換標準與品質不一，碳抵換的機制本身就有很大問題，導致某些企業會投機藉由大量購買低價的碳權，宣稱已經達成碳中和的目標，然而卻持續暗地裡創造碳排放，將拯救氣候變遷危機淪為一種數字遊戲。

（三）發生碳洩漏情形

所謂碳洩漏（Carbon leakage）是因為只有少部分的國家及地區實行嚴謹的碳定價機制，會導致高碳排的產業外移到碳管制較鬆散的開發中國家。此種高汙染產業外移，表面上在碳排放管制區的排放量減少了，但全球整體的碳排放卻沒有下降，甚至因為開發中地區的環境汙染檢測技術較落後，企業肆無忌憚的作為，反而使碳排放不減反增，這個過程就稱為「碳洩漏」。有鑑於此，歐盟已經預計於 2023 年試行，2026 年將正式實行碳邊境管制機制（CBAM）來防堵碳洩漏，而國際貨幣基金（IMF）也在倡議全球碳底價的機制，分別對低收入、中等收入與高收入經濟區域建立每噸 25 美元、50 美元與 75 美元的碳底價，希望藉此改善碳洩漏情形。

總而言之，為了減少全球溫室氣體排放、減緩氣候變遷，企業不能因購買碳權的成本較低，而選擇碳權抵換作為主要的減碳方案，應該先完整執行碳盤點之後，先執行如汰換老舊高排碳設備、提升能源使用效率、使用再生能源等實質的碳減量方案，並將碳權抵換視為最下策的減碳手段，如此一來，才算真正達成碳中和目標，使碳排放量維持現狀甚至減少。

第六節 美國的綠色金融

美國政府在促進綠色金融發展方面走在世界前列，積累了豐富的經驗。其中，美國聯邦政府從全國角度對美國綠色金融制度框架進行「上層設計」，州政府在聯邦政府的制度框架下結合當地實際情況開展促進綠色金融發展的「基層探索」，形成了「自上而下」的頂層設計與「自下而上」的基層探索相結合的推進綠色金融發展新路徑。它既可以實現全國各地協調一致地推進綠色金融發展，又能夠實現各州因地制宜地發展符合地方特色的綠色金融體系，從而有助於充分發揮地方政府的積極性、主動性、創造性，不斷探索促進綠色金融發展的體制機制創新。美國州政府為了促進綠色發展基本上就朝制度設計、財政政策設計、綠色金融組織設立等方面進行探索，為美國國內綠色金融發展創造市場需求、形成良性激勵機制以及擴大綠色金融有效供給，從而實現地方綠色金融健康發展。

以下即根據李美洲、胥愛歡、鄧偉平（2017）等人的研究內容摘要說明如下。

一、完善促進綠色發展的制度設計，創造有效需求

可分為以下四個方面：

1. **大氣汙染防控方面：**美國州政府探索建立控制大氣汙染的地方性法律法規，引導金融機構針對大氣汙染減排領域開展金融產品和服務創新。

2. **綠色建築方面：**美國州政府制定並完善城市規劃和建築物等方面的地方性綠色環保標準，為金融機構在綠色建築等領域開展金融創新提供條件。

3. **新能源開發方面：**美國州政府完善新能源開發的地方性法律法規，引導金融機構強化清潔能源領域的金融服務。

4. **溫室氣體排放總量控制和碳排放權交易方面：**美國州政府加強關於溫室氣體排放總量控制和碳排放權交易的地方性法律法規建設，支援金融機構加強對碳金融產品和服務的創新。

二、健全綠色領域的財政政策設計，創新合作的有效機制

1. 通過財政補貼等政策引導金融機構加大對電動汽車等領域的金融支持力度。

2. 通過財政撥款等形式引導金融機構支持廢物回收再利用等領域的發展。

3. 通過財政貼息等政策推動金融資本、社會資本投資清潔能源等領域。

4. 通過財政出資設立綠色投資基金等方式，促進水務等綠色基礎設施建設。

三、成立地方性綠色組織，擴大綠色金融的有效供給

　　1970 ～ 1980 年代，美國開始研究發展清潔能源項目。為此，美國一些州政府嘗試成立地方性綠色銀行，為清潔能源市場提供充足的融資支援，擴大與清潔能源市場有關的金融產品和服務的有效供給。目前，美國州立綠色銀行主要有三種模式（中國清潔發展機制基金，2018）：

1. **准公共機構模式：**在該種模式下，各州立綠色銀行通過州政府部門獲得資金來源，按照市場化方式開展相關業務，主要代表是康乃狄克州綠色銀行（CEFIA）。

2. **州立清潔能源融資機構模式：**在該種模式下，州立綠色銀行一般設在與州政府相關的某些機構中，並與利益相關者開展廣泛的業務合作，主要代表是紐約州立綠色銀行（NYGB）。

3. **基礎設施銀行模式：**在該種模式下，基礎設施銀行與州立能源機構進行合作來支持當地清潔能源項目發展，主要代表是紐澤西州能源適應力銀行（ERB）。

四、超級基金法

　　除了綠色銀行提供清潔能源市場提供充足的融資支援外，美國另有所謂的超級基金法（Superfund Act），則是為了處理環境汙染所造成的危害。

（一）超級基金法的緣由

　　1970 年代中期，一連串有毒、有害化學品等危險廢物汙染問題，成為美國最引人關注的環境問題之一，並由此引發了一系列嚴重危害當地自然生態環境和公眾健康安全的環境事件。眾多環境安全事件中，以拉芙運河事件（Love Canal Tragedy）影響最為巨大。拉芙運河是紐約州尼亞加拉瀑布市（Niagara Falls）的一處閒置土地，虎克電化學公司（Hooker Electrochemical Company）經當局批准將一段廢棄的拉芙運河當做

垃圾填埋場傾倒了 2 萬噸有毒有害的化學廢物。1954 年，這家公司以一美元的價格將包括填埋場在內的一片土地賣給了當地教育委員會（Niagara Falls School Board）。在那裡先是建立了一所小學，而後又有地產公司介入，最終建成一個多戶人家的住宅區。截至 1978 年，廢棄拉芙運河的上方已經居住了 97 戶家庭 364 位居民，此外還有 400 多名學生在 99 街小學內念書。

早在 1976 年，就有居民開始抱怨室內尤其是地下室有化學異臭味，並有居民出現藥物灼傷、產婦流產、嬰兒畸形等異常現象。到了 1978 年，隨著媒體和社會組織的介入，事件已經發展成為一樁全美關注的醜聞，並且成為國會兩黨及政客博弈的焦點。同年 4 月，時任紐約衛生局局長前往視察，但是政府並未拿出切實可行的解決方案。無奈，居民把聯邦環保局的代表扣為人質，要求白宮出面解決。同年 8 月當地一位年輕的母親洛伊絲·吉布斯（Lois Gibbs）組織起了拉芙運河業主聯合會，積極向各部門要求將居民遷移到其他地區。這一事件還驚動了美國總統吉米·卡特（Jimmy Carter），居民的維權活動也持續獲得媒體的一致支持，媒體發表文章譴責政府，呼籲政府公開相關環境資訊和拿出解決方案。面對巨大的壓力，卡特總統頒佈了聯邦緊急令，由聯邦政府和紐約州政府組織 10 個街區共 950 多戶居民暫時搬遷，並出鉅資消除汙染。居民也曾向法院提起民事訴訟，要求開發商，包括胡克公司賠償財產和健康損失。遺憾的是，因為缺乏法律依據，受害者的訴求當時並未獲得法院的支持。拉芙運河事件的爆發，引發美國各界對歷史遺留汙染威脅公眾健康的關注，也令全社會意識到現行環境法律體系的缺陷。民意認為，若汙染者不承擔消除汙染或環境修復的責任，轉而由政府收拾殘局，實則是公眾來埋單，那顯然是有失公允，因此要求國會必須制定新的環境法律來應對這一挑戰，任何延遲和不作為都被認為是立法者的失職（Levine，1982）。所以，《超級基金法》的制訂，很大程度上源於公眾的不滿和輿論的壓力，這也使得該法成為美國乃至全球環境法律中嚴刑峻法的典型。

（二）超級基金法的效果

美國《超級基金法》確立「汙染者付費」原則，對化學品行業徵收專門稅，解決生態修復資金量大、責任主體不明或無力承擔等問題，取得了許多很好的效果（中國銀行保險報，2021）。

1. 打破股份有限公司的有限責任，將環境責任規定為法定嚴格責任。責任主體對環境汙染治理承擔嚴格責任，意味著無論責任方主觀上是否有過錯，都應對產生汙染承擔相應的責任。

2. 擴大潛在責任範圍並實行連帶責任。此舉解決了汙染者之間相互推諉的問題，但同時也增加了訴訟成本。

3. 賦予基金及聯邦政府治理權及治理後的不當得利起訴權。也就是責任主體不明確或者不願意承擔治理汙染時，美國利用超級基金管理的資金支付費用後，可以對能找得到的相關責任主體提起訴訟，追索支付的治理費用，並進行高額罰款。

4. 突破「法不溯及既往」原則，潛在責任人不僅包括現有責任人，還追溯過去法律不認為是責任人的人。

5. 賦予公民公益訴訟權，促進和監督法律執行。任何人都能以自己的名義提告責任人。

五、美國綠色金融創新產品與服務

美國擁有發達的金融市場，綠色金融創新產品豐富多樣，包括了：

1. 在綠色基金方面，設立了清潔水迴圈基金、飲用水迴圈基金、地下儲油罐防洩漏基金、超級基金等市場運作的綠色基金。

2. 在綠色債券方面，根據環保專案的特點，創新了提前償還債券、預期票據、撥款支付債券、資產擔保證券、收益債券、特殊稅收債券等。2016 年至 2019 年間，蘋果公司共發行了 47 億美元的綠色債券，成為當年美國最大的綠色債券公司發行人。

3. 在綠色信貸方面，創新了各類綠色專案貸款產品、綠色消費金融產品等，並推出了各種針對綠色項目優化信貸與降低成本的方法。例如，美國銀行創新了支持節油技術發展的無抵押優惠貸款。

4. 在綠色保險方面，美國 1988 年成立了專業的環境保護保險公司，之後在強制保險方式、個性化保險設計、政府擔保不斷創新。還推出了專門針對綠色金融的保險，例如綠色貸款保險等。

美國為綠色金融資金提供了豐富的投資管道，而各類綠色金融產品的開發與創新，也為美國綠色項目降低融資成本，提升項目融資的可獲得性發揮了巨大作用，彼此形成了相互促進的良性迴圈。以下是美國加利福尼亞州的實際例子。美國加利福尼亞州政府先後制定了《城市規劃管理體制和總體規劃導則》、《加利福尼亞州建築標準》等政策，在這些政策的影響下，美國綠色建築市場需求持續擴大，吸引美國金融機構不斷進入綠色建築領域的金融消費市場，先後創新出了以下服務。首先是美國的富國銀行針對商業建築或住宅的綠色專案，開發了商業建築信貸等創新性金融產品和服務；

又如美國新能源銀行推出了房屋淨值貸款等新產品，提供「一站式的太陽能融資安排」；再如美國加利福尼亞州的基金保險公司向客戶提供綠色建築保險等服務。

六、借鑒

雖然各國政府在政治制度設計方面與美國聯邦政府與州政府存在一定的差異，但是在推進區域綠色金融發展方面仍然可以有一些經驗值得借鑒（鄧發，2017）。

（一）加強制度建設，營造良好的政策環境

其一是健全地方性法律法規，支持綠色金融發展。建立健全針對工業、能源、廢棄物再利用等領域的地方性法律法規，積極鼓勵和支持環保、節能、清潔能源、清潔交通等產業發展。其二是推動地方政府加強環境執法，促進綠色金融發展。嚴格落實新《環境保護法》，推進地方政府制定和完善與本地實際情況相適應的地方性環境保護法規，通過增加環境違法成本，讓更多企業開展綠色化生產和投資綠色產業，從而產生更大的綠色金融需求。

（二）完善地方綠色財政政策，探索合作的新機制

作法一是完善地方綠色財政獎勵機制。比如，對有利於環保的貸款項目，可以通過地方財政列出專項基金給予貸款補貼。作法二是要充分發揮政府財政資金的引導作用。與銀行等金融機構合作建立比例擔保制度和綠色信貸風險補償機制，為金融機構向國內符合條件的綠色中小企業提供貸款擔保和風險補償，啟動更多的金融資源投資綠色項目。

（三）拓展綠色金融有效供給的多元化管道

首先是支持成立地方性綠色銀行。支持地方政府結合當地實際情況，牽頭成立地方性綠色銀行，並且要積極爭取國家在財稅、金融等政策方面給予一定的傾斜。其次是強化地方法人銀行的綠色元素，鼓勵地方法人銀行完善綠色貸款審批機制，通過建立綠色貸款快捷通道等方式，提高綠色貸款的審批效率。

（四）加強國際交流與合作，推動創新試驗區建設

可以先加強與國外綠色金融發展較好的城市進行交流與合作，然後是借鑒和吸收國外金融機構在綠色金融產品和服務方面的先進經驗。

第七節 日本與德國的綠色金融

　　日本是全世界公認的環保之國，不僅把環保事業做得很全面還不遺餘力地在綠色經濟方面挖掘商機，將其綠色新政做到極致。而德國則是通過幾十年對綠色生態的重視，關心自然與環境已經成為當地人們的傳統習慣。如今的德國已成為綠色金融主要的發源地和全球綠色經濟發展中的領先者。因此，接下來以日本與德國為例，介紹其綠色金融。

一、日本綠色金融

（一）日本綠色金融的發展背景

　　日本綠色金融的發展受到幾個因素的影響（中國銀行保險報，2021）：

1. 世界大戰後的環境影響

　　二戰後，日本經濟飛速增長，同時環境危害也伴隨而來；日本「水俁病」（Minamata disease）事件就是由於化工企業肆無忌憚長年排放汙水造成的，「水俁病」是日本四大公害疾病之一，由有機水銀引發的汞中毒性中樞神經疾患，患者會有手足麻痺、步行困難等症狀，嚴重者甚至會引發例如痙攣、神經錯亂，最後死亡。發病起三個月內約有半數重症者死去，孕婦和胎兒也會受到影響，而至今仍未找到有效的治療方法，也成為世界八大公害事件之一。記取教訓之後，也就引發一波汙染工業外移的浪潮。

2. 2008 年金融危機的經濟動盪影響

　　全球金融危機後，日本政府試圖通過解決氣候問題，在綠色經濟中尋找經濟復蘇的機會，於 2009 年 4 月推出「日本版綠色新政」四大計畫，預期到 2020 年增加 50 萬億日元市場需求和 140 萬人的就業機會。

3. 新冠疫情長期的經濟消耗與環境影響

　　新冠肺炎疫情重創日本經濟。時任首相菅義偉提出，日本諸如在新一代太陽能電池、碳回收和氫能等方面的技術創新將成為實現環保社會的關鍵，也希望藉由技術創新提振經濟。

4. 國家地域劣勢的影響

　　日本是一個飽受自然災害、氣候變化的國家。於是日本便在自然災害風險領域積極發展保險制度。此外，為實現 2050 年碳中和的承諾，日本將氣候投融資作為其重點發展內容。

（二）日本綠色金融政策

　　日本的綠色金融政策可分為四個重點（中國銀行保險報，2020）：

1. 政府投融資

　　將資金用於環保事業的投融資。成立環境類融資貸款貼息部門、日本金融公庫推出環境和能源對策基金，為中小企業提供低息貸款等，從國家層面推動綠色信貸，引導企業參與到綠色金融的發展。

2. 政策保障

　　環境省據此建立了環境管理制度證書和註冊機制，對企業的環保項目進行評估，並提供必要的指導和建議，對企業環保實施的情況進行監督。

3. 支持綠色理念企業

　　開展環境評級融資和社會責任投資，為綠色企業提供融資便利。促使產業轉型和創新型的項目在類別劃分時也可以考慮歸為「綠色」項目。

4. 推動綠色市場建立

　　金融廳推動建立起以綠色債券、綠色保險為主體的綠色金融工具體系。

（三）日本投資銀行綠色金融實例

　　2006 年 3 月 29 日，日本政策投資銀行與百十四銀行正式簽署促進環境友好經營融資業務相關合作備忘錄。合作的目的是作為企業社會責任（CSR）的一部分，兩行將充分發揮各自的業務優勢，共同推進面向環境友好型經營企業的投融資活動、提高服務品質，促進地域經濟的健康發展。合作內容主要有：相關專案資訊的共有和面向貸款、私募債券的發行等領域的合作。在這種合作模式下，商業銀行在收到貸款申請後，通過資訊共用可以直接將企業的資訊融入日本政策投資銀行的環境評價體系，由日本政策投資銀行對貸款企業進行評估，並將結果回饋給商業銀行。根據評估結果商業銀行與日本政策投資銀行協調後，判斷是否對目標企業進行投資。隨著這一專案的開展，

更多的大型商業銀行也融入到了這一體系，相關專案的貸款規模也在不斷擴大（常抄、楊亮、王世汶，2008）。

從此實例中可以觀察到的幾個重點為：

1. 通過促進環境友好經營融資業務的實施，以低息環保貸款促進了企業加大在環保領域的投入，推動了綠色生產、綠色採購的發展，同時以更加優惠的利率逐步引起企業在綠色產業上的重視。

2. 資訊共有可以更好的發揮政策銀行的協調作用，為綠色信貸的發展搭建平臺。同時商業銀行可以有效的利用政策銀行的環境評級系統，對貸款目標企業進行評估與監督，規避投資風險、提高投資效率。

3. 獲得良好評級成績的企業會得到來自各方的獎勵與榮譽，提高企業形象，提升企業的無形資產。

二、德國綠色金融

（一）德國綠色金融的發展背景

德國綠色金融的發展受到幾個因素的影響（搜狐網，2018）：

1. 總體環境影響

作為二戰戰敗國，德國急於改變戰後落後的面貌，在發展經濟的同時也忽視了環境保護，到上世紀 70 年代初，德國發生了一連串環境汙染的災難，二氧化碳的排放量大幅增加，水域中的生物急劇減少，垃圾堆放場周圍的土壤和地下水受到汙染，自然環境受到破壞，民眾深受其害。

2. 人民意識影響

德國人把保護環境視為僅次於就業的國內第二大問題！德國的環保教育從幼兒就開始進行。據德國聯邦環保部公布的民意調查顯示，超過 75% 的人民希望德國應該在環境政策上繼續維持在歐盟的領先地位。

3. 可再生資源環保地位

德國通過《能源轉型數位化法案》、《可再生能源法案》和《電力市場法案》等 3 部關於可再生能源的新法案。德國計畫到 2050 年，80% 的用電來自可再生能源，同時將二氧化碳排放量在 1990 年的基礎上減少 80% 至 95%。

（二）德國綠色金融政策

德國政府又從以下幾點政策來大力推動德國的綠色金融發展。

1. 政府鼓勵

德國政府牽頭發揮引導力，鼓勵德國的各類銀行採取赤道原則成為赤道銀行。（赤道原則，英文為 Equator Principles，簡稱 Eps，是金融機構自願性行為規範，主要是適用在銀行辦理授信融資時，納入借款戶在環境保護、企業誠信經營和社會責任等授信審核條件，若企業未達標準，可以緊縮融資額度，甚至列為拒絕往來戶，希望透過赤道原則，促進企業對環境保護及社會發展發揮正面作用。赤道原則適用最低融資門檻由 5000 萬美元降至 1000 萬美元。至今全球已超過 60 家金融機構宣布採納赤道原則）（MoneyDJ 理財網，2022）。

2. 政府的擔保

德國聯邦政府對德國復興信貸銀行（KfW）的所有綠色債券提供擔保，這些入選的綠色評級很高，因此融資成本很低。

3. 政府的貼息

德國政府對環保目的低息貸款給與一定額度的貼息，為德國復興信貸銀行的發展提供了保證。

4. 稅收優惠

因為綠色金融產品是銀行履行社會責任，促進環境和自身可持續發展提供的服務，具有積極的意義，德國復興信貸銀行是國有的，上繳所得稅有優惠。

（三）德國復興信貸銀行貸款海上風電產業實例

德國是海上風電的強國，市場占有率高達 30%。但是在該產業發展的早期因為經驗不足遭遇了很多阻力：經費規劃的不充分；電網建設進度緩慢以及投資成本較高，無法及時得到收益；遭遇了高技術和高融資的難題，據當時所有技術設備與港口的成本費用預計需要 10 億元，最終導致預算超支，投資延遲。

1. 案例

德國政府也是很快注意到了這一事件，於是德國充分發揮了德國復興信貸銀行該政策性銀行的作用。提供的幫助主要有以下三點（曲潔、楊寧、王佳，2019）：

(1) 在海上風電發展的早期，提供了相關的知識和風險的報告，甚至在 2004 年還聘請了專業從事海上風電的內部工程師提供風險諮詢服務，很好的解決了高技術風險的問題。

(2) 德國復興信貸銀行通過自身的評估系統進行評級後，直接的對該項目進行資金援助。主要表現在對 2010 的德國首個海上風電場進行投資，並且持續對其和後續專案進行投資幫助。2011 年針對海上風電場項目設立了 50 億的貸款額度，可最多支持 10 個海上風電場的資金需求，此行為進一步降低了投資商對海上風電項目的風險預期。也讓運營商積累經驗，方便後續風電場的設立與運營。

(3) 德國復興信貸銀行也提供擔保，降低其他投資者對該項目的風險預期，間接的改善了高融資成本問題。由於德國復興信貸銀行參與投資的多個海上風電項目，成功的吸引了多家商業銀行和機構投資者的聯合投資。

2. 分析

從德國復興信貸銀行貸款海上風電產業的案例中可以分析出幾個重點：

(1) 德國復興信貸銀行先期介入這些領域的早期發展階段，通過打造高素質的綠色金融團隊培養兼具金融知識與技術能力的內部專家，創建並使用創新的風險管理工具來幫助投資者更好地熟悉新專案，同時為開發商提供盡職調查（KYC）以促進投融資活動。

(2) 德國復興信貸銀行通過運用綠色信貸、綠色債券等多種綠色金融工具，以及通過本地仲介轉借、聯合投資等多樣化的融資管道，有效填補了綠色項目發展初期的資金缺口。

(3) 德國復興信貸銀行發揮了強大的引領示範、創新引導的外溢作用，啟動和引導私人投資流向綠色經濟領域。

第 8 章
綠色保險功能與氣候變遷災害防治

在第貳篇有關溫室效應的解說中，一定能充分理解到造成溫室效應的溫室氣體中，二氧化碳與甲烷占據了大部分的成分而且存在大氣層中的時間也相當久。因此，若是要抑止溫室效應，減少二氧化碳與甲烷的排放絕對是當務之急且刻不容緩。既然減少二氧化碳與甲烷的排放是如此的關鍵，所以本章在接下來的內容中將聚焦探討，保險業在經營獲利的過程中亦能同時兼顧節約能源與減少溫室氣體排放，也能為地球永續環境的維護共同努力，並扛起重要的責任。

第一節 外溢保單和二氧化碳與甲烷的減排

在探討保險業可以透過外溢保單的保險契約設計，達到二氧化碳與甲烷的減排效果前，可能必須先對外溢保單有一個完整的認識，如此才能理解何以外溢保單的設計會對二氧化碳與甲烷的減排量產生一定的效果。

一、認識外溢保單

外溢保單（spillover-effect policy ,insurance）是保險公司透過保單費率減降的設計，達到誘使保戶自主性的採取降低風險措施或行為的一種保險商品，除了可以使得要保人注意損失預防與減輕保費負擔之外，亦可減少保險公司損害賠償負擔。另外由於災損的機會下降，也等同減輕社會成本。因為這種保單，讓保險對社會產生正向的外溢效果，所以在保險市場上稱這類保單為「外溢保單」。

可以用從保險精算角度來解釋外溢效果的形成。在保險實務運作中基本上存在有許多資訊不對稱的情況，其中之一就是被保險人對自己的身體、財產或行為的理解，一定更勝於保險公司，即便對被保險人有一些應告知事項的規定，保險公司仍然會因資訊不足無法跟被保險人處於對真實風險同等的理解水平，換句話說，保險公司就須承擔被保險人或要保人告知不實的風險。保險公司通常就利用統計理論上的大數法則原理，根據過去的損失機會，算出一個損失發生的期望值（成本平均數）來計算保險費。所有的要保人都以相同的費率計算並繳交保費，此時同等於真實損失機會比較高的人繳交了較低的保費，並不符合其原應該負擔的較高風險成本，不盡合理。但是別忘了，另有一批真實損失機會比較低的人繳交了較高的保費，也不符合其原應該負擔的較低風險成本，一樣不合理。但是保險公司就是把真實損失機會比較低的人繳交較高的保費，去補貼了真實損失機會比較高的人繳交不足的保費，所以仍能維持保險機制的運作。仔細剖析，這種用低風險的人多繳的保費去補貼高風險的人短繳的保費並

不公平，對部分風險較低的被保險人而言是吃虧的，因為他們須繳交與高風險被保險人一樣的保費。所以現在這種外溢保單的設計，對風險較低卻要負擔較高保費的被保險人來說，就可以得到比較公平保險費率的對待，也就是有機會負擔較低的保險費。

外溢保單的另一個外溢效果乃是體現在保險公司透過外溢保險單的設計，可以順理成章的收集到更多被保險人的生活習慣或活動軌跡的資料，這些寶貴的大數據資料，就會成為保險公司未來了解客戶、進行 360 度精準行銷的重要參考訊息。

不論是產物保險市場或人身保險市場，都看得到外溢保單的身影。在人身保險市場中，有健康管理與保險商品之結合，且由保險公司提供保費折減、增加保額或回饋金等服務，鼓勵被保險人規律運動、接觸健康飲食進而降低罹病率以達到事前預防之效益，同時減少醫療成本，創造三贏外溢效果的保險商品（彭金隆，2016）。在產物保險市場中，有物聯網（Internet of Things, IoT）科技與汽車保險的結合，並且由保險公司提供保費折減，鼓勵被保險人維持良好駕駛行為，以達到事前預防之效益，同時減少因車禍事故產生的社會成本，創造三贏外溢效果的保險商品。人身保險外溢保單基本上以樂活（vitality）健康保險計畫為代表；產物保險的外溢保單則是以行為基礎（usage-based insurance, UBI）汽車保險為代表。以下就來分別詳述外溢保單市場趨勢、外溢保單的生成與具節能減碳效果的綠色保單。

二、外溢保單市場趨勢

近年來歐美許多保險公司已開始執行一種新型保險，稱之為 Vitality 健康保險計畫，是一種以 UBI 為基礎概念與行動醫療裝置（M-health）結合，根據行動醫療裝置（M-health）持續追蹤被保險人，並蒐集被保險人的運動狀況及生活習慣資料做為基礎之健康保險設計（Bourque，2015）。研究調查發現有 6% 的保險公司正在或正在嘗試可穿戴式行動裝置設備和技術，且有高達 22% 的保險公司正在為可穿戴式設備開發經營策略。如今已經開始執行此種更貼近使用者的 Vitality 健康保險計畫之保險公司包括南非 Discovery 保險公司、美國 John Hancock 保險公司、中國平安保險公司等（范姜肱、姜麗智，2016）。

臺灣的金融監督管理委員會保險局公布 2021 年前九月健康險外溢保單共銷售近 47.67 萬張，比去年同期成長 291%，新契約保費 70.97 億元，同比成長 397%，代表這類型保單目前仍有極大成長性。由於外溢保單即是訴求保戶達到一定健走步數、健檢結果或複合式任務，即可回饋現金、增加保額或折減保費，以強化保戶健康、減少保

險公司理賠的外溢效果，主要以健康險為主，也有壽險公司將外溢效果加在利變壽險或投資型保單上，目前共有八家保險公司推出 89 張保單。2021 年前九月健康險外溢保單龍頭之爭，國壽在 8 月成功超車，重新拿回件數第一名，1 到 9 月合計以 22.8 萬件，險勝南山人壽的 22 萬件，原本國壽外溢保單新契約保費就一路領先，前九月以 38.7 億元，暫居外溢保單保費第一名，而國壽的保費市占率亦近 55%；南山人壽因以一年期定期險與附約為主，前九月新契約保費 16.2 億元，市占率約 23%。富邦人壽及新光人壽外溢保單前九月新契約保費各約 7.45 億元與 7.3 億元，居第三及第四名。

臺灣自 2016 年底首張 UBI（Usage-Based-Insurance）汽車保險外溢保單上市起，至今約 4 年，但目前 UBI 汽車保險占車險僅約 1 ，發展速度與國外發展狀況相差甚遠（財經週報，2020）。產物保險的外溢保單 UBI 汽車保險在歐美發展已近 20 年，技術應用早已日趨成熟，商品及市場量能快速累積，各國 UBI 在車險已占有一席之地，市占率不斷攀升。在亞太地區，2020 年 UBI 汽車保險在汽車保險市場的市占率已經有15%。在北美洲，2020 年 UBI 汽車保險在汽車保險市場的市占率更高，已經來到 40%（GMI，2021）。並且以每年 29% 的成長率持續擴大中（IMS，2020）。科技的突破與運用讓保費回歸公允的計算方式，吸引保戶保持優良駕駛習慣，進而提升投保率，「未來市場只會更大」（ETtoday 新聞雲，2020）。

三、外溢保單的生成與具節能減碳效果的綠色保單

何以這類的外溢保單現階段具備發展快速潛力，其主要原因除了是拜資訊科技發達與智慧型手機普及所致（GMI，2021），另外就是有關損失預防觀念的逐漸建立，且這些損失預防措施也直接對節能減碳產生作用。

（一）外溢保單的生成基礎—大數據

拜科技所賜，越來越多的「物件」透過網路互聯、與人互動，形成日益龐大的「物聯網（Internet of Things，IoT）」。物聯網的核心大腦是大數據（Big Data），大數據近幾年同樣的也是快速發展。大數據又被稱為巨量資料，其概念其實就是利用 Volume（容量）、Velocity（速度）和 Variety（多樣性），再加上 Veracity（真實性）得到一個大數據所需要的 Value（價值）之資料（圖 8-1）（胡玉書，2015；INSIDE，2015）。大數據的資料特質和傳統資料最大的不同是，資料來源多元、種類繁多，大多是非結構化資料，而且更新速度非常快，導致資料量大增。因此透過物聯網裝置取得的數據資料是非常有價值的資產。

（二）外溢保單為何是具節能減碳效果的綠色保單

從本書第貳篇的內容中可以清晰地得知地球暖化的成因與氣候變遷帶來的危害。以這些認識為基礎，就可很容易的明白為何這些產物保險或是人身保險的外溢保單，可以定義為綠色保單的一種（如下圖 8-2 所示）。UBI 汽車保險鼓勵少開車與良好的駕駛行為，除了可以減輕駕駛人的保費負擔之外，更近一步也促成節能減碳效果。此外，Vitality 健康保險計畫鼓勵被保險人多吃蔬果並減少對畜產肉類的食用，同樣可以減少保險費支出，也連帶減少食用動物（豬、牛、羊、家禽等）的畜養需求，等於就是減少人類對自然山林地的破壞與食用動物排泄物的甲烷產生。

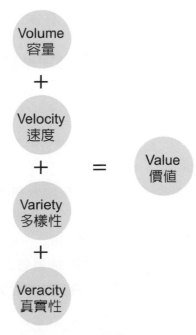

圖 8-1　大數據的 4 個 V。

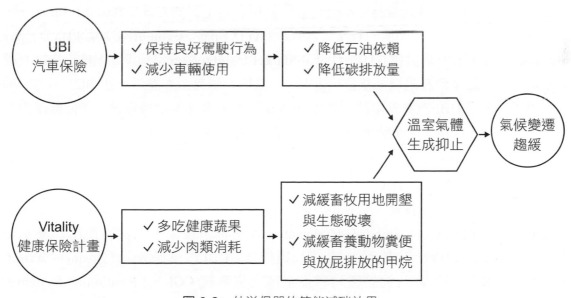

圖 8-2　外溢保單的節能減碳效果。

四、產物保險的外溢保單介紹

（一）產物保險外溢保單發展背景與現狀

以汽車保險為例，車聯網（Internet of Vehicle，IoV）是物聯網最快爆發的潛力產業，是以車載移動互聯網為基礎，進行無線通訊和信息交換的大系統網路，能為消費者或車隊管理人提供信息支持，減少 80% 的交通事故並促進環保行駛（賴品如，2012）。

物聯網的出現為保險業在供應和消費方式上有了結構上「破壞式創新」的改變。保險公司逐漸成為客戶的數據中心，將使保險公司發展高度個人化保險商品和積極管理客戶的風險。把過去的「一類一價」轉變為「一人一價」。因此使用互聯技術的保險經營模式之主要特點是個人化（Personalisation）、精準化（Accuracy）、透明化（Transparency）、資料數據豐富化（Data-Rich）及合作化（Engagement）（葉家興，2015）。

1. UBI 車險簡介

在互聯保險中，發展最純熟的就是基於使用者為基礎的 Usage Based Insurance 汽車保險（UBI）」。UBI 車險大致又可區分為 PAYD（pay as you drive）與 PHYD（pay how you drive），但是根據 GMI（Global Market Insight, 是一家國際知名的市場調查顧問公司，並與許多政府組織、非營利組織、企業與大學有合作關係）在 2021 年的一項研究預測，未來 UBI 汽車保險將主要以 PHYD 為主，也就是根據駕駛人如何開車作為保費計價依據，也包含了駕駛里程數，等於是把 PAYD 納入。

所謂車險 UBI 泛指以「駕駛行為」表現作為保險費決定依據的險種。較普遍的執行方式分行動裝置基礎（Device-based）與車載資通訊系統基礎（Telematics-based），來蒐集與傳輸駕駛行為資料。而蒐集與傳輸駕駛行為資料的設備通常是使用 OBD-II、Smartphone、 Blackbox、Embedded Telematics 等物聯網技術。但不論使用什麼基礎或物聯網技術的 PHYD 汽車保險，以下均通稱為「UBI 汽車保險」（Business Wire，2016）。因為這些車載行動裝置均具備全球定位系統（Global Positioning System，GPS）功能，同時也跟電腦及無線網路科技做結合，可定期採集有關車輛及駕駛人的使用記錄與駕駛模式資料回傳至保險公司。精算人員不再只是利用傳統資料，而是仰賴行動裝置所得到之「駕駛行為」訊息作為保險費定價依據，這不但使得保險費定價更加個人化，而且公平性也獲得提升。美國的 State Farm 和 Progressive 等保險公司，均已透過免費贈送裝置車載硬體等方式收集車主駕駛數據，對車主出險機率和保單定價

作出更精確的判斷（Tierney，2014；National Association of Insurance Commissioners，2015；楊芮，2015）。

2. UBI 車險的發展

影響傳統汽車保險核保釐訂（或費率釐訂）的因素目前大致可歸納為從車從人因素兩種，從車因素包括廠牌、車齡、使用性質、大小等；從人因素包括年齡、性別、結婚與否、身體狀況、生活習慣、駕駛品質及駕駛年限等。性別與年齡資料隨著兩性平權與隱私的意識抬頭，逐漸不能當作核保釐訂的因素。例如美國目前已有 12 個州提供了反性別歧視保護，而根據歐盟條約阿姆斯特丹條約的規定與歐盟法院（European Court of Justice）的宣告自 2012 年 12 月 21 日起，以性別作為保費差別訂價之風險因子將被視為違法。此外，年齡也逐漸不能當作釐訂保險費考量的因素，例如在美國有 8 個州為了杜絕年齡歧視而訂定相關保護規定。

此外，汽車保險費若只考慮從車從人因素，對於低里程數的駕駛人不公平，因行駛里程數較短的駕駛人發生保險事故的機率比行駛里程數較長的駕駛人低，卻和行駛里程數較高的駕駛人繳付相同的保險費，形成行駛里程數較低的駕駛人補貼行駛里程數較高的駕駛人，無法實現費率釐訂原則中的公平性與合理性原則。

由於 IoT 科技發達，且過去研究指出「駕駛行為」會影響到肇事率，於是近年來即將「駕駛行為」納入汽車保險核保釐訂之因素。也就是依賴 IoT 技術收集來自車輛的數據，包括行車里程數、經常駕駛時段、急煞車次數、車速、開車頻率、急加速次數、急轉彎次數、行車區域、快速切換車道，並通過風險的實際變化來動態調整保費（如下圖 8-3 所示）（IMS，2020）。

圖 8-3　駕駛行為數據。

過去之所以汽車保險並沒有根據個別被保險的駕駛行為資料來計算保費，是因為沒有先進科技可以協助蒐集駕駛人之駕駛行為資料。不過現在由於雲端運算與 IoT 技術的演進，已經能夠實時自動記錄並傳輸各種駕駛行為資料，這些科技的進步即帶動了 UBI 汽車保險時代的來臨，並產生更多的效益。目前共有日本、以色列、加拿大、西班牙、法國、南非、美國、英國、奧地利、瑞士、義大利、德國這 12 個國家積極的使用車載行動裝置來獲得駕駛人的駕駛習慣記錄（Ippisch, 2010）。

過去汽車保險公司都是消極在出險之後做損失的補償，現今有了車載行動裝置，保險公司就可以在事故發生之前積極幫客戶做好損失防阻，因為投保 UBI 汽車保險之後，駕駛人可根據回饋的駕駛行為記錄改善其危險駕駛行為，進而降低車禍事故頻率（Simpson，2013；Towers Watson，2015）。UBI 汽車保險的好處很多，保險公司可以減少核保風險、降低不當理賠進而增加公司利潤，保護低風險駕駛人及增加其保費負擔能力、改善駕駛行為及減少駕駛里程，符合費率釐訂原則中的充分性原則及促進防損失預防誘導原則。美國權威的資訊科技市場研究暨顧問機構 Gartner 亦指出目前占物聯網產業的主導行業中，保險業位居第二，其占比為 11%（鄭緯筌，2014）。而臺灣對於車載行動裝置的應用大多用在商業車隊管理範疇內，尚未有廠商用在汽車保險上（于寬撰，2013）。

3. UBI 汽車保險的未來趨勢

一個專注於互聯汽車服務和物聯網策略的美國商業資訊顧問公司 PTOLEMUS Consulting Group 指出，UBI 汽車保險將為汽車保險市場為來之主流，其調查報告亦指稱美國將成為全球最大的 UBI 汽車保險市場，若還沒推出此種保險方案的保險公是相當不利的，因為他們可能會面臨逆選擇和更高的損失率。因為 UBI 汽車保險對於優質客戶的吸引力會比劣質客戶大，當優質客戶選擇投保 UBI 汽車保險時，劣質客戶依然投保傳統型汽車保單，等於是未推出 UBI 汽車保險的保險公司面臨逆選擇和更高的損失率（Business Wire，2016）。

綜觀世界各國 UBI 汽車保險市場實務，可以發現部分保險公司會另外提供附加服務，以吸引消費者購買 UBI 汽車保險。附加服務的內容有：緊急路邊救援、人身保護、全球定位系統 GPS 跟蹤竊盜與故障、自動緊急呼叫等，還能運用主動防損運輸，通過指標和傳感器遠程信息處理設備來避免及提早發現危險，例如火災或洪水的即早警示。目前，這些服務大多是以**付費**的形式出現，例如美國 State Farm 即推出四個不同等級的服務，收費為每個月 7 ～ 22 美元（Dlodlo，etal，2012；王建平，2015）。

（二）傳統汽車保險與 UBI 汽車保險的差異

在瞭解了 UBI 汽車保險現狀之後，接下來即可總結歸納出其與傳統汽車保險的差異，即其執行過程中可能面臨的問題。

1. 傳統汽車保險定價方式的 SWOT 分析

表 8-1 為傳統汽車保險定價方式的 SWOT 分析。

表 8-1　傳統汽車保險定價方式的 SWOT 分析

優勢	弱勢
對核保與銷售人員而言易懂	以類計價非以人計價
容易被消費者理解接受	以過去資料分析風險因子，非變動式的分析資料
有大量的資料可供統計並計算風險和理財間的關係	資料的取得使用至少有 12 個月的遲延
與現行保險資訊系統有良好的整合	改變駕駛行為的誘因過於間接
不需要有裝置資料蒐集系統的成本	顧客自己申報資料有保險詐欺存在
消費者對於被蒐集資料可主張的隱私問題相當有限	申報資料若不小心有誤，常有將來損失無法獲得理賠的風險
	與顧客建立直接的聯結比較有限
	車子遭竊時比較無法尋回
機會	**威脅**
越來越多的統計資料可供費率計算且更為精準	增加的保費將使年老或年輕的保戶無法負擔，促使這些保戶轉向購買 UBI 汽車保險
	一般優質客戶要負擔非等值且較多的費用，故會選擇 UBI 汽車保險
	當消費者看清有費率不公平存在時，接受傳統保單計價方式的人將更少
	反性別歧視與其他反歧視法案將使保險公司無法再以這些因素做為定價依據
	歐盟與俄羅斯已開始推動汽車製造商同時也銷售 UBI 汽車保險

資料來源：PTOLEMUS Consulting Group，2019，Connected Auto Insurance Global Study，https://www.ptolemus.com/research/connected-auto-insurance-global-study/

　　從上表 8-1 的分析內容中，可以明顯看出傳統汽車保險的定價方式，所存在的威脅與弱勢相當的多，而且定價所考量的內容基本上並無損失預防誘導與節能減碳功能。

2. UBI 汽車保險定價方式的 SWOT 分析

　　表 8-2 為 UBI 汽車保險定價方式的 SWOT 分析。

表 8-2　UBI 汽車保險定價方式的 SWOT 分析

優勢	弱勢
根據駕駛行為一人一價	車載行動裝置目前為止對整個車險市場的效果並不明確
對環境間接正面影響	購置車載行動裝置的成本
對油耗正面影響	困難的商業模式特別是在低保費的市場
可協尋失竊車輛	對低保費的駕駛而言是複雜的商業模式
附加服務降低致命死亡事故	對隱私侵犯的可能認知
降低保險詐欺	必須組織內所有部門有興趣並合作
可提供正確重要資料給精算模式	需有經驗的精算師和招募資料分析專家
強烈誘因改善駕駛技術和方式	
可在變動基礎上調整計價方式	
可保留駕駛行為良好客戶，去除高危險駕駛人	
機會	威脅
新形式的車載通訊裝置可降低成本	顧客活動追蹤可能有反對風險
較多優質客戶對使用隱私資料的接受度高	法規可能阻礙保險公司對顧客使用的車載行動裝置收費
可根據真實風險資料計價取代即將不合法的訂價標準	汽車製造商可能以他們所蒐集的資料分析而扮演保險公司角色
儀錶板的裝置提供許多駕駛人的服務	Google 逐漸有能力以他們原先從智慧手機上所蒐集的資料進行評估
可提供許多計價的附加服務	
2018 年三月後 OBD 強制安裝在新車上	

優勢	弱勢
車內緊急呼叫系統強制裝置	
無人駕駛汽車增加	
以智慧手機作為監測儀器	

（ 資 料 來 源：PTOLEMUS Consulting Group，2019）〔PTOLEMUS Consulting Group（2019），Connected Auto Insurance Global Study，https://www.ptolemus.com/research/connected-auto-insurance-global-study/〕

從上表 8-2 的分析內容中，可以明顯看出 UBI 汽車保險的定價方式，所存在的機會與優勢相當的多，而且定價所考量的內容基本上具有損失預防誘導與節能減碳功能。

（三）UBI 汽車保險執行問題

雖然 UBI 汽車保險具備許多優勢與發展機會，並可帶給消費者、保險公司、社會有許多好處，但同時也帶來了許多疑慮，有因為蒐集客戶資料而衍生的隱私問題、資料蒐集設備成本問題、方法規限制及目前保險技術專業資料分析問題，諸如此類的問題，均視為 UBI 汽車保險的挑戰。UBI 汽車保險既然定義為綠色保單，克服這些執行 UBI 汽車保險的挑戰，必然是減緩溫室效應與節能減碳的重點工作。所幸面對這些 UBI 汽車保險的執行問題，目前許多國家也有解決的對策可供參考。

1. 隱私問題

建立一個值得信賴的 UBI 汽車保險品牌時，除了透明度與適合度之外，基本上「個人隱私」和「資訊安全」這兩項議題恐怕才是最為受到關心重視的，同時這些被蒐集資料的存放「是否足夠安全」，無法避免地必須受到監理部門的管轄與監督。（Golia，2012；Jergler，2013）。

縱然駕駛人的駕駛行為資料之蒐集是駕駛人所選擇同意的，也就是雖然 UBI 汽車保險蒐集駕駛訊息是合法的，但仍必須注意如何使用這些訊息，保險公司必須徹底揭露並說明哪些訊息是被蒐集的範圍（Jergler，2013）。也就是說，如果保險公司若宣布只使用所蒐集的駕駛行為資料做為提供汽車保險折扣的依據，其後卻使用這些資料做了保費折扣參考依據以外的事，保險公司的行為即為觸法（Tierney，2014）。

若強制在每輛車上安裝全球定位系統 GPS 顯然是持續性追蹤駕駛里程的最簡單方法，然而實務上此方法卻有一些無法克服的障礙。因為不論駕駛人有無權利選擇是否提供 GPS 資料給保險公司，但只要是 GPS 的持續追蹤形式，就無法避免會影響 UBI 汽

車保險的普及程度（Guensler et al.，2003；Tierney，2014）。根據 Jergler（2013）的研究調查指出 41% 的駕駛人擔心保險公司會分享顧客資料、42% 的駕駛人害怕保險公司會追蹤他們的駕駛路線與目的地，另有 49% 的駕駛人擔心他們的保費會因此升高。除此之外，網路資訊安全的問題亦很重要。Guensler et al.，（2003）認為執行 UBI 汽車保險，電子詐欺的安全性預防將是需要解決的問題。Venkatram（2010）也指出互聯網的電子設備和軟件，連接設備和即插即用設備的需求日益增強大量，就迫使行業更需要依靠標準化和現成的元件（包括電子和軟件）。這會使攻擊者更容易達成破壞或寫取資料的目的，也就是汽車上的資通訊設備更容易受到資訊系統類的相關攻擊，例如入侵、拒絕服務、劫持控制等。

由於，UBI 汽車保險使用行為資訊的做法已經引發了隱私的擔憂。部分國家已經設立了要求公開追蹤方法和設備的法律（National Association of Insurance Commissioners，2015）。而保險公司為了避免糾紛的發生，針對 UBI 汽車保險所蒐集的駕駛行為資料會被保險公司做不同的處理。但通常是將資料處理或轉換為讓核保人員做好核保決策的有用資訊，其餘沒用到的資訊通常也不會提供給保險公司。有鑑於資訊安全，保險公司多不會儲存太多的駕駛人資料，特別是足以辨識個人的資料。再者儲存太多資料會耗費太多儲存記憶空間。另外，保險公司除了限制使用車載行動裝置蒐集駕駛行為資料以外（National Association of Insurance Commissioners，2015），也不願因保留或存放駕駛人不欲為其他人得知的資料而遭致不相關的法律糾紛（Jergler，2013）。

2. 資料蒐集設備成本問題

UBI 汽車保險大多依賴「昂貴」的資通訊技術來獲取一些駕駛行為相關的敏感數據（National Association of Insurance Commissioners，2015）。正如 Golia（2012）所言，具備車載行動裝置是執行 UBI 汽車保險的必要條件，但在裝置上所必須支付的成本卻是非常敏感的。車載行動裝置由保險公司或是駕駛人負擔，各界看法不一。即便要由駕駛人負擔，費用與減免的保費之間還必須具有經濟上的意義，也就是說，車載行動裝置的成本必須是保險公司或駕駛人負擔得起的，或者是減免的保費對保險公司或駕駛人而言相對於車載行動裝置的費用是划算的。不過，車載行動裝置的成本費用已在逐年下降，而且許多汽車製造商已將車載行動裝置當作是基本配備（Woehr，2006），未來資料蒐集設備成本問題將逐漸不存在。

3. 法規限制問題

　　于寬撰（2013）指出依駕駛行為付費的 UBI 汽車保險制度同時也須面對法律規範的問題。由於世界各地的保險規範並不一致，所以並不能有統一的標準。針對此議題的研究最早從美國開始。由於美國保險業是受州法律的規範，所以早期各州對 UBI 汽車保險的限制就不盡相同（Greenberg, 2007）。Guensler et al.（2003）曾對美國各州的保險業理事會進行調查，當時發現有 37% 的州法律基本上並不允許此種保險制度，除非保險業者能依據法規證明此種 UBI 汽車保險保險費之定價架構的公平性與透明度，惟至目前為止美國各州均已有 UBI 汽車保險。

　　另一個值得注意的就是，在美國市場上，UBI 汽車保險保險費的收入成長幅度不如預期，最主要的原因為 Progressive 保險公司在 UBI 汽車保險上有七項專利。例如 Progressive 保險公司主張其所擁有的專利是有效且曾控告 Allstate 公司侵害其專利權，但現兩公司已和解（Voelker，2014），但顯然 Progressive 的 UBI 汽車保險專利已成為美國 UBI 汽車保險市場發展的另一主要的阻力。

　　縱然消費者願意提供保險公司在 UBI 汽車保險核保決策所需要的資訊，而且仍受到一些法規專利的限制。不過，這些法律問題的排除是朝樂觀可行方向，UBI 汽車保險的普及就近在眼前（Jergler，2013；Tierney，2014）。

4. 專業資料分析問題

　　對於保險公司而言，因為沒有過去 UBI 汽車保險的經驗，很難有前例可遵循。且 UBI 汽車保險是一個新興的領域，還有選擇和如何解釋駕駛數據的不確定性。此外，對即時採集得到的大量資料必須具備強大的資料分析能力；數據資料應該如何納入現有的或新的定價結構中並保持利潤也是必須要解決的問題（National Association of Insurance Commissioners，2015；王建平，2015；胡玉書，2015）。另外，Golia（2012）提出了另一個必須解決的問題，也就是若駕駛更換車載行動裝置廠商或保險公司，那麼，之前蒐集的駕駛行為資料可能沒辦法順利移轉。

（四）UBI 汽車保險未來發展趨勢與節能減碳再進步

　　PTOLEMUS Consulting Group 在 2021 年的研究調查報告就發現，目前全球新簽發的汽車保險單中，超過 40% 是 UBI 汽車保單，UBI 汽車保險產品已經逐漸普及。而且許多汽車製造商已經開始與保險公司合作，建立 UBI 汽車保險夥伴關係，並在汽車製造時即置入車載行動裝置。例如福特（Ford）汽車公司就與 Arity 保險公司合作；通用

（GM）汽車公司與 Onstar 公司合作；特斯拉（Tesla）與 By Miles 保險公司合作，推動 UBI 汽車保險，對於幫助駕駛人改善駕駛行為並減輕保費負擔，發揮了很大的作用（PTOLEMUS Consulting Group，2019）。如此一來，UBI 汽車保險對於節能減碳將有更多的貢獻。

（五）國外駕駛人對 UBI 汽車保險的態度傾向

先進國家較早發展 UBI 汽車保險，有較多駕駛人對此種外溢保單接受程度的研究資料，可供其他國家作為推動 UBI 汽車保險時之參考，歸納整理如下：

1. 國外駕駛人對 UBI 汽車保險保費折扣因素的態度傾向

Bolderdijk et al.（2011）針對年輕的駕駛者做了 UBI 汽車保險保險費折扣相關研究。此研究與五家德國汽車保險公司合作，提出以全球定位系統 GPS 技術記錄駕駛人車速、駕駛時間（白天或夜晚）等參數的 UBI 汽車保險制度，若駕駛人行為良好，則可獲得保費上的優惠。研究調查發現保費折扣為駕駛人願意使用購買 UBI 汽車保險的頭號因素，消費者會因為保費的折扣而提高對 UBI 汽車保險的興趣，有 50% 的消費者在 10% 折扣下即願意使用 UBI 汽車保險，甚至有 36% 的消費者願意因此更換保險公司進而購買 UBI 汽車保險，若提高保費至 15% 之折扣，則有 62% 之受訪者願意認購 UBI 汽車保險，但若折扣只有 5% 則願意認購 UBI 汽車保險之消費者比例則下降至23%。再根據美國 Allstate 公司的調查，有 1/3 的新客戶採用 UBI 汽車保險（All State 取名為 Drivewise 保單），在全美有 20 個州可買到此保單，其中有 70% 之保戶可節省保費且沒有任何一個保戶的保費因此增加，平均每輛車可節省約 14% 之保費（Business Wire，2013；Simpson，2013）。不過 Lukens（2014）的研究調查卻表示提供更大的折扣並沒有使接受 UBI 汽車保險的比例增加。

Simpson（2013）在其研究中發現除折扣之外，另外還有一些因素可以吸引消費者對 UBI 汽車保險有興趣，包括了可以選擇不使用駕駛行為資料作為處罰依據時就有高達 80% 的駕駛人對汽車對 UBI 汽車保險有興趣，若可以選擇提供哪些駕駛行為資料時就有 77% 的駕駛人對 UBI 汽車保險產生興趣。美國消費者聯盟（The Consumer Federation of America，CFA）之調查報告亦建議若保險公司採志願性質推動消費者購買 UBI 汽車保險，消費者對 UBI 汽車保險有關隱私之疑慮就會下降。

但另一方面，也有部分消費者反對 UBI 汽車保險，Lukens（2014）認為折扣並不是推行 UBI 汽車保險的主要吸引力，其研究調查結果顯示，雖然越來越多消費者對較

低的折扣有興趣，但隨著消費者熟悉 UBI 汽車保險的增長，保險公司也許能夠提供更為舒適的 UBI 汽車保險的折扣來吸引消費者。而 INSURANCE JOURNAL（2014）的研究卻發現也有近一半受調查的消費者回答表示他們確實會對因為 UBI 汽車保險可能面臨更高的保費感到不安。

2. 國外駕駛人對 UBI 汽車保險傳輸方式的態度傾向

Business Wire（2013）調查發現有 61% 的消費者在保險公司提供三個月試用期間的條件之下會接受使用車載行動裝置蒐集傳送駕駛行為資料。有 72% 的駕駛在保險公司提供「前六個月 10% 保費折扣」的條件下，願意接受以車載行動裝置蒐集傳送駕駛行為資料。另有 1/3 的消費者傾向使用行動裝置基礎（Device-based），也就是「個人智慧手機收集傳輸駕駛行為資料」。另外，Towers Watson 公司表示有 80% 的智慧型手機用戶贊成在自己的手機裡下載 UBI 汽車保險的 APP，以監控他們的駕駛行為（INSURANCE JOURNAL，2014）。

3. 國外駕駛人對 UBI 汽車保險附加增值服務的態度傾向

Towers Watson（2013）調查發現駕駛人對於 UBI 汽車保險提供之汽車失竊追蹤附加服務有高達 83% 的興趣，緊急救援呼叫附加服務則有 82% 的興趣，汽車自我健檢報告附加服務亦有 79% 的高滿意度。有 72% 之消費者對於 UBI 汽車保險所能提供的額外服務有興趣，並且願意另外付費。消費者對於這些 UBI 汽車保險之額外加值服務有高度興趣自然也是保險公司之商業機會（Jergler，2013；Simpson，2013）。

4. 國外駕駛人對 UBI 汽車保險隱私疑慮的態度傾向

同樣地，再根據 Towers Watson（2015）調查顯示部分消費者怯於使用 UBI 汽車保險之原因多為隱私問題，包括 41% 之消費者害怕保險公司分享他們的資料，42% 的消費者擔心保險公司會監看他們的行車路徑與目的地，38% 的人則憂心保險公司用這些資料作為拒絕理賠的依據。經過一年之後再做同樣的調查，仍有 35% 的受訪者表示由於消費者的隱私問題，他們對 UBI 汽車保險感到沒有隱私安全感。即便是這樣，但已經是減少許多了。在 Towers Watson 的最新調查已發現美國汽車駕駛者正逐漸更加接受 UBI 汽車保險。在此次調查中發現隱私問題已經大幅下降，這代表 UBI 汽車保險已變得更加普及。

5. 國外駕駛人對 UBI 汽車保險改變其駕駛行為的態度傾向

Simpson（2013）認為使用 UBI 汽車保險，駕駛人會明白並確實節制其危險駕駛

行為,進而降低車禍事故頻率。此外,在 Towers Watson(2015)之調查中也發現多數駕駛人願意改變它們的駕駛行為,71% 之駕駛人願意減速,52% 願意保持與前車之距離,49% 願意更加謹慎駕駛。

6. 以美國為例的整體 UBI 汽車保險使用意願與使用經驗調查報告

美國作為一個汽車市場大國且發展 UBI 汽車保險較早,故相關的 UBI 汽車保險研究較多,以下是美國 WTW 公司(原為 Tower Watson,現更名為 WTW,為一家專門從事駕駛行為資料調查與並提供解決方案的諮詢公司)UBI 汽車保險使用意願與使用經驗調查報告(表 8-3),值得其他國家借鏡。

表 8-3　2019 年美國不同世代駕駛人對 UBI 汽車保險的接受程度

世代	明確接受 UBI 汽車保險	考慮接受 UBI 汽車保險	總計
千禧世代 (2000 後出生)	78%	15%	93%
X 世代 (1960-1999 出生)	61%	26%	87%

資料來源:整理自 WTW (2017), Insights from the 2017 UBI (telematics) consumer survey (U.S.), https://www.wtwco.com/en-US/Insights/2017/05/infographic-how-ready-are-consumers-for-connected-cars-and-usage-based-car-insurance

根據上表 8-3 的資料可以推論,隨著時間推移,UBI 汽車保險將逐漸為多數駕駛人接受。

駕駛人對 UBI 汽車保險多具正面的經驗感受,從表 8-4 可得知,超過六成的駕駛人覺得 UBI 汽車保險之計價方式比較公平。

表 8-4　2017 年美國駕駛人採用 UBI 汽車保險的經驗感受

經驗感受項目	同意百分比	其他
UBI 汽車保險比傳統汽車保險之計價方式公平	63%	30% 不確定
整體而言 UBI 汽車保險的採用具正面經驗	81%	15% 持平

資料來源:同上表

表 8-5 顯示 UBI 汽車保險實際帶來的效益與 UBI 汽車保險的原始設計初衷相當吻合,在較為便宜的保費、可獲知自己的駕駛行為資料、可獲得改善駕駛行為建議等效益上有相當高的認同度(均在八成以上),甚至對於 UBI 汽車保險的附加服務有 93% 的極高認同度。

表 8-5　2017 年美國駕駛人最喜愛的 UBI 汽車保險效益

效益	同意百分比	備註
UBI 汽車保險附加服務	93%	包括：自動緊急呼叫、竊盜追蹤、拖吊救援
較為便宜的保費	88%	
可獲知自己的駕駛行為資料	88%	
可獲得改善駕駛行為建議	82%	

資料來源：同上表

五、人身保險的外溢保單介紹

（一）人身保險外溢保單發展背景與現狀

　　應用於財產保險外溢保單上的概念也可運用在人身保險上，保險公司可透過保戶身上的穿戴裝置，記錄保戶更精細且個人化的各項身體數據，如心律、血壓、血脂，以及運動、飲食習慣等作為保費定價依據。其連結的 IoT 設備相當精細且精準，實際所收集到的數據結果可以提供保險公司分析且改善被保險人的風險程度，也提供消費者更好的保障，實現保險真正讓生活更加有保障的理念（朱家儒，2015）。例如在英國保險公司 Vitality Health 所創建的應用程式鼓勵客戶可以記錄自己的生活及運動習慣，提供或分享數據給保險公司進行分析及規劃，且換取獎勵來使自身的健康管理越來越進步。另一例子是澳洲第一大醫療保險公司 Medibank 與智慧手環廠商一同合作，提供補貼便宜價格給保戶並根據保戶之生活型態及運動及飲食習慣，藉由定期將數據傳輸回保險公司，業者可以依照記錄做保費上的折扣等措施（蕭俊傑，2016）。

　　根據 2021 年在美國由 Amazon AWS 贊助的一場 IoT Tech Expo North America 研討會論壇的估算，全球 2013 年已經擁有 15 億個實體物品與物聯網做結合，到 2020 年數量更高達 204 億個，而相關服務的營收也會達美金數兆元以上，保險公司更可以利用此機會發展出更具有競爭力且創新之商品，不但提供消費者更合理之保障及費率更具有吸引力，對於保險公司而言更是能突破現今壽險市場日趨飽和之現況，並維持公司利潤之收入。

　　傳統健康保險費率釐訂主要因素為罹病率（Morbidity）、利率與附加費用率。前兩項為計算純保險費之因素。依一般醫療經驗統計分析，罹病率與被保險人的年齡、

性別、健康、財務狀況、職業、居住地區環境具有密切關係，核保人員會對此從人因素作為保險費計價因子，但尚未將被保險人其他的生活及運動習慣列入保險費計價因素。另外隨著社會價值觀之改變及兩性平等的意識抬頭，部分傳統上的核保因素漸漸被大家討論是否可以持續做為釐訂保費之標準。2008 年 5 月 21 日，時任美國總統之布希簽訂「基因資訊無歧視法」，正式開始禁止保險人及雇用人以基因測試取得之相關資訊作為歧視性待遇，此後保險人不得以基因資訊作為釐訂保險費用與可保性判斷之依據（張冠群，2009）。McLachlan（2001）則提到反對保險公司利用基因之資訊，即是認為保險公司假如取得個人基因之相關資訊，將有可能只依據基因檢測之結果，對於帶有罹患某種疾病傾向之個人，施以歧視性差別待遇或拒絕承保，性別也同樣逐漸不能成為核保釐訂之相關標準。被保險人的健康風險應從飲食習慣、消費方式、運動習慣、所從事的職業、類別及性質等等因素來影響，保險公司應禁止將性別做為核保上計算保費的基礎（謝曦，2015）。無獨有偶，美國總統歐巴馬在 2010 年宣布了反歧視之規定，將逐漸禁止保險業者基於基因、性別、年齡差異採取不適當的對待（鄧佳惠，2015）。再者如歐洲最高法院盧森堡歐盟法院也在 2011 年 3 月 1 日宣布保險公司不應以性別作為保費計算的標準。法院法官認為保費中以性別做為區隔，就像是以性別做為薪水之區分相同，兩者都屬於一種性別上的歧視，也違反了歐盟憲法中所強調的平等原則。除了歐盟之外，在美國的麻薩諸塞州、緬因州、新罕布希爾州等共 12 個州提供了反性別歧視保護，8 個州提供了由於年齡遭受歧視的保護，15 個州提供了健康狀況而產生的歧視保護（謝曦，2015）。

回顧現今之保險保單規劃，假如仍是傳統上以性別、年齡、健康及財務狀況等等因素釐訂保費標準，對於身為身體狀況良好、或是飲食、運動及生活習慣規律且良好的保戶來說，其保險費率可能會被擁有不健康的身體及不良生活習慣之保戶所影響。飲食、運動及生活習慣規律且良好的保戶罹病風險較低，但保險費卻與飲食、運動及生活習慣不規律且不良的保戶相同，此狀況與保險費率釐訂原則中之公平性與合理性原則相互違背。有鑑於此，近年來國外之保險公司開始執行一種根據更實際且即時貼近使用者的資料之保單方案，稱之為 Vitality（樂活）健康保險計畫。也就是希望保戶維持且擁有 Vitality 活力之身體狀態，藉由運用穿戴式行動裝置蒐集被保險人的運動狀況及生活習慣之大量數據做為風險控制基礎，以此追蹤並鼓勵保戶繼續保持且維持運動習慣及健康的飲食習慣，使其有更健康、更良好的生活型態，進而預防與降低罹病之機率，此概念與保險費率釐訂中損失防阻之原則相互呼應。如今已經開始執行此種

更貼近使用者的 Vitality 健康保險計畫之保險公司包括南非 Discovery 保險公司、美國 John Hancock 保險公司、中國平安保險公司等，一同促進鼓勵並獎勵保戶健康狀況更加優良，以基本健康指標為改善健康的目標，最終享受應得的獎勵。這不僅僅是一種更健康及愉快的生活方式，並且已經被臨床證明壽命會更長，也同時享受豐富的獎勵，對保戶、保險公司及社會將耗損較低的醫療成本，創造出三贏的完美局面。而臺灣在上述的 Vitality 健康保險市場發展上顯然有些許的落後，一般民眾對於健康保險與穿戴裝置結合的新型態壽險商品也相對陌生。

（二）樂活（vitality）健康保險計畫的內容

　　Vitality 的健康保險計畫是一種以 UBI 為基礎概念，利用行動醫療裝置（M-health）持續追蹤被保險人，並蒐集被保險人的運動狀況及生活習慣資料做為計算保費基礎之健康保險設計。Vitality 健康保險計畫透過大量穿戴行動裝置設備蒐集分析即時的資料，可以讓被保險人更加了解自身的身體狀況，甚至可以控制改善健康狀態。再者，保險公司也可以利用所蒐集的運動狀況及生活習慣資料，分析客戶的生活方式，研擬創新銷售方式或提供增值服務，同時準確地實現個人化的承保方式。Bourque（2015）的研究調查發現有高達 22% 以上的保險公司正在為穿戴式設備量身打造健康保險的經營策略。穿戴式行動裝置不但能夠幫助保險公司計算出更加精確的保險費率，也可以大幅降低預防醫學成本，醫生能夠透過穿戴式行動裝置隨時蒐集患者的詳細健康數據，有效地減少突發疾病事件和降低各項醫療資源使用。舉例來說，南非 Discovery 保險公司即利用穿戴式行動裝置蒐集的運動狀況及生活習慣資料進行「活力年齡」（Vitality age）測定，這是在醫學和精算基礎下計算與風險相關的年齡，因為不健康或健康的生活習慣，會影響一個人身體上的健康風險，影響「活力年齡」之風險因素包括身體質量指數（BMI）、吸煙、體力活動、飲酒、飲食行為等，根據「活力年齡」測定結果提出建議，藉以改變客戶生活行為，是一種促進並獎勵優質健康生活的計畫。詳言之，該計畫是透過穿戴式行動裝置的輔助，鼓勵客戶設定改善健康的目標，然後透過健康檢查、運動、購買健康食品、戒菸及減肥等作為，不斷賺取積分。客戶賺取的積分可以用來兌換各種獎勵，包括現金回饋、商家之購物折扣或旅行等獎賞。所以 Vitality 的健康保險計畫不僅讓被保險人享有更健康及愉快的生活方式，總體健康情況好轉，甚且已被臨床證明能增長被保險人壽命，如此一來便能達到降低健康保險賠付率的效果（朱家儒，2015）。

（三）Vitality 健康保險計畫之蒐集資料方式

隨著 IoT 科技的進步，穿戴式行動裝置已經可以被動或主動追蹤或蒐集大量的個人生理健康數據（Martin，2015）。例如在美國有 10% 的成年人擁有一個穿戴式行動裝置，可以從運動及走路的速度中監測呼吸及心臟速率，而裝置中所內建之應用程式可以感知慢性疾病或壓力（Olson，2014）。歸納世界上各家保險公司 Vitality 健康保險產品，統整出蒐集生理健康數據方式大概分為以下兩種：

1. Application（APP）

藉由客戶安裝保險公司提供之應用程式，利用手部擺動或是身體行動模式感知客戶之運動習慣、生活方式或睡眠狀況等數據資料，傳送至保險公司；另外也提供客戶可以下載保險公司與各簽約合作健康蔬果食品公司及超市所開發之應用程式，即可根據購物記錄了解飲食習慣與蔬果購買數量多寡（Martin，2015）。

2. 穿戴型運動行動裝置

現今之穿戴型行動裝置在歐美地區相當盛行，Bernard（2015）提到藉由投保保險公司之 Vitality 健康保險計畫，保險公司會提供客戶一臺免費的穿戴型行動裝置或是給予購買折扣，穿戴型行動裝置將自動把蒐集之資料傳送給保險公司，保險公司根據所蒐集的動態運動記錄或生活習慣之數據資料，實時了解客戶身體與運動狀況並作成一些分析報告，最常見的即是會有客戶自己與自己比較的周或月統計報表，客戶跟群組內的其他成員相比較的報表，或是客戶累積的獎勵積分等，可以激勵客戶積極運動與多吃有益健康的蔬果，以保持身體健康及活力。

（四）各國 Vitality 健康保險計畫使用概況

1. 南非 Vitality 健康保險計畫

南非 Discovery 保險公司為歷史十分悠久的全球保險公司，透過推出 Vitality 健康保險計畫鼓勵且改善投保人的長期健康狀況，如今已經為南非私人醫療保險市場做出了 40% 以上的貢獻。Vitality 健康保險計畫鼓勵客戶盡量選擇健康的生活方式，購買健康蔬食且積極運動來累積點數，獎勵除了提供折扣或現金回饋也提供降低保險費用之好處，主旨即在鼓勵所有參加計畫之成員，以提高他們的生活質量並降低其長期的醫療費用，藉由積極性的參與健康運動來積點換取獎勵。在世界知名商業雜誌《FORTUNE》於 2015 年發表改變世界的 51 家公司調查報告中，Discovery 保險公司獲得了第 17 名，也是唯一獲選之保險公司。

　　同樣地在 2014 年所發布之研究 Discovery Insurance Vitality Journal 中的數據發現參加計畫成員健康行為的改變對於保險公司而言也顯著降低成本，相對地對於參加計畫之成員而言，慢性疾病的風險及住院費用已經降低 30%，一年內使用健身房次數已經從 5% 增加了 22%，成長相幅度當大（Smith，Pol Longo，and Grindle，2014）。

2. 美國 Vitality 健康保險計畫

　　在美國，John Hancock 保險公司同樣地也推出 Vitality 健康保險計畫。Vitality 健康保險計畫中主要之運作模式為：投保人不管是完成健康檢查或是購買蔬果健康食品等目標，即開始累積點數，藉由健康的生活方式可以有更多的積分，客戶可以不斷累積點數來換取旅遊折扣（例如 Hotel.com 的訂房則扣）；購物現金回饋（例如健康蔬果商店、Amazon 購物、Starbucks 咖啡）；娛樂相關的獎勵（例如專家撰寫的健康生活或長壽秘訣相關免費書籍）；與免費的心靈健康或壓力放鬆課程。投保人也可使用積分減免最多約 25% 的年繳保費，且利用省下的保費進行財務規劃，例如補充退休後的收入等，費用上可以有更彈性的運用。除此之外，該計畫之投保人會收到保險公司為他們規劃個人化的健康目標，確定投保後更是會提供投保人一個部分自費的運動型行動裝置。例如投保人若是承諾兩年內能日走 10,000 ～ 15,000 步，即可以 US$25 購買 Apple Watch，用來記錄投保人的運動狀況表現（John Hancock，2022）。

3. 中國 Vitality 健康保險計畫

　　2010 年 8 月中國平安保險集團股份有限公司與南非最大的健康保險公司 Discovery 簽署合作協議，且在 2012 年開發了「健行天下」健康促進計畫，目前已有 13,500 投保人參加此計畫。該計畫旨在透過了解客戶健康狀況後，建立個人化的健康管理方案，鼓勵投保人關注自身健康，並藉由改變飲食、運動和戒煙等不良行為，對健康行為和蔬果飲食進行管理。其中客戶可以享受計畫中指定合作商戶購買蔬果 品和搭乘國內及國際航班等最高達 20% 的折扣獎勵（中國建設銀行金融投資報，2013）。

　　2016 年 9 月中旬，中國平安保險集團股份有限公司推出「平安 RUN・健行天下」計畫，結合旗下平安健康、平安人壽推出的「平安福（2016）」計畫，以守護健康、運動有賞為主軸，被保險人若參加「平安 RUN・健行天下」活動，在前兩個保單年度內至少有 600 天的每天運動步數在 10,000 步以上，從第三個保單年度開始，平安福（2016）主險及重大疾病險的保障額度增加 10%，讓保戶在養成良好運動習慣的同時，也能獲得更高的保障。週週獎勵和健康增值計畫由平安健康保險公司提供，保障額度增加則由平安人壽保險公司提供（新浪財經新聞，2016）。

4. 香港 Vitality 健康保險計畫

AIA 友邦香港保險集團推出 Vitality 健康保險計畫鼓勵和引導成員做出積極改變生活方式且提供獎勵，鄭凱惠（2015）在 Today Online 網站中提到其中計畫的主旨在於鼓勵投保人對他們的生活習慣，也就是自身的健康狀況作出持續的進步，鼓勵參加之計畫成員知道自己的健康狀況且積極性持續改善，藉由不斷的完成目標且累積點數後，也可以享受獎勵，不但有越來越健康之生活方式，而且所得到的回報就越大，其中最重要的是這些活動可以很容易地與日常工作整合再一起，因此更容易獲得獎勵也不會影響到平常的生活步調及節奏。

AIA 友邦香港已經聯同多達 16 個合作夥伴，提供一系列的生活獎賞，不單止有保費折扣，還包括飲食、健康和娛樂等獎賞，能為客戶帶來驚喜，亦真正令自身活得健康及活力充沛，並且成為生活的一部份（鄭凱惠，2015）。

（五）Vitality 健康保險計畫未來發展趨勢與節能減碳再進化

隨著 IoT 與行動穿戴裝置的技術不斷精進，能收集的各項生活、運動與飲食資料會愈來愈多樣、簡易與準確。在此情況下，Vitality 健康保險計畫的設計內容就會更加豐富。根據 Vitality International Group 網站上，一個有關健康與保健見解（HEALTH & WELLNESS Insights）所公布的內容來看，Vitality 健康保險計畫在強調，為了保護地球自然生態環境，不斷的鼓勵其會員減少開車並以步行取代，如此既健康又可節能減碳。此外也宣揚種植蔬果和食用蔬果對健康與環境保護的之間的關聯（Vitality International Group，2022）。因此預期未來的 Vitality 健康保險計畫，在保險費計價或是健康生活獎勵積分上，將更加重視能同時促進健康與節能減碳的綠色生活方式。

（六）推動 Vitality 健康保險計畫優點及挑戰

Vitality 健康保險計畫之好處在於降低保險公司對於以婚姻狀態、年齡、信用程度、性別做為風險評估根據之依賴。使用 Vitality 健康保險計畫可能增加保險公司利潤，其主要原因是可以減少核保風險，並且提供給社會大眾較低的保費，Vitality 健康保險計畫提供了保險公司、消費者和社會許多效用，這個額外的數據也可用於由保險公司改進或將 Vitality 健康保險計畫的產品差異化（Simpson，2013）。但是相對地，也會存在一些挑戰，其中除了消費者對於隱私權之疑慮，對於保險公司而言，因為沒有過去 Vitality 健康保險計畫的經驗，監理機關所制訂之相關規定也相當缺乏，並且數

據應該如何納入現有的或新的定價結構以保持利潤也是必須要解決及重視的問題。詳細說明如下：

1. 效用

　　南非 Discovery 保險公司（2014）提到非傳染性疾病（慢性非傳染性疾病），如心血管疾病、糖尿病和一些癌症在全球蔓延，主要是由於生活方式的行為促使健康狀況不佳，包括缺乏運動、不健康的飲食、吸煙和過量飲酒等不良的生活習慣且占全球死亡人數中 60% 的原因比例。而 Vitality 健康保險計畫可以解決這些不良生活習慣問題，藉由像是完成健康風險評估或一次性免疫接種、運動鍛煉及健康飲食，可持續控制體重、戒菸，以及管理慢性疾病等改善身體狀況。

(1) 對參加 Vitality 健康保險計畫會員的效用

　　南非 Discovery 保險公司（2014）的研究針對「未參加計畫之成員」及「已參加計畫之成員」進行比較，結果顯示被保人對於選購健康食品消費之行為進行折扣獎勵有顯著之影響，購買健康及保健食品、水果及蔬果占總食品支出之比例大幅上升且整體購買不健康食品的消費次數下降。此外研究結果相對指出消費折扣越高，就越會選擇購買健康食品，也達到此計畫希望可以改善消費者生活及飲食習慣之目的。

(2) 對參加 Vitality 健康保險計畫保險公司的效用

　　在人身保險市場飽和且競爭日趨激烈的壓力下，在相同的商品中，透過風險分類而對擁有較佳風險者給予較低之保費可以吸引其購買意願，也可以透過健康體適能等之評量標準達到在核保上更精確的表現（林暉岳，2002）。同樣地，對保險公司而言，亦可在不增加額外保險醫療給付情況下，延長國人平均壽命以及提高未來保費收入，使得保險公司在承保風險上得到良好控制，同時也為保險人提升其商品的競爭力，達成保險人與保戶雙贏的理想結果（潘品合，2007）。

(3) 對提供並鼓勵員工參加 Vitality 健康保險計畫企業的效用

　　Fuscaldo（2010）提到有數百萬的美國人患有慢性疾病，公司企業開始提供正確的生活方式管理員工之健康。這些計畫可以節省企業數十萬美元的醫療保健費用；而對於員工而言，參加健康計畫可以減少醫療保險費，也節約醫療費用，甚至可以讓累積點數兌換商品。Engagement Health 公司負責設計及管理健康計畫，其提到員工的預期壽命提高，意味著將有更多及更健康的勞動力，並有更多的時間來賺錢。

在 Discovery Insurance Vitality Journal（2015）的研究中，特別針對在英國的工作環境中不健康的員工及健康的員工做了一項調查，調查顯示不健康的員工，其測試的活力年齡會比他們的實際年齡大四到五歲左右。有 53% 員工會在生病的狀況下，造成工作效率降低，並且缺勤率比健康的員工多兩倍。身體健康之員工，其生產力之損失成本會比不健康之員工少 32%。參加此計畫之員工可以藉由激勵自己及積極運動等方式讓身體更健康，企業認為員工的健康狀況有顯著的正向效果，是值得企業關切的人力資源工作效能維持重點。

2. 挑戰

(1) 隱私安全之挑戰

在建立一個值得信賴的 UBI 保險時，除了保險公司使用 UBI 資料的透明度與適合度之外，基本上「個人隱私」和「資訊安全」這兩項議題恐怕才是最受到關心重視的，同時這些被蒐集資料的存放「是否足夠安全」，無法避免地必須受到監理部門的管轄與監督，才能執行 Vitality 健康保險計畫（Golia，2012；Jergler，2013；Farr 2015）。提到隱私政策和條款內容之專業度相當高，但多數消費者沒有時間及法律知識充分閱讀及了解（Ghosh，2015），如果保險公司宣布只使用所蒐集的生活、運動、飲食行為資料做為提供保險折扣的依據，其後卻使用這些資料做了保費折扣參考依據以外的事，保險公司的行為即為觸法（Tierney，2014）。

不過也有人認為隱私問題並不會影響到參加此計畫，並贊同此計畫會對客戶帶來利益，由於會鼓勵改善生活習慣且激勵運動，可以顯著的使自己的身體越來越健康。甚至某些企業表示其員工約有 60% ～ 85% 願意提供自己的健康信息來以換取健康保險的保費折扣（Farr，2015）。

(2) 法規限制之挑戰

Guensler et al.（2003）曾對美國各州的保險業理事會進行調查，發現有 37% 的州法律基本上並不允許 UBI 保險制度，除非保險業者能依據法規證明此種 UBI 保險保險費之定價架構的公平性與透明度。另外在臺灣，有部分學者認為國外成功實行的案例並非表示他國亦能成功實施，最大的障礙乃是法規的適用。因此 Vitality 健康保險計畫乃類同 UBI 保險，若無法證明其定價架構的公平與透明，亦非保險市場監理的允許範圍之內（梁瓊方，2014）。

(3) 資料分析之挑戰

對於保險公司而言，因為沒有過去 Vitality 健康保險計畫的經驗，故很難有前例可遵循。此外，由於 Vitality 健康保險計畫是一個新興的領域，因此還有圍繞著選擇和如何解釋數據的不確定性，並且數據應該如何納入現有的或新的定價結構，以保持利潤也是必須要解決的問題（National Association of Insurance Commissioners，2015）。在臺灣有學者也表示相同的意見，認為由於業者在優體商品開發、核保技術及市場行為管理等方面，還缺乏相關經驗，對於給予優體保戶之費率精算優惠，可能仍有相當難度（潘品合，2007）。

第二節 電動車以及自動駕駛汽車保險的提供與節能減碳

不論是電動車或是自動駕駛汽車，就未來趨勢或技術層次需求而言，都是以電力作為動力來源的交通工具。因此，若從節能減碳角度檢視電動車或是自動駕駛汽車的環保效益，就必須先理解能源效率這個名詞。能源效率狹義而言是指能源利用中，發揮作用的與實際消耗的能源量之比。廣義而言泛指是減少提供同等級產品或服務所需的能源。能源節省抵消了實施節能技術的任何額外成本、減少能源使用可以降低能源成本、可以為消費者節省財務成本等三者，均是欲提高能源效率的動機。提升能源效率的好處包括減少氣候變化的影響，減少空氣汙染和改善健康，改善室內條件，改善能源安全性以及降低能源消費者的價格風險等（Ürge-Vorsatz, Novikova and Sharmina, 2009）。據國際能源機構的推估，提高建築物，工業流程和交通運輸的能源效率可以將 2050 年世界能源需求減少三分之一，並有助於控制全球溫室氣體排放量（Hebden, 2010）。

一、電動車與節能減碳

（一）電動車的定義

電動車（Electric Vehicle）是以電力驅動的車輛，車內設有可循環充電式電池，只需接駁外置電源即可重新充電，十分方便易用。電動車可分為四大類，包括純電動汽車、油電混合電動車、充電式油電混合電動車和燃料電池電動車。

（二）電動車的在環保上的優勢

1. 電動汽車在行駛時無汙染

純電動汽車是完全以電池來推動，不會排放廢氣，被稱為「零排放」汽車。傳統的內燃機汽車使用時，車輛尾管所排放之碳氫化合物、一氧化碳、二氧化碳、氮氧化物與硫氧化物等廢氣，不但會造成空氣汙染，廢氣中之二氧化碳更會造成溫室效應，使地球暖化。而氮氧化物與硫氧化物更會造成酸雨，不但使得魚貝類生物死亡，也會造成森林之破壞。電動汽車因無排氣尾管，行駛時無汙染排放，即使計入電廠發電之轉嫁汙染，總體汙染氣體排氣量亦低於 ICEVs（傳統內燃機車輛），可降低移動性汙染源對環境之衝擊（能源通識站，2022；電動汽車資訊網，2022）。

2. 電動汽車所使用的能源效率高

即使把發電廠的能源效益計算在內，電動車的效率仍達到 30% 至 55%，表現較傳統的內燃引擎車（約 15% 至 20%）佳，因此電動車相比傳統汽油車更具能源效益、更能節省燃料成本（能源通識站，2022；科技新報，2020）。相對而言，電動汽車所使用的能源經原油精煉、發電、充放電及車輛運轉等過程，產生之能源整體使用效率較汽油車高（電動汽車資訊網，2022）。再者，電動車在停泊期間可與智能電網連結，在電網負荷高峰期將車上剩餘的電力售回電網，減低發電廠使用石化燃料發電的需求，增加經濟效益及更環保（能源通識站，2022）。

3. 電動汽車所使用的能源多變化

電動汽車所使用電力均由電廠供應，電廠發電所使用之能源可包括石油、煤炭、水力、核能、地熱、太陽能、風力等，其能源較為多樣化，可降低石化燃料依賴度（電動汽車資訊網，2022）。

4. 電動汽車所產生的噪音與振動低

由於電動馬達的推動不涉及汽油燃燒過程，而是將電池的電能透過馬達轉變成機械能，其運轉相對較為平順，因此電動車在行駛中所產生的震盪及噪音會比傳統汽油車少，駕駛時更寧靜及穩定（能源通識站，2022；電動汽車資訊網，2022）。

二、自動駕駛汽車與節能減碳

（一）自動駕駛汽車的定義

　　自動駕駛汽車的發展設計，所使用的動力來源基本上就是電力，其原因是汽車本身具有的電控系統，相比燃油車更智能，與車的動力系統聯繫更緊密，所以電動汽車升級為自動駕駛汽車是順理成章的事情。理論上講，燃油車應該也可以轉變為自動駕駛汽車，但是燃油車的發動機和變速傳動系統在車輛的加減速過程中，功率變化非常多樣且幅度很大，這將使自動控制系統複雜度急劇上升，因此燃油自動駕駛汽車的製作成本也將大幅增加（百合問答，2021；General Motors，2022）。綜上所述，自動駕駛汽車基本上應都是使用電力驅動的交通工具，也就是電動車不見得是自動駕駛汽車，但自動駕駛汽車極大的概率就是電動車。

　　從技術趨勢來看，自動駕駛汽車將會是以電力為其動力來源，而且還進一步要瞭解，自動駕駛汽車是智能汽車的一種，也稱為輪式移動 AI 機器人，主要依靠車內的以電腦系統為主的智能駕駛儀來實現自動駕駛汽車的目標（李奎，2015）。因是自動化載具的一種，具有傳統汽車的運輸能力。換句話說，自動駕駛汽車不需要人為操作即能感測其環境及導航。是集自動控制、體系結構、人工智慧、視覺計算等眾多技術於一體，是電腦科學、模式識別和智慧控制技術高度發展的產物（百科迪保險，2016）。再根據位於美國 Connecticut 州的全球知名科技研究與策略顧問公司 Gartner 之定義，自動駕駛汽車是利用感測器技術、信號處理技術、通訊技術和電腦技術等，通過集成視覺、雷射雷達、超聲感測器、微波雷達、GPS、里程計、磁羅盤等多種車載感測器來辨識汽車所處的環境和狀態，並根據所獲得的道路資訊、交通信號的資訊、車輛位置和障礙物資訊做出分析和判斷，向主控電腦發出期望控制，控制車輛轉向和速度，從而實現自動駕駛汽車依據自身意圖和環境的擬人駕駛。

　　2016 年美國國家高速路安全管理局（National Highway Traffic Safety Administration, NHTSA）和國際汽車工程師協會（Society of Automotive Engineers, SAE）共同將自動駕駛分為 5 級，如下表 8-6。

表 8-6　自動駕駛分級

分級	定義
Level 1	汽車可以完成一些微小操縱、加速，其他由人操縱。
Level 2	汽車可以自動採取安全行動，駕駛人仍須警惕。
Level 3	在特定環境或條件下，駕駛任務移交汽車。
Level 4	幾乎可以一直自動駕駛，除了行使無地圖區域或惡劣天候中。
Level 5	完全自動駕駛，即無人駕駛。

目前實務上大部分人所談之自動駕駛汽車多指的是 Level 3 或 Level 4，而無人駕駛是指 Level 5（Perfetto and Smollik，2015）。

（二）自動駕駛汽車在環保上的優勢

大家對自動駕駛汽車的普遍認知是，隨著自動駕駛汽車逐漸普及，在交通事故上，屬於人為失誤的原因將會減少，事故發生率也會隨之降低（Hesselink，2017）。不僅如此，自動駕駛汽車更有在環保上的優勢。自動駕駛汽車可以讓一部車子有多個使用者並且互不相干，這就好像搭計程車一樣，自動駕駛汽車將一個人送去車站，接著這輛車又從車站接另一個人回家，之後再被另外一人使用，用完之後再去車站接其他人。這就使得用車更加方便有效率、更節省用車成本（Insurance Newslink，2015）。於是人們擁有汽車的必要性將會大幅度的降低，道路上的汽車將隨之大量的減少（Fallon，2016）。當然也因自動駕駛汽車的高科技智能裝置使得車子更加安全，恐怕價格不斐，更促使汽車擁有率的下降（Chordas，2016）。再者因自動駕駛汽車大部分都是電動車，加之汽車數量的減少，必然會減少排放汙染（Newswire，2017）。簡言之，自動駕駛汽車改善道路擁擠狀況（Hesselink，2017），同時也使得旅程變得更快，更便捷，更安全（India Automobile News，2016），減少能源的耗損。

擁有汽車時代結束，交通即服務（Transportation as a Service）是趨勢。在美國，大約有 2.53 億輛汽車和卡車，它們 95% 的時間都待在停車場。這種情況對於顛覆者就是存在著巨大的商機，這也是為什麼像 Lyft、Uber 或 Waymo 等三家共乘服務的公司往無人駕駛車領域投入數以百萬美元資金的主因。這些公司認為汽車可以轉變成共有資產，而不再是一個人完全擁有一輛汽車。一旦汽車擁有率下降，這對於汽車工業、保險業和整個社會產生深遠的影響（國家實驗研究院科技政策研究與資訊中心，2017）。

歸納前述內容，自動駕駛汽車在環保上具有的優勢為：

1. 自動駕駛汽車的研發設計基本上是以電力為動力基礎，因此同樣具有電動車的環保優勢。

2. 自動駕駛汽車的強大智能與使用效率，將使得擁有汽車變得多餘，將減少道路車輛數，行車更為順暢，減少移動汙染與電力消耗。

三、電動車以及自動駕駛汽車保險的提供

（一）電動汽車保險的提供

中國新能源車市場需求強勁，新加坡市場研究顧問公司 Canalys 於 2022 年 2 月 14 日公布報告顯示，2021 年全球電動汽車（EVs）銷量年增 109%。作為新能源車最大市場，中國電動汽車市場滲透率已達 15%，整體規模占有全球一半，年銷售量超過 320 萬，較 2020 年大增 200 萬輛（楊晴安，2022）。中國的電動車如此的多，但是配合電動車的相關保險商品似乎並未跟上腳步。在中國，電動車的保險單與燃油車的保險單是完全一樣的，沒有任何特殊的保單存在。至於今後會不會學習歐美等成熟市場的做法，由保險公司推出相應的電動汽車保險產品和服務，例如為電動汽車保險的車主提供優惠費率，並針對動力系統或電池、電線提供特殊的附加險種等，中國的保險公司暫時沒有明確表態（每日頭條，2017）。

加拿大 2021 年的電動汽車銷售量約占總汽車銷售量的 3%。在加拿大並無專門針對電動汽車的保單商品，無論是駕駛電動汽車、混能汽車還是普通汽車，汽車保險都沒有區別。但是卻有保險公司提供新能源汽車計畫折扣。此折扣適用於通過駕駛加拿大保險局認可的混能或電動汽車為環保盡一份力量的任何駕駛人。主要是保險公司表示關愛地球並為更清潔、更環保的未來而努力的一種社會責任（TDInsurance，2022）。

英國作為保險先進國家，近年來有多數保險公司特別對於電動車提供專門的保單，尤其是提供有關電池的租用與充電的相關風險保障。而有些保險公司提供電動汽車保險費 5% 的優惠以表彰駕駛人為環境保護所做的努力，另有些保險公司則是每賣一張電動汽車保險便捐獻一棵種植樹木，為地球環境永續盡一份力量（Money Expert，2021）。

　　全球 80 億人口當中印度占了 14 億，而印度的空汙問題全球第一，所以印度正在全力發展電動車，對於電動汽車保險的需求潛力無窮。而且為了鼓勵並獎勵購置電動汽車以減緩環境汙染，印度保險監理與發展主管機構 IRDAI（Insurance Regulatory and Development Authority of India），在 2019 年頒布一項針對電動汽車駕駛人第三人責任險保費減免 15% 與電動汽車租稅優惠的政策（TATA AIG Insurance，2020）。

　　美國電動車的登記量在 2020 年僅占全美汽車市場 1.8%，2021 年市占率已經來到 3%，電動車登記量呈現逐漸成長趨勢，顯示消費者對電動車的興趣增加。但為加速減碳，美國總統拜登在 2021 年簽署一項新的行政命令，力拚以電動車為首的新能源車銷量，在 2030 年時能衝上整體車市銷量的 50%，美國政府也會制定新的電動車激勵措施，進一步幫助實現這個目標（Yahoo 新聞，2021）。然而綜觀美國幾個主要以經營汽車保險為主的保險公司，例如 Allstate 與 Progressive，均未特別針對電動汽車提供專屬的保險或是提供電動汽車保險費的優惠。反而是以保險科技著名的 Lemonade P2P 保險公司，特別對電動汽車保險提供 7% ～ 11% 的保險費優惠，獎勵為減少碳排放而駕駛電動汽車的車主。除此之外，Lemonade 也會在賣出一張電動汽車保險之後，以駕駛人的名義種植一棵樹木（Lemonade，2022；Allstate，2021）。

　　臺灣電動車數量在 2020 年時，僅占整體汽車登記數 0.16%，而且電動車種類非常有限，主要以特斯拉 Tesla 為主，不但電動汽車保險無保費折扣且保費昂貴，也僅有少數幾家公司願意承保（TVBS，2022）。

　　從以上各國電動汽車保險發展與設計的相關報導的內容來看，可歸納出幾個重點：

1. 對於是否針對電動汽車提供專屬的電動汽車保險各國作法不一，即便是同一個國家，各保險公司的作法亦不相同。

2. 只要是以電動汽車為標的物的汽車保險，其保險費必然高出傳統的燃油汽車甚多，原因多是由於電動汽車的造價與零組件的成本昂貴。

3. 凡是提供電動汽車駕駛人（被保險人）保險費折扣的保險公司，其立意都是為了激勵群眾購買電動汽車，為防制空氣汙染與環境保護盡一份力量。

（二）自動駕駛汽車保險的提供

　　自動駕駛汽車的發展階段，若以駕駛主控權歸屬為標準，可以大致劃分為三個階段。因此保險單的設計也必須隨之調整（如表 8-7）。主要原因是保險單的設計與保險費率的釐定會隨汽車駕駛的主控權歸屬而產生變化。過去以人類為駕駛汽車主體的保

險單將不適用於未來以汽車自動駕駛為主體的保險單，而傳統主要考量駕駛人的保險費率釐定也會轉變為只考量自動駕駛汽車本身。也就是現行的汽車保險，將會由汽車產品責任保險取代。而共享汽車的普及更擴大商業汽車保險空間，一般個人的汽車保險需求將萎縮（Marsh McLennan，2022）。由於自動駕駛汽車仍處發展階段，目前並無專屬的自動駕駛汽車保險，但仍能歸納出幾點值得注意的重點：

1. 自動駕駛汽車本質上為電動汽車，且造價與零組件的成本更為昂貴，所以保費也必然昂貴。

2. 自動駕駛汽車保險的設計與保險費率考量跟傳統汽車保險出入甚大，尤其是新的事故風險類型損失機會不確定，事故責任釐清的問題可能曠日廢時。因此，設計一個可以保障自動駕駛汽車購買者的風險損失，並確保自動駕駛汽車購買者在購車之後無損害賠償責任風險的後顧之憂非常重要。

表 8-7　自動駕駛汽車保單設計發展階段

自動駕駛 1-3 級	自動駕駛 4 級	自動駕駛 5 級
人類駕駛為主 自動駕駛為輔	人類駕駛為輔 自動駕駛為主	無人駕駛汽車
保險費率 考量從人因素＞從車因素	保險費率 考量從車因素＞從人因素	保險費率 幾乎是考量從車因素

四、對於電動汽車保險與自動駕駛汽車保險應有的綠色保險作為

　　保險公司站在綠色保險立場，有義務對節能減碳的駕駛行為人提供一些激勵與保障措施，才能加速綠色能源汽車的普及，減少溫室氣體排放，並緩和氣候變遷。以臺灣為例，就有專家指出臺灣雖然在 AI、5G 等產業領域上有優勢，但是在電動與自動駕駛汽車的生態建構上仍有斷層，其中一個主要原因就是綠色金融與保險的發展仍然不足（譚淑珍，2022）。由此可見，保險公司提供綠色保險相關產品對於電動與自動駕駛汽車的普及乃至於環境的保護至關重要。參考國外的作法，建議保險公司：

1. 必須給予電動汽車保險與自動駕駛汽車保險保險費的折扣與優惠，以減輕駕駛人的經濟負擔。

2. 盡快針對電動汽車與自動駕駛汽車的特性設計出相應適合的保險單，提供電動汽車與自動駕駛汽車駕駛人周全的保障。

3. 電動汽車與自動駕駛汽車停車場充電設施或充電站的保險也必須考慮設計。

4. 自動駕駛汽車的共享經濟模式徹底顛覆過往自有汽車與使用汽車的習慣，也應事先規劃適合的保險產品以為因應。

5. 自動駕駛汽車的無駕駛人概念，完全有別於傳統汽車保險核保的從人因素原則，保單的設計與保險費率的釐定要有全新思維。

第三節 綠能發電與保險保障

人類的食衣住行，舉凡交通運輸、家用燃料與發電、尼龍纖維布料等，都跟石化能源密不可分。高度依賴石化能源卻帶來了各種不同的隱憂，其中以氣候變遷和全球石化能源蘊藏量有限最常被檢討，溫室效應與氣候變遷更是備受大眾矚目。在各種溫室氣體中，二氧化碳問題是最嚴重且目前科技水準最無法有效解決的一種，其生成過量的主要原因係來自於石化能源的燃燒與利用。二氧化碳的排放主要來自於燃燒，排放最多的就是石化能源的使用，而目前全球能源的供給結構中有五分之四為石化能源。因此，一般認為應以管制石化能源的過度使用來防止溫室效應問題繼續惡化。如何兼顧經濟、能源與環境以達成永續發展，並積極開發新的替代能源，成為當前各國能源政策之重要課題（財團法人國家政策研究基金會，2013）。

一、國際綠色能源發電發展現狀

全球綠色能源投資由 2018 年 2,960 億美金增加至 2019 年 3,017 億美金；而綠色能源裝置量由 2018 年 2,387GW（不含水力為 1,252GW）增加至 2019 年 2,588GW（不含水力為 1,437GW），新增量超過 200GW，其中仍以太陽光電（115GW）與風力發電（60GW）為主要增加項目，有 32 個國家綠色能源裝置量超過 10GW，現各國仍持續發展中。

2019 年全球綠色能源占比為 27.3%（不含水力為 11.4%），其中以水力 15.9% 最高，其次風力為 5.9%，太陽光電則為 2.8%。丹麥、烏拉圭、愛爾蘭、德國、葡萄牙、西班牙、希臘和英國等 8 國的太陽光電及風力發電量占比超過 20%。

目前許多國家已制定綠色能源政策推廣目標，致力建構再生能源發展之需求環境，使全球綠色能源的發展快速成長（再生能源資訊網，2021）。

（一）德國

德國主要發展之綠色能源為水力、風力、太陽能及生質能等。整體而言，2019 年度德國綠色能源占電力總裝置容量 60%，其中以太陽能發電新增量最多；另離岸風力發電增長率達 17 ～ 30% 以上，為德國各類綠色能源中發展最為迅速的。

（二）英國

英國 2017 年發布潔淨成長策略，提出 8 大方針，共 50 項既有與新增政策與計畫，以減碳為主要核心發展目標。8 大方針為加速潔淨成長，促進商業與工業效率，改善住家－提升住宅能源效率及推廣低碳供暖，加速轉型到低碳交通，提供潔淨、智慧、靈活的電力，增進自然資源的優點與價值，公部門身先士卒，以及政府帶頭促進潔淨成長。

（三）法國

法國 2019 年綠色能源總裝置容量為 52.9GW，較 2018 年的 50.5GW 多出 2.4GW，約增加 4.7%。其中 2019 年主要的綠色能源裝置容量：水力發電為 25.8GW、風力發電 16.3GW（陸域風電 16,258MW、離岸風電 2MW）、太陽光電 10.6GW、生質能發電 1,776MW（固態生質燃料及廢棄物 1,280MW）、地熱發電 16MW。法國綠色能源政策目標主要根據「能源轉型法」所制定，到 2020 年，綠色能源的份額將增加到最終能源消費總量的 23%，到 2030 年達到 33%，屆時綠色能源必須至少占電力生產的 40%。其第一次多年期能源計畫是按部門設定目標，以確保綠色能源措施能實現法律訂定之目標。

（四）日本

日本主要發展之綠色能源為水力、風力、太陽能、地熱能及生質能等，其累計裝置容量於 2019 年達到 97.4GW，分別為：水力發電達 28.1GW、風力發電 3.8GW、太陽光電 61.8GW、地熱發電 0.5GW 及生質能發電 3.2GW。日本在 2015 年長期能源供需展望中，設定 2030 年度綠色能源發電量提高至 22 ～ 24% 的目標，並提出 2030 年度的溫室氣體排放較 2013 年度減量 26% 的目標。隨著「巴黎協定」的生效，以及因應國際能源情勢的發展，日本於 2018 年 7 月通過「第 5 次能源基本計畫」，仍依循 2015 年的電源結構目標。

（五）美國

美國主要發展之綠色能源為水力、風力、太陽能、地熱能及生質能等，其累計裝置容量於 2019 年達到 279GW，分別為：水力發電達 79.7GW、風力發電 105.6GW（離岸風電 29.3MW）、太陽光電 76GW、地熱發電 2.5GW、生質能發電 13.4GW 及太陽熱能發電 1.8GW。美國各州與地方政府持續推動綠色能源及儲能政策，目前有 40 州、華盛頓特區和 4 個美屬區域實施餘電躉購。其中 29 州與華盛頓特區訂定 RPS（可再生能源比例標準，Renewable Portfolio Standard）占比及目標，3 州擁有清潔能源標準目標。另強制新建築物太陽光電設置的有加州（2020 年開始實施）。地方政府層級措施更加多元，紐約市強制建築物太陽光電設置義務、檀香山訂定使用綠色能源充電的電動交通（e-mobility）目標、聖地亞哥透過社區選擇宣示 2035 年實現綠色能源 100% 目標。

2022 年二月俄羅斯與烏克蘭的戰爭不但是武裝實力的較量，無異的也是一場能源實力的拚搏。諷刺的是，俄烏戰爭即便已經使得能源價格飆漲，世界各國仍不得不爭搶天然氣、石油、煤炭等賴以維生但卻高排碳量的石化能源，也更凸顯出加速發展替代能源，尤其是綠色能源的重要性。

二、離岸風力發電潛力與融資保險保障之間的關係

根據國際工程顧問公司 4C Offshore 在 2014 年發布的全球「23 年平均風速觀測」研究，竟發現世界上風況最好的 20 處離岸風場，臺灣海峽就占了 16 處。甚至排在前十名的，除第一名是位於中國南海外，風速每秒 12 多公尺（12.04 ～ 12.11m/s），其他 9 處都在臺灣領海，平均風速約每秒近 12 公尺（11.94 ～ 12.02m/s）。相對於臺灣陸域風力機平均年滿發時數約 2400 小時，臺灣海峽的離岸風場，年滿發時數可達 3000 小時，約占了一年的 34.2%。2010 年時，美國太空總署 NASA 也曾利用遙感資料，發現彰化外海是全球罕見的優質風場。不只風速強，臺灣海峽多數地區的平均水深低於 60 公尺，更可大大節省離岸風機的固定基座安裝成本。再者，過去離岸風電建置成本很高的問題，已隨著技術日漸成熟快速降低。根據臺灣環保署副署長的分析，在 2018 年時，每度發電成本，由低到高，分別是核能 0.95 元、化石燃煤 1.39 元、煤氣 3.91 元、陸域風電 2.6 元、太陽能光電 5.6 ～ 8.4 元，而離岸風力 5.6 元。但近年來，離岸風電建置成本迅速下滑，專家預估 2023 年，亞洲地區海上風電每度電的成本將降至 1.66 ～ 1.85 元，成為綠色發電中成本最低者（陳詩璧、顏如玉，2022）。

　　離岸風力發電排除了成本問題之後，另一個受到群眾關注的公共議題就是環境汙染問題。從國際綠色能源發電發展現狀來看，風力發電在先進國家綠能發電所占的份量極重，但由於陸域風機會造成噪音及光影問題與對於風場周遭環境的破壞，經常引起民怨。遠離人類居住環境的離岸風力發電，相對於陸上風力發電所造成環保問題輕微許多。簡言之，離岸風力發電在發電成本相對低廉與風場建置環境破壞相對輕微的條件下，已經成為各國綠能發電方案中的優先選擇。因此本書即以離岸風力發電為例，說明保險公司如何扮演其協助氣候變遷抑止的角色。

　　要解釋綠能發電與融資保險保障之間的關係，必須要從離岸風力發電成功關鍵因素、離岸風力發電風險管理的必要性與離岸風力發電融資之必要性等三個方面切入剖析（范姜肱、鄭鎮樑、廖志峰，2014）。

（一）離岸風力發電成功關鍵因素

1. 政策法規

　　政策長期穩定的支持，包括規定躉購電價或是給予設備裝置補助、產品認證機制、電網連接等相關規定，而且離岸風力發電風險高，各國皆由示範性計畫開始推動。例如德國建置了 Fino 1 ~ Fino 3 研究平臺，由政府出資進行海流、波浪、測風、生態、併網、控制等議題的研究，並建立了首座離岸示範風場 Alpha Ventus。再如英國採取三階段（Round1 ~ 3）投入離岸風場，規劃建置發電量、風場建置時間表與發電占比，並同步推動重要示範計畫 Beatrice，設置 2 座離岸 5MW 遠離陸地的深水風力發電場。

2. 工程技術

　　包括了充足之海事工程設備；低故障率的風力機產品；對於風場、海象、氣候、地形等作良好的事前評估；有經驗的施工團隊對於成本、施工時程、施工品質良好的管控。

3. 金融

　　也就是政府主辦之低利融資貸款。

4. 溝通協調

　　風場開發商對於政府、電力經營業者、環保團體、漁民等相關利益團體之良好的溝通協調能力。

（二）離岸風力發電風險管理與保險的必要性

離岸風力發電產業為一新興產業，財務潛在損失可能性非常高，Chartis（2011）指出，如發生意外事故，就以變電所與渦輪機為例，變電所之損失可能達6000萬英鎊，渦輪機之損失可能達600萬英鎊。損失之不確定性，當然不止於實體之直接損失，亦可能造成間接損失，例如營業中斷損失，除此之外，亦有可能產生對於第三人之責任。此等損失之不確定性，對於涉及之利益方而言，唯有藉由風險控管才能有效降低。

現行國際保險市場中之大型保險經紀人與大型再保險公司，前者如AON、Willis，後者如Swiss Re.、Munich Re.等等，針對離岸風力發電產業，多提供風力開發商與承包商進行量身定做服務，包括危險確認與分析、檢查契約合約，協助訂定商業保險合約暨保單相關條款等，基本上其所提供之服務講究完整性與持續性。

三、離岸風力發電風險管理

離岸風力發電風險管理的主要步驟，包括了離岸風力發電風險的確認與離岸風力發電風險的處理方式：

（一）離岸風力發電風險的確認

確認離岸風力發電風險，相關議題為風險暴露單位（loss exposure unit）、風險事故與風險種類。風險暴露單位，即是風險事故發生之客體，以保險之角度觀察，即是保險標物。風險事故是指損失發生之原因（Cause of loss），可區分為自然性質的風險事故與非自然性質之風險事故，非自然性質之風險事故不止是人為之風險事故，亦可能是機械本身之問題，例如風力發電設備本身運轉期間故障風險事故。風險種類在理論上則可歸納為財產的風險、責任的風險與人為的風險，就實際情況觀察，離岸風力發電風險之種類，可列舉者甚多。以下即就三個議題進行分析。

1. 離岸風力發電風險暴露單位

離岸風力發電之風險暴露單位甚為複雜，以其整個生命流程來看，可能存在於陸地上與海面上，可能存在於營建初期，可能存在於營建過程，可能存在於營運與維護階段。國際保險經紀人AON將離岸風力發電之風險暴露單位大致分為興建過程中之表定風險暴露單位（Schedule Exposures）與建造過程中逐漸產生之資產風險暴露單位（Assets Exposure）。

(1) 表定風險暴露單位

是與興建過程中之作業過程有關的風險暴露單位，包括興建過程中主要設備與零件所產生及衍生的風險暴露單位。

(2) 資產風險暴露單位

即是海上風力發電各種有形資產逐漸成型所產生及衍生的風險暴露單位，也是保險金額慢慢增加的風險暴露單位。基本上表定風險暴露單位是遞減的，而資產風險暴露單位是遞增的。

AON 指出離岸風力發電之生命流程分為設計階段（Design）、獲取階段（Procurement）、建造階段（Manufacturing）、安裝階段（Installation）、計畫完成移交業主階段、營運與維護風險（Operation and maintenancc）等幾個階段，每一階段均含有表定風險暴露單位與資產風險暴露單位。

2. 離岸風力發電風險事故

藉由文獻與統計資料，可以發現離岸風力發電風險事故之出險主要原因。

(1) Craigdr 之統計資料

依據 Craigdr（2014）之統計資料，風力發電之風險事故為天災（Fatal）、葉片事故（Blade Failure）、閃電（Lighting）、環境事故（Environmental）、結構性事故（Structural failure）、火災（Fire）、葉片結冰事故（Ice Throw）、運輸事故（Transport）、雜項事故，責任事故當然亦可能存在，而葉片事故與火災為風力發電較常見之風險事故。

(2) 中國風能協會研究報告

依據 2011 年世界自然基金會（WWF）與英國皇家太陽聯合保險集團（RSA）在北京共同發布了名為中國風能學會研究報告指出，風能出險主要原因，依序排列分別為：運行期自然災害造成之損害、運行期機器故障問題、吊裝環節設備損壞問題、運輸環節設備損壞問題、調試期間機器故障問題、土建工程質量問題、運行期間人為因素造成的損害、對第三方造成的損害，為風險事故之具體項目。

3. 離岸風力發電風險種類

主要離岸風力發電風險種類歸納如下：（范姜肱、鄭鎮樑、廖志峰，2014）

(1) 建造與安裝風險

經濟學人（Economist，2011）稱其為建造、安裝與測試風險（Building and testing risk），是指由於意外事故所導致營建期間與安裝期間工程本體的直接毀損或滅失。其主要之風險事故為包括地震、海嘯、颱風、洪水等在內之天然危險事故，以及航空器墜落、火災、爆炸、設備失效、操作錯誤等。建造與安裝風險，可能毀損之財產，應即是離岸風場發電場之構成諸元，包括主要零件與次零件，包括葉片、鑄件、齒輪箱、鍛件、發電機、變頻器、塔架、電力設備〔變壓器、變電站、氣體絕緣開關設備（Gas Insulated Switchgear, GIS）、輸配電〕、海底基座、海底電纜、密封件、油壓緩衝器、離岸風場遠端監控系統、機組內之電線電纜、變容器、扣件等。至於施工營造過程中之特殊工具與配備亦屬可能發生損失之風險單位，例如，主要營建的機具頂舉駁船（Jack-up barges），雖歸屬於營建商，仍為建造與安裝風險之一部份。

(2) 介面風險

介面風險，係指不同之系統或零件無法相容之風險，主要原因來自於工程無法以統包計畫（Turnkey Contract）方式執行，必須以分包計畫進行整個工程。就離岸風力電場計畫言之，牽涉的工程技術較為複雜，包括機組設備技術、海上施工及安裝技術、海上電纜鋪設技術等，不易找到一個有經驗的統包商承接整體計畫，因此容易造成各分包計畫間的介面風險發生的機率。嚴格言之，介面風險仍為建造與安裝風險之一部份，但其具有特殊性，單獨列示可以凸顯離岸風力電場計畫之特殊風險性質（陳志雄，2012）。

(3) 合約風險

離岸風力發電通常採用專案融資（Project Financing）方式處理，所面對之主要合約數量可能超過十種以上，例如合資合約、特許合約、保證採購合約（例如電力採購合約）、融資合約、各種不同類型的營建或安裝工程合約、設備採購合約、營運與維護操作合約、進口設備運輸合約、工程顧問合約、財務顧問合約、法律顧問合約、保險顧問合約等。無論哪一種合約，業主或開發商如缺乏有經驗的團隊參與協商與訂約，可能因簽訂合約中某些條款的不適當而導致的合約風險，進而可能讓整個計畫案遭到重大損失。另外要注意合約風險可視為整體性風險，即整個離岸風力發電生命週期均可能遇到之風險。

(4) 營運與維護風險

營運與維護期間之風險（Operation and Maintain Risk），泛指營運過程中足以影響營運之各種風險，最嚴重者為風力發電營運商預期之外的廠房關閉（Closure）事件，關閉之原因可能是遭受重大天然災害或人為危險事故或是無法取得營運資源、廠房受損、零件故障等。營運風險尚涉及建造與安裝工程延誤所致之遲延開業之風險，以及營運過程中因意外事故所致之營業中斷風險。Chartis（2011）指出，離岸風力發電之營運與維護為一巨大工程，在營運方面，光是特殊船舶可能就是一嚴重的風險暴露，目前僅有少數適用的船舶用於風力渦輪設備，有些風力發電商自己投資建造自己的船舶，修理置換渦輪之費用可能達 100 萬英鎊，但是租用特殊船舶之費用為置換渦輪費用的好幾倍，費用大小視船舶可能性與氣候而定。除了典型的自然耗損外，尚須考慮high-seas 環境因子，威力強大的風暴、大的風浪、高腐蝕性鹽水可以造成風力發電廠個別零件之耗損速度較陸上系統來得快。無適當之維護規劃，離岸風力發電場似無法持續其宣稱之 20 年生命期。零件須規律替換，需要巨大努力與費用，降低投資收益。

(5) 商業與策略風險（**Business/strategic risk**）

商業與策略風險，係指影響電廠生存之風險，例如技術過時（technological obsolescence）之風險，嚴格言之，屬於廣義的營運風險之一種。

(6) 市場風險（**Market Risk**）

市場風險係指投入生產相關元素價格上漲之風險或是售電價格下跌之風險，嚴格言之，屬於廣義的營運風險之一種。

(7) 氣候相關數量風險（**Weather-related volume risk**）

氣候相關數量風險，亦可稱氣候與風量風險，係指因風力不穩定而使發電量下降之風險，嚴格言之，屬於廣義的營運風險之一種。

(8) 電價風險

電價風險，係指電價不穩定之風險，電價不穩定影響電廠業者之收益穩定。

(9) 融資風險

融資風險為無法獲取融通資金的風險，為一種影響較為全面的風險。

(10) 運輸風險

運輸風險主要指整個風電發電建造過程中涉及之海事風險與陸上運輸風險，基本上可以分為船舶本身風險與貨物運輸風險。Chartis（2011）特別指出，運輸風險可以分為「一般性」的運輸風險（"Normal" Transportation Risks）與海上運送之風險（Ocean Transportation Risks）。前者雖然稱為「一般性」，不過是相對於風險較大之海上運送，實際上離岸風力發電之零組件（components）具特殊性質，仍具重大風險性質，例如，轉子 & 葉片（Rotor Blades）相對脆弱，整套製作配合特定之渦輪機，長度可能超過 50 呎；機艙（Nacelle）通常包含相對精密零件，例如齒輪箱（gearbox）、發動機（Generator）、electric controllers、變壓器（transformer），撞擊或溼度之損害特別敏感；機艙通常非常重，超過 80 公噸，（with limited lifting points and an offset center of gravity）；塔座（Tower sections）非常笨重；step-up 變壓器通常非常大非常重，對於撞擊損害極為敏感，運送過程中變壓器毀損或滅失，其重置期間通常超過一年。海上運送風險，指風力渦輪發動機（WTG）及其零組件之船運通常代表最高潛在風險，一艘船可以運送一個 WTG，就是運送總價值超過一億美元之整個風力計畫，在航程期間，一艘船將暴露於數個潛在風險事故，包括惡劣天氣、擱淺或碰撞，以及火災；在航行過程中，船舶歷經六個不同運行，分別是 （rolling）、縱搖（pitching）、偏盪（yawing）、縱盪（surging）、升降（船上下起浮）（heaving）、橫盪（swaying）。該等運行過程，在暴風雨期間，橫搖與縱搖尤其巨大；貨物受到明顯的外部加速度之影響，持續好幾小時甚至達數天之久；貨物同時會暴露於海水潑灑〔sea sloshing（green water on deck）〕，如貨物堆放於船艙之中，受到明顯的海風或海水浪花影響。例如，頂舉駁船（Jack-up barges）面對之海事風險，各種風力發電設備之零組件之運送風險。陸上運輸風險係指風力發電設備之零組件由製造商運至海運碼頭期間之風險。

(11) 商業保險安排風險

任何大型營建計畫案，所涉及之風險大部份可由商業保險市場移轉，惟由於離岸風力發電計畫牽涉的工程技術具有較大之特殊性，營建安裝的建設與營運在保險上的安排，除考慮傳統上在陸域當中必要的保險來移轉可能的風險外，也必須安排在海事工作及船舶作業的保險。整體來說，既複雜又須注意彼此間的介面連結。復因全球所能提供離岸風力電場保險的承保能量有限，且保險費的決定掌握在少數幾家大型再保險公司，使得大型計畫案在保險的安排上較為複雜與困難。例如對天災的保障設定較低的保險限額及高自負額；對預期利潤損失險及營業中斷險設定 30 天甚至 60 天的等待期間後才開始生效。簡言之，商業保險安排風險為取得保險保障之不確性風險，以及保險安排過程中之重覆與隙縫風險（Overlap or Gap Risk）。

(12) 政治／法規風險：例如補貼政策改變影響到獲利

政治性風險與法規風險，係指公共政策與法規改變之風險，大致上包括收歸國有、徵收、充公、侵占、戰爭（含內戰）、恐怖主義、契約無法履行風險、進出口設備許可執照被撤銷、禁運、外幣管制、外勞管制、政府對於特許權及執照發放的延遲或開放過於浮濫、缺乏與計畫案有關的法令條文、補貼政策改變、稅務政策改變、民意機關的政治干擾。

(13) 環境風險（Environmental risk）

環境風險，指由於電廠所致周遭環境之損害或是因該等損害所致之責任。離岸風力電場計畫所需的建設與放置位置若未能事前取得中央與地方的同意權，甚至當地居民或是環保團體的同意權，通常會影響計畫的營建完成的時間表，進而造成債務償還能力不足的不利影響。而一般計畫所面臨的環境風險主要包括符合汙染及噪音管制的國家標準、以及當地民眾對於施工安全意見的不一致等。如無一強而有力的環境管理計畫，可能造成環保團體的施壓，並導致社會輿論負面的影響，甚至對於整個計畫時間表的干擾。

(14) 責任風險

責任風險一般係指對第三人之侵權行為責任，範圍相當廣泛，主要有公共意外責任、董監事責任及雇主責任風險。其中又以公共意外責任及雇主責任為一般大眾與員工最為關心。

（二）離岸風力發電風險的處理方式

選擇風險管理方法，有基本之原則與方向。風險管理通論以結合損失次數（以下稱 F）與損失幅度（以下稱 S），產生之 FS 風險管理矩陣概念，原理甚為簡單，即為 FS 顯現之不同象限，可以指出原則性的與主要的風險管理方向（如下表 8-8）。

表 8-8　風險管理矩陣概念

	F 高	F 低
S 高	風險避免（第一象限）	保險（第二象限）
S 低	損失控制（第四象限）	損失自留（第三象限）

對於離岸風力發電而論，雖亦可適用上述原則性方向，但是實務上通常非常複雜，故其適用通常是整合性的。呂慧芬（2011）等指出，以第一象限而論，應配合損失控制或風險分離等方法，第二象限應配合損失控制或自負額等方法，第四象限可以配專屬保險或危險組合。

對於具有高度風險之離岸風力發電而言，該等原則自有適用之處。而在眾多風險管理方法中具有立竿見影之效者，首推保險，UNEP（2011）指出，對於業已確認之風險應以傳統與非傳統之工具分散其風險，此種以保險與非保險為中心之分類顯然在於強調保險之重要性，而安排保險時，必然配合其他風險管理方法，包括風險控制型的方法與理財型的方法。例如為降低保費，設定自負額或配合損失控制。就損失控制而論，離岸風力發電之技術性及複雜性高，損失控制（Loss Control）非僅是用於降低保費之配套措施，業者應確實有一套損失預防（Loss Prevention）與損失抑減（Loss reduction）計畫。

事實上，風險控管之方法中以保險為最具有立竿見影之效用。基本上歸屬於契約風險者，均難以保險處理，因此，應由計畫夥伴或契約夥伴尋求其他方法管理該等風險，此涉及到非保險之風險轉嫁。

四、離岸風力發電保險

保險學原理中所稱可保風險，係指成為保險對象之純損風險，又稱為保險的適用範圍。但是，並非所有的純損風險均可成為保險的對象，一般須具備幾個要件，通論舉出七大要件，分別是風險暴露單位大量且同質、損失的發生屬意外、損失之本身確定且可測定或衡量、風險暴露單位之損失不能同時發生、發生損失金額較大之危險、損失機率不過高之危險、保險成本應經濟合理。該等要件有些屬於絕對必要性條件，有些屬於相對必要性條件，呂慧芬（2011）等指出風險暴露單位大量且同質與風險暴露單位之損失不能同時發生屬於前者，其餘屬於後者。

離岸風力發電保險，雖為離岸，但應及於陸上之保險與海上之保險，海上保險包括海面上與海面下之相關保險，也包括靜態情況下（儲存、堆置）與動態情況下（作業）之相關保險，亦及於建造過程與建造完成後之營運與維護相關保險。保險需求固然是由保險購買者之需求發動，但是保險人是否可以或願意提供離岸風力發電相關利益方所需求之保險種類，保險理論中之可保風險要件極具關鍵性。

就前述針對離岸風力發電之風險特性分析，離岸風力發電之某些風險具有巨災特

性，雖無法滿足所有原始要件，不過，目前保險業利用共同保險（coinsurance）與再保險技術，足以修正原始要件，使許多風險由不具可保性轉為具有可保性。

（一）離岸風力發電保險之種類

國際保險市場提供之離岸風力發電相關保險，大同小異。國際保險經紀人 Willis 提出可以安排之保險包括：營造綜合保險（CAR）、延遲開業利潤損失保險、意外統包保險計畫（Casualty Wrap-Up）、確實保證保險、財產保險、營業中斷保險、責任保險、營造商年度保險計畫、專業責任保險、汙染與環境責任保險、海上運送保險、海上延遲開業利潤損失保險、政治保險。而 UNEP（2011）就損失種類別可以應對之險種如下表 8-9 所列。

表 8-9　UNEP 損失種類應對險種

保險產品	承保範圍	賠償啟動條件
營造綜合保險 (CAR) 與安裝綜合保險 (EAR)1	承包人所有承包工程之所有實體毀損或滅失以及對第三人之責任。為風力發電保險主要產品。	在計畫建造期間之實質毀損滅失。
實體毀損 (PD) 與營運綜合保險 (Operating All Risks)	包括營業中斷險在內之「全險」套裝保單。	在計畫營運期間廠房或資產之突發與不可預見之實體毀損或滅失。
機械故障 (MB) 保險	材料、設計建造、安裝或裝配之瑕疵。隨機 working 意外。	必須修理或重置之突發性損失或毀損。
營業中斷 (BI) 與延遲開業保險 (DSU)	營業中斷部分：於 PD 套裝保單中承保。延遲開業：於 CAR 保單中承保。	直接因為中斷 / 干擾 / 遲延所致之利潤損失及或總收益下降，或因標的物之毀損或滅失間接所致之利潤損失及或總收益下降。
運送保險	全險包括戰爭與罷工險。	運送設備至風場過程（可能是陸運、海運或空運之結合）之實體毀損或滅失。
一般第三人責任保險或第三人責任保險 (GPL/TPL)	對第三人肢體傷或死亡法律責任。對第三人財產毀損滅失責任。非法侵入、擾亂、干擾產生之責任。	依法或契約明示所致第三人之體傷或財損責任。

綜觀國際保險市場針對離岸風力發電提供之保險種類，以離岸風力發電之生命流程為基礎，可分為營建期間之相關保險與營運與維護期間之相關保險，有些險種是跨越營建期間與營運維護期間的，分列如下（范姜肱、鄭鎮樑、廖志峰，2014）。

1. 營建期間之相關保險

(1) 營造綜合保險

(2) 安裝綜合保險

(3) 第三人責任保險

(4) 運輸保險

(5) 其他足以影響融資意願而要求特別購買之保險

2. 營運與維護期間之相關保險

(1) 財產保險

(2) 機械設備保險

(3) 營業中斷保險（包括延遲開業之利潤與費用損失保險）

(4) 第三人責任保險

（二）國際保險市場之保單類型

事實上，目前國際保險市場流通之保單有限，以歐洲保險業者為主要提供者，較有名的是 2001 年英國 WEL 離岸風風發電建造計畫保險單（簡稱 CAR）、2004 年德國慕尼黑再保公司之綜合計畫保險單（簡稱 CPI）二種。前者主要提供營建期間所需之相關保險，承保範圍算是廣泛，但未提供營運與維護期間之相關保險，該等保險必須另行安排，例如，營業與維護期間之財產保險、營業中斷保險、機械設備保險等須另行安排。德國慕尼黑再保公司之綜合計畫保險單主要承保五個險種，分別是：(1) 計畫工程保險（Project works）、(2) 廠房、機械與設備保險（Plant, machinery and equipment）、(3) 第三人責任保險（Third party liability）、(4) 延遲開業保險、(5) 海上貨物保險（Marine Cargo），除第一項是強制必保之外，其餘四種可以選擇投保。慕尼黑再保公司另尚提供綜合機械保險（Comprehensive Machinery Insurance，簡稱 CMI），係承保營運期間之物質損害（Operational Material Damage）以及營運期間之營業中斷保險（Operational Business Interruption），前者為強制必保，後者可以選擇投保與否。

五、離岸風力發電融資之必要性

　　歐洲一家國際知名法律公司 Freshfields Bruckhaus Deringer 在 2013 年針對 200 位歐洲離岸風電資深經理人進行問卷調查與分析，發現離岸風電財務相關問題是目前多數資深經理人最關心的問題，該問卷之研究結果整理如下（范姜肱、鄭鎮樑、廖志峰，2014）：

1. 高達 83% 的受訪者認為，不確定的補助機制是離岸風電發展的風險。

2. 受到 2012 年歐債風暴影響，受訪者擔心將影響債券與股票金融市場流動性，進而影響離岸風電融資。根據 2012 年統計數據，專案融資減少 28%，僅剩美金 $ 21 億元；但若根據 2020 年歐盟國家可再生能源行動計劃（NREAP）的 43GW 裝機發電量推估，由 2013 年起，每年大約需要美金 $ 90 億元的專案（債務）融資。沒有足夠的融資支持，將妨害離岸風電供應鏈創新與降低成本。

3. 約有 2/3 的受訪者認為歐盟發展離岸風電的目標是股權融資不足。

4. 由於新的離岸風場規模日益擴大，原有公用事業已經無法完全滿足離岸風場股權融資所需，故約有 60% 的受訪者認為未來 3 年內，國際企業或國際機構投資者將積極投資歐洲離岸風場。

5. 約有 54% 的受訪者認為未來 3 年內，出口信貸機構（Export Credit Agencies , ECAs）和多邊金融機構（Multilateral Financial Organizations, MFOs）將繼續協助離岸風場，取得商業銀行的債務融資。而 2012 年歐盟區全部 5 個離岸風場專案融資案都有非商業銀行的貸款，且也只有英國 Walney 風場無出口信貸機構的支持，其餘皆有。

6. 離岸風場債務融資需要新的資金來源，因此離岸風場債務融資最明顯的來源是退休基金。丹麥退休基金（PensionDanmark）是第一個參與離岸風場的退休基金，於 2012 年 6 月持有價值€ 3500 歐元（4400 萬美元）的英國 Walney 風場債權。

7. 為提高機構投資人參與機率，約有 80% 的受訪者認為離岸風場債券與證券化將越來越普遍。

8. 受訪者普遍認為歐洲以外的國際資金將積極參與歐盟離岸風場，有 58% 的受訪者認為資金來自中國，日本則有 45%，中東為 41%，韓國與美國也有 33%。

　　再以 2012 年為例，儘管歐洲陷入歐債危機的市場恐慌中，離岸風場依舊被視為重要的銀行融資項目，共計完結 4 項融資交易，獲得融資的風場計畫包括：Gunfleet Sands, Lincs, Northwind, Walney。這 4 個風場計畫皆為無追索權貸款（Non-recourse debt），近 20 家商業銀行參與。總計 2012 年融資案發電容量達 1,025 MW，較 2011 年融資案 736 MW 增加；但融資金額卻由 20.5 億歐元減少至 18.5 億歐元，少約 10%。金額減少主要原因為 2012 年 Walney 與 Gunfleet Sands 這二個計畫融資採行少數股權融資方式。少數股權融資為離岸風電部門融資的新突破，開發商可於有資金需求時出售部分股權給投資者。

2012 年中有 3 項融資案允諾 15 ～ 18 年的債務到期時間，顯示儘管銀行宣稱困難性很高，離岸風力部門仍具有足夠吸引長期融資的能力。此外，Pension Denmark 貸款給 Northwind 風電場，是第一個以勞工退撫基金提供貸款給離岸風電部門的投資案例。許多退撫基金與保險業者因政策風險及對風電行業不瞭解，而遲遲未對風電進行投資。然 Pension Denmark 這個勞工退撫基金卻認為，風電場與不穩定的金融市場相比，更具安全性。

根據上述研究與歐洲離岸風電發展現況，可發現離岸風電發展有開發、建造與營運等諸多問題，但多於財務問題有所關聯，且最為緊迫。

六、離岸風力發電保險與融資者之關鍵關係

離岸風力發電是一高風險產業，無資金來源即無法推展。融資者是否接受離岸風力發電業務固然涉及多層面，風力發電業者之風險管理計畫不但是其中之一，且居於關鍵地位。風電設備於其生命週期中是否順利運作並產生足夠之收益，應為融資者考慮重點，萬一發生事故無法順利運作，非但產生直接損失連帶產生間接損失，融資者必然蒙受嚴重損失。經濟學人（Economist，2011）調查報告指出風險管理在獲取計劃融資（Project Financing）之中具有關鍵性地位。風險管理中以安排保險為主要方向，因此完善之離岸風力發電保險計畫為關鍵中之關鍵，根據 2011 年世界自然基金會（WWF）與英國皇家太陽聯合保險集團（RSA）發布的《中國風電保險發展現狀及面臨的挑戰》之研究報告指出，歐洲與美國，項目融資為風電企業融資之重要方式之一，保險業與銀行在其中起了重要作用，該研究報告另指出，風電項目融資過程中保險業的介入，不僅能夠增加企業的融資途徑，也為銀行信貸資金提供風險保障，促進銀行向風電企業放款，增加風電研發資金投入。事實上，近年來銀行業為保障其融通資金，對於風電保險計畫之完整性亦多所關注，例如對於分散性之保險承保方式，可能產生之保障重疊或保障間隙問題，激發保險業者重新設計保險方式。Hormann（2013）指出，慕尼黑再保公司（Munich Re）提出新的保險解決方案（New Insurance

Solutions），有效解決標準技術性保險無法承保之風險，例如一次大的系列損失使風電製造商與風場投資者之財務受到威脅，新發展的系列損失保險（serial loss cover），非但使風場投資人受到密集保障，金融機構連帶的亦受到保障。例如風力發電機組發生故障之後，非但發生實體損害，所須置換之零件短缺，使得營業中斷時間更形拉長，產生更大之損失。

由上述可知，離岸風力發電保險對於融資者影響層面及於有形層面與無形層面，前者具體表現於融資額度及融資後其對風電業者之發展影響，後者有助於降低融資者之不確性，Hormann（2013）指出完善的保險安排，非但可以管理離岸風力發電風險，同時可使離岸風力發電投資人睡得較安穩（Sleep better）。

本章在前幾節的內容中提到 UBI 汽車保險、Vitality 健康保險計畫、電動車與自動駕駛汽車保險、離岸風力發電保險等具有代表性的綠色保險商品。若能在章節內容中稍微抽絲剝繭，不難發現這些保險商品與抑止氣候變遷有非常密切的關聯。所以在這一章的最後將這些關聯繪成一圖，於是綠色保險與氣候變遷抑止的關係便可以很容易地一目了然（請參閱下圖 8-4）。

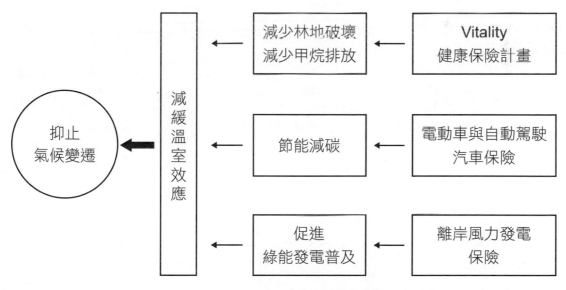

圖 8-4　綠色保險與氣候變遷抑止關聯。

第 9 章
綠色保險功能與氣候變遷災害補償

根據慕尼黑再保公司（Munich Re，2022）的統計，自 1980 年以來，天然巨災所造成的損失，累計已經超過 52,000 億美元。這些損失當中，只有不到 30% 具有保險保障。何以如此？可從保險覆蓋率角度來解釋。時至 2021 年為止，全球天然巨災風險損失的保險覆蓋率不足 50%。更不幸的是在開發中國家，天然巨災風險損失的保險覆蓋率平均甚至不到 10%，尤有甚者幾乎是毫無保障。全球天然巨災風險損失的保險覆蓋率不足基本上是一個結果或是一種現實狀況，而導致此結果或是狀況的原因非常多，但是簡單歸類大概是三個主要的因素，其一是政府對的投入天然巨災風險處理的態度；其二是保險公司對天然巨災風險保險商品的經營意願；最後是個人或企業單位對天然巨災風險保險商品的認識與購買意願。在本章後面各節的內容，將透過許多數據、專業機構的研究資料、各類相關保險商品的介紹，說明保險在氣候變遷所致天然巨災損失中能發揮的作用，與其扮演天然巨災損失補償的重要性。

第一節 天然巨災損失與保險補償

根據瑞士再保險公司（Swiss Re Institute）2020 年的一份統計資料（如下表 9-1），天然巨災造成的經濟損失為 2500 億美元，相較於 2020 年的 2020 億美元，成長了 24%。而 2002 年至 2021 年，天然巨災的十年平均經濟損失則是 2160 億美元，顯然 2020 年與 2021 年的天然巨災經濟損失均高於過去十年。再從保險理賠的數據來看，天然巨災損失的保險賠償，2020 年是 900 億美元，2021 年則成長了 17%，來到了 1050 億美元。同樣的，2020 年與 2021 年的天然巨災損失保險賠償，超出過去十年均值 770 億美元甚多。

表 9-1　2020 年與 2021 巨災損失與巨災損失理賠統計（單位：十億美元）

	2021	2020	年增（減）率	前十年平均
天然巨災經濟損失總額	259	216	20%	229
天然	250	202	24%	216
人為	9	14	-38%	13
天然巨災損失賠償總額	112	99	13%	86
天然	105	90	17%	77
人為	7	9	-24%	9

資料來源：Swiss Re Institute，2022。

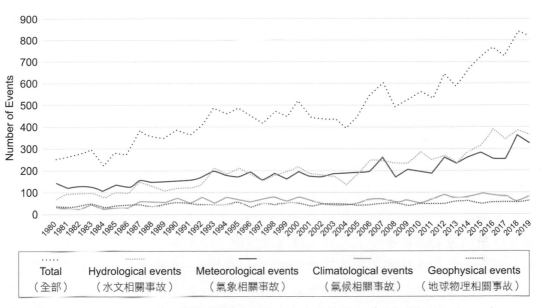

圖 9-1　1980 ～ 2019 天然巨災風險事故發生次數統計。（Munich Re，2021）

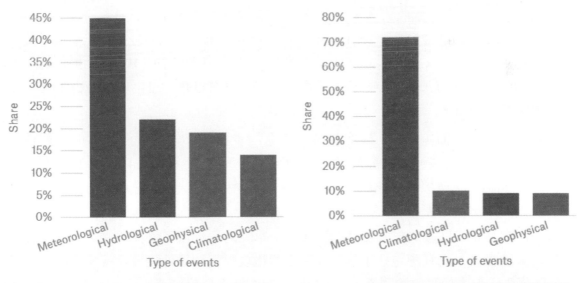

圖 9-2　1980 ～ 2019 各類天然巨災風險損失占比統計。（Munich Re，2021）

圖 9-3　1980 ～ 2019 各類天然巨災風險損失理賠占比統計。（Munich Re，2021）

　　再根據慕尼黑再保公司 2021 年的一份報告中的統計資料來看，1980 ～ 2019 天然巨災風險事故發生總次數，已經從 1980 年的約 250 次上揚至 2019 年的約 850 次，四十年當中增加了 600 次天然巨災風險事故。這些好發的天然巨災風險事故類別絕大部分屬氣象相關事故（Meteorological events）、氣候相關事故（Climatological events）與水文相關事故（Hydrological events）（圖 9-1）。而慕尼黑再保公司 1980 ～ 2019 各類天然巨災風險損失占比統計與 1980 ～ 2019 各類天然巨災風險損失理賠占比統計資料，則是說明這些增加的天然巨災風險事故所造成的損失多半也是與氣象相關事故、氣候相關事故與水文相關事故有直接的關係（圖 9-2、9-3）。

　　也就是說，不論是從天然巨災造成的經濟損失金額來看，或是從天然巨災損失的保險賠償金額來看，或是從天然巨災風險事故發生次數來看，人類不得不承認天然巨災風險事故發生次數與損失幅度正持續改寫歷史紀錄，並嚴重影響個人或企業生計與生存。不可諱言，這些天然巨災風險事故類別之所以發生次數與損失增加，如本書第貳篇所言，應該與氣候變遷有密切的關聯。國際信評機構標普全球（S & P Global）預測，氣候變遷所導致的海平面上升、熱浪、乾旱與風暴，恐導致 2025 年前求經濟產出損失 4%，其中中低收入國家 GDP 的平均損失將是富裕國家的 3.6 倍。瑞士再保（SWISS Re）也估計 2011 ～ 2021 十年之間，光是風暴、洪水與野火這三類氣候變遷事件，每年就對全球 GDP 造成約 0.3% 的損失，世界氣象組織（WMO）更估計，從 1971 年以來，全球每天至少有一個地方遭遇到氣候變遷災難，日平均災損約 2.02 億美元（鄭勝得，2022）

　　稍早，在 OECD（2021）研究報告中更進一步提及，氣候變遷造成人類對資訊科技的依賴程度加深，社會經濟的發展更傾向於全球化（Globalisation）與都市化（Urbanisation），所以使得諸如洪水、颶風、網路攻擊、大規模流行病等巨災風險事故的發生頻率與損失嚴重程度加劇，更特別對金融、經濟與社會成本等方面有顯著的影響。換句話說，廣義的氣候變遷的影響不是單純的只形成了例如極端氣候等直接天然巨災風險損失，尚且應包括了無國界資訊網路攻擊與全球傳染流行疾病等間接的巨災風險損失。但由於篇幅的關係，本書先將內容的撰寫聚焦於天然巨災風險的處理。

　　WEF（World Economic Forum，世界經濟論壇）於 2021 年透過世界各地方風險管理專家意見的提供，以天然巨災風險事故可能發生的機率（Likelihood）與可能產生的損失規模（Severity，幅度）來評估這些不同天然巨災風險事故的風險類型（如圖 9-4）。其中感染流行病（Infectious diseases）、極端氣候（Extreme weather）、

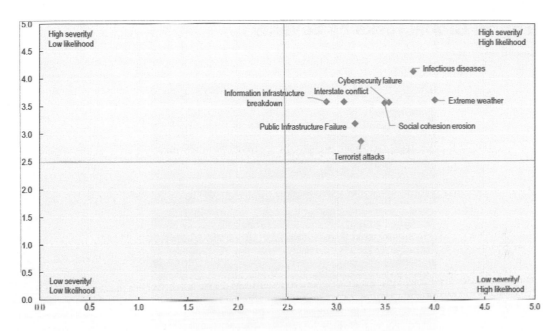

Note: Survey respondents were asked to assess the likelihood of the individual global risk on a scale of 1 to 5, with 1 representing a risk that is very unlikely to happen and 5 a risk that is very likely to occur. They also assessed the impact of each global risk on a scale of 1 to 5, 1 representing a minimal impact and 5 a catastrophic impact.
Source: (World Economic Forum, 2021[7])

圖 9-4　天然巨災風險事故的風險類型。

網路安全（Cybersecurity failure）、公共資訊系統故障（Information infrastructure breakdown）、國際衝突（Interstate conflict）、社會凝聚瓦解（Social cohesion erosion）、恐怖攻擊（Terrorist attacks）、公共建設毀損（Public infrastructure failure）等都屬於極為可能發生（高發生機率）且會造成大規模損失（高損失幅度）的巨災危險。

　　此外 WEF 在 2021 年也另做成了《全球風險報告》，並於「全球風險感知調查排名」（Global Risks Perception Survey Ranks）（如圖 9-5）顯示氣候行動失敗（Climate action failure）超越了「極端天氣」（Extreme weather），已然從 2018 年的第五名躍升至第一名。值得關注的是，生計危機（Livelihood crises）今年躍升至第五名，除此之外，社會凝聚力侵蝕（social cohesion erosion）更成為了第四名。氣候風險失敗之所以躍升第一，原因包括如：地緣政治緊張會複雜化氣候行動，發達經濟體和發展中經濟體的社會凝聚力減弱，可能會進一步限制強化氣候行動的財政和政治資本。無獨有偶，全球最大保險集團 AXA 安盛保險，早先於 2020 年即在其所做的研究報告中指出

Top 10 Global Risks by Severity

Over the next 10 years

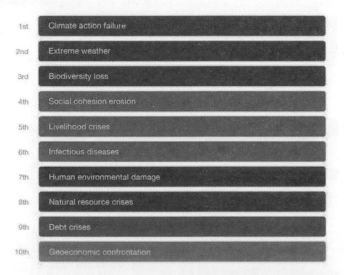

圖 9-5　未來十年全球十大影響程度嚴重的巨災風險。

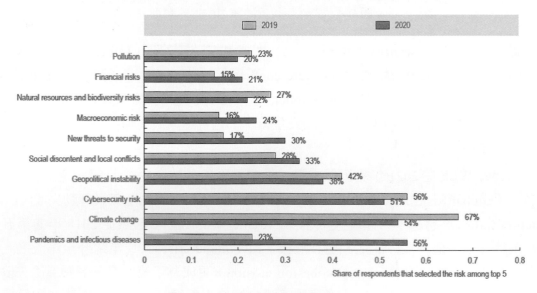

圖 9-6　十大可能會發生風險。

（圖 9-6），感染流行疾病（Pandemics and infectious diseases）、氣候變遷（Climate change）、網路安全（Cybersecurity risk）、區域政治衝突不安定（Geopolitical instability）、社會不滿與地方衝突（Social discontent and local conflicts）、社會安全新威脅（New threats to security）、總體經濟風險（Macroeconomic risk）、自然資源與生物多樣風險（Natural resources and biodiversity risks）、金融風險（Financial risks）與汙染（Pollution）等，都是未來可能會對社會造成極大威脅的巨災風險。

WEF 進一步的在 2022 全球風險報告（Global Risks Report 2022）中，更是針對「認為各類風險在何時可能對世界形成重大威脅」做出調查，未來短期 0 ～ 2 年內，排名第一的是極端氣候，第二則是生計危機，第三則是氣候行動失敗（如圖 9-7）。未來中期 2 ～ 5 年內，排名第一的是氣候行動失敗，第二則是極端氣候，第三則是社會凝聚力瓦解（如圖 9-8）。未來長期 5 ～ 10 年內，排名第一的仍是氣候行動失敗，第二則也依舊是極端氣候，第三則是生物多樣性毀滅（Biodiversity loss）（如圖 9-9）。

歸納以上 WEF 的 2022 年全球風險報告的內容可以發現，排名前三的巨災風險事故絕大部分都跟氣候變遷有直接的關聯。而瑞士再保或慕尼黑再保的研究報告也異口同聲指出，這些天然巨災風險事故在未來將經常發生且會造成嚴重損失，若單憑政府之力，整個社會經濟要恢復的期間將會延長。再者，保險在天然巨災風險的損失補償中應擔任極為重要的角色，且必須在巨災風險保險規劃程序（Catastrophe Risk Insurance Programmes）中與政府合作，不但能分攤政府財政負擔且能補償個人與企業的損失。

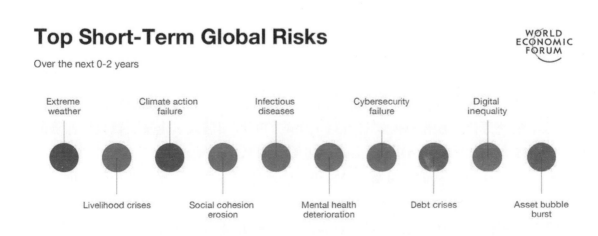

圖 9-7　短期可能發生風險，左側風險程度為最高，依次向右。

Top Medium-Term Global Risks

Over the next 2-5 years

圖 9-8　中期可能發生風險，左側風險程度為最高，依次向右。

Top Long-Term Global Risks

Over the next 5-10 years

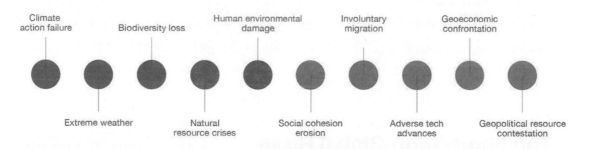

圖 9-9　長期可能發生風險，左側風險程度為最高，依次向右。

　　無可否認，全球天然巨災風險損失的保險覆蓋率不足，而導致此缺口的原因非常多，但是最終原因不脫離保險業經營巨災保險的態度與個人、企業購買巨災保險的意願和政府涉入巨災風險保險規劃程序的態度等三個原因有關。

　　可以進一步深究為何保險業經營巨災保險的態度不積極，從商業保險角度來看，有些天然巨災風險事故並不具備可保為險條件，或者不符合可保危險要件。巨災風險事故即便不常發生，但一旦發生就是巨額損失，再加上巨災風險事故的歷史資料不足，

對保險公司而言，經營的危險程度（degree of loss）太高，所以保費居高不下，保險市場上也就乏人問津，影響保險公司經營巨災保險的意願。詳言之即是天然巨災風險事故影響的範圍往往跨越許多不同的國家或區域，與保險理論所謂的「透過不同區域的承保以分散風險」的原則不符，更加劇處裡天然巨災風險的成本。也可深入探究為何個人、企業購買巨災保險的意願低落。除了前述保費太高之外，另外也因為天然巨災風險事故不若火災、車禍等事故有較高的發生頻率，災風險事故的低發生率，再加上許多人或企業也寄望政府將會對巨災風險損失提供補償。在此雙重心態作用之下，自然影響了巨災保險的投保意願。

然而這些不可保的天然巨災若不處裡，必將造成政府的財政負擔或支出增加。為了縮小保險覆蓋缺口，保險業要與政府合作，設法減少提供保險保障的成本，唯有降低保險保障價格才可能提高個人、企業購買巨災保險的意願。再者，保險公司或政府也應利用再保險技術，提高巨災風險的可保危險性質。這也是 OECD 所強調的，在面對與氣候變遷風險事故時，保險業與政府必須建立巨災風險保險規劃程序，並以此規劃程序處理可能發生的巨災風險事故。以下就來看看各國大然巨災發生後，其經濟損失與保險分擔之間的占比關係，以及世界各先進國家之巨災風險保險規劃程序。

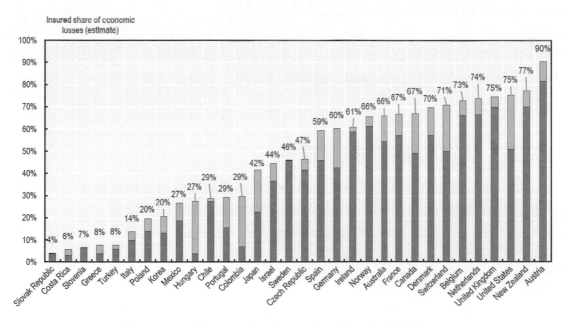

圖 9-10　各國天然巨災經濟損失與保險分擔占比統計。

圖 9-10 中，每個國家各有兩筆有關天然巨災風險事故所致經濟損失與獲得保險賠付的比率，兩筆資料數據分別來至於瑞士再保的 Sigma 與 PCS 保險集團的預估。圖中是以這兩筆資料數據中較高的比率做為排序的依據。其中經濟損失超過一半由保險提供補償的國家共有 15 個，而且絕大多數都是高度開發國家，保險覆蓋率也比較高。其餘的國家，多數是發展中國家，天然巨災風險事故所致經濟損失可獲得保險賠付的比率都偏低，甚至不足 30%。這些發展中國家的保險覆蓋率，想當然爾，遠不及高度開發國家。

另外還可在圖 9-10 中觀察到一個現象，也就是有充分的數據證明天然巨災風險事故在許多國家所導致的經濟損失有明顯增加的趨勢，尤其是因氣候變遷所致的颶風損失和野火季節的延長，此與本節前述的內容不謀而合。例如 2020 年氣候變遷創造了有氣候紀錄以來的罕見高溫，颶風、野火與新冠肺炎疫情等巨災風險肆虐。瑞士再保統計巨災風險損失總賠款中，天然巨災風險事故的相關賠款即占 91%。這其中以強烈颶風和野火危害最烈，且恰恰與氣候變遷有直接關聯。其餘天然巨災舉凡洪水、冰雹與乾旱更是不在話下的頻繁發生且損失不貲。瑞士再保也大膽預測，隨著氣候變遷全球暖化加快，這些天然巨災風險事故發生頻率必然大幅提高，且會造成無法預期的經濟損失。若不再正視保險在巨災風險事故損失補償功能，巨災風險事故低保險覆蓋率的現象可能會持續下去。因此，瑞士再保強烈建議保險公司對天然巨災風險事故要重新檢視，並尋求相對應的新型保險商品。當然這之中，政府須責無旁貸的與保險公司共同承擔天然巨災風險事故損失的風險管理規劃責任，例如政府結合保險公司的巨災風險保險規劃程序。

第二節 巨災風險保險規劃程序

什麼是巨災風險保險規劃程序（Catastrophe Risk Insurance Programmes）？綜觀全球先進國家的做法，一般而言，包括了保險業與政府兩方的合作基礎，針對天然巨災風險的損失共同分擔或做再保險安排。此種巨災風險保險規劃程序會使得天然巨災風險損失的一部分（或是大部分）轉由保險（或再保險）市場來共同分擔，因此政府財政支出的風險壓力會變得比較有限。

不論是根據理論或是各種過往災後實際的經驗，隨著巨災風險事故發生之後的前期、中期、後期等三個不同時間軸段，在巨災風險保險規劃程序中，保險業與政府也應會有不同的分工與功能（Young, 2010）（圖 9-11）。在天然巨災風險發生後的緊急

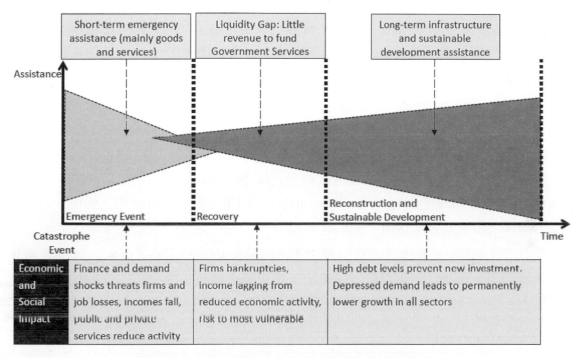

圖 9-11 天然巨災風險發生後影響與恢復時間軸段。

（Emergency）初期，基本上是以救援為主，主要是各方的飲食與衣著物資與搜救、醫療、喪葬等人道服務。天然巨災風險發生進入中期（Recovery）恢復階段，於此時期，因經濟活動停滯，多數企業面臨破產問題，勞工薪資遲滯未發。值此之際，政府的大量救援資金多半緩不濟急亦無法滿足需求，就容易形成企業或個人周轉現金短缺（Liquidity Gap）問題。天然巨災風險發生進入後期（Reconstruction and Sustainable Development）復原發展階段，因百廢待興，各項公共基礎必須重建，政府可能債臺高築，阻礙各方面的投資意願，導致建設需求不足經濟成長趨緩。

　　所以隨著巨災風險事故發生之後的前期、中期、後期等三個不同時間軸段，保險業與政府的分工劃分應是保險業在天然巨災風險發生進入中期（Recovery）恢復階段時介入，若是保險覆蓋率足夠，適時到位的損失賠款，就不容易發生企業或個人周轉現金短缺問題。而政府的主要功能應發揮在天然巨災風險發生進入後期復原發展階段，大量資金投入公共基礎設施的重建。也就是說，若是保險業在天然巨災風險發生進入中期能發揮作用，就可以減輕政府於天然巨災風險發生進入中期時的財政負擔，連帶的會有較充裕資金投入於天然巨災風險發生進入後期的復原發展階段。

前面第一節曾提及保險覆蓋率高的國家，其天然巨災發生後的經濟恢復期相對較短，且因政府的財政支出負擔較輕，不會增加人民稅負，同時國家主權信用評等也不易被降等級。所以接著就來簡單看一下這些先進國家相關的巨災風險保險規劃程序當中，保險業與政府各自的功能角色。

首先是丹麥，保險業以直接業務方式承保有關風暴潮水和內陸洪水的風險損失，可以投保的對象包括一般居民和企業客戶，而提供保險保障業務的 Danish Storm Council 是一個政府機構，此機構的資金來源仰仗保費收入。法國則是以再保險的方式，針對洪水、地層滑動、土石流、雪崩與狂風等天然巨災提供第二層保障。提供再保險保障業務的 Caisse Centrale de Reassurance（CCR）是一個政府獨立機構，並同時由政府擔保無限制的資金援助（參閱表 9-2）。

紐西蘭也是由一個政府的獨立機構 Earthquake Commission（EQC）提供有關地震、火山噴發、海嘯、地層滑動、暴風雨、洪水等天然巨災損失的直接保障，且 EQC 與法國的 CCR 一樣，獲得政府提供無限制的資金保證。地處北歐的挪威是由一個法定機構 Norsk Naturskadepool 以共保或再保險的方式提供有關洪水、暴風雨、地層滑動、火山爆發、地震等天然巨災所致損失的保障，不過此機構並無政府的財政支持保證。西班牙也是成立一個實體機構以保險的方式直對洪水、地震、海嘯、火山爆發、暴風、恐怖攻擊、社會暴動等巨災風險提供保障，雖然此實體機構設立的資本與準備金是以自籌資金方式獲得，但是政府仍提供無限制的擔保（參閱表 9-3）。

瑞士是以直接保險、再保險或共保的方式提供一般居民與商業機構有關洪水、暴風雨、冰雹、雪崩、地層滑動等巨災風險的保障，基本上這些保險機制設立之資本與準備金是以自籌方式獲得。再來看看英國的天然巨災風險保險規劃，英國是經由立法方式成立一個洪水再保險機制，以再保險的方式為居民的洪水巨災風險損失提供第二層保障（參閱表 9-4）。

最後來看一下地大物博的美國是如何處理天然巨災風險。美國的國家洪水保險計畫（National Flood Insurance Program, NFIP）是以直接保險的方式為居民或商業機構提供風險管理與保險保障服務。NFIP 由美國聯邦緊急管理局（Federal Emergency Management Agency）所管轄，除了收取保費之外，亦可向美國財政局（US Treasury）籌借資金。除此之外，NFIP 也將部分風險移轉給再保險。美國另外還有兩個處理風災相關的天然巨災風險保險規劃，但都屬於區域性質的機制，且都在佛羅里達州（Florida state）。其中一是公平獲得保險要求計畫（Fair Access to Insurance Requirements Plans, FAIR）與海灘風暴計畫（Beach and Windstorm Plans），並專門針對風災所致損失提供

表 9-2 巨災風險保險規劃程序 - 丹麥與法國

	Programme	Type of insurance offered	Type of perils covered	Types of policyholders covered	Importance as coverage provider	Premium pricing	Public sector involvement
Australia	Australian Reinsurance Pool Corporation (ARPC)	Reinsurance	Terrorism	Commercial	Main provider of coverage (reinsurance)	Simplified premium structure (hazard zone)	ARPC is a government enterprise that benefits from a government guarantee for excess losses up to a pre-determined amount
Austria	Österreichischer Versicherungspool zur Deckung von Terrorrisiken (OVDT)	Co-insurance/ Reinsurance (pool)	Terrorism	Commercial Residential (household)	Main provider of coverage (co-insurance)	Various approaches, including fixed cost (sum insured)	None
Belgium	Terrorism Reinsurance and Insurance Pool (TRIP)	Co-insurance/ Reinsurance (pool)	Terrorism	Commercial Residential (household)	Main provider of coverage (co-insurance)	Fixed cost (market share)	TRIP benefits from a government guarantee for excess losses up to a pre-determined amount
Denmark	Danish Storm Council	Direct insurance (compensation)	Storm surge and inland flood	Residential (household) Commercial	Sole provider of coverage (compensation)	Fixed cost (per policy)	The Storm Council is a public entity that provides compensation for damages funded by a fee on fire insurance policies.
	Terrorism Insurance Council	Direct insurance (compensation)	Terrorism (NBCR)	Residential (household) Commercial	Sole provider of coverage (compensation)	No up-front premium. Losses are recouped through a fixed charge applied to specific types of policies.	The Terrorism Insurance Council is a special entity that provides compensation for damages.
Finland	Finnish Terrorism Pool	Reinsurance	Terrorism	Residential (household) Commercial	Residual provider of coverage (reinsurance when all other recovery sources exhausted)		None
France	Caisse centrale de réassurance (CCR)	Reinsurance	Flood, earthquake, tsunami, landslide, mudslide, avalanche, subsidence and	Residential (household) Commercial	Significant provider of coverage (reinsurance)	Fixed cost (sum insured) (uniform additional premium rate)	CCR is a government entity backed by an unlimited government guarantee

表 9-3 巨災風險保險規劃程序 - 紐西蘭、挪威與西班牙

	Programme	Type of insurance offered	Type of perils covered	Types of policyholders covered	Importance as coverage provider	Premium pricing	Public sector involvement
			high winds; terrorism				
	Gestion de l'Assurance et de la Réassurance des risques Attentats et actes de Terrorisme (GAREAT)	Co-insurance/ Reinsurance (pool)	Terrorism	Commercial	Sole provider of coverage for large risks (co-insurance)	Fixed cost (sum insured)	GAREAT's reinsurance coverage is provided by private reinsurers and CCR (government entity)
Germany	Extremus	Direct insurance	Terrorism	Commercial (large)	Main provider of coverage for large risks (direct insurance)	Risk-based pricing	Extremus is backed by a limited government guarantee
Iceland	Natural Catastrophe Insurance of Iceland (NTI)	Direct insurance	Volcanic eruptions, earthquakes, landslides, avalanches, river, costal and glacial flood	Residential (household) Commercial	Sole provider of coverage (direct insurance)	Fixed cost (sum insured)	NTI is a government entity backed by an unlimited government guarantee (although overall indemnity limits apply per event)
Japan	Japan Earthquake Reinsurance (JER)	Reinsurance	Earthquake, volcanic eruptions, tsunami	Residential (household)	Significant provider of basic coverage (reinsurance)	Simplified premium structure (hazard zone and type of construction)	Losses above certain thresholds are shared by the government and industry up to a pre-determined amount
Netherlands	Nederlandse Herverzekeringsmaatschappij voor Terrorismeschaden (NHT)	Reinsurance	Terrorism	Residential (household) Commercial	Main provider of coverage (reinsurance)	Fixed cost (market share)	NHT benefits from a government guarantee for excess losses up to a pre-determined amount
New Zealand	Earthquake Commission (EQC)	Direct insurance	Earthquake, volcanic eruptions, tsunami, landslides, storm/flood (for land only)	Residential (household)	Significant provider of basic coverage (direct insurance)	Fixed cost (sum insured)	EQC is a government entity backed by an unlimited government guarantee
Norway	Norsk Naturskadepool	Co-insurance/ Reinsurance	Flood, storm, landslide, avalanche, volcanic eruption, earthquake	Residential (household) Commercial	Sole provider of coverage (co-insurance)	Fixed cost (sum insured)	Established by legislation although no government financial support is provided.
Spain	Consorcio de Compensación de	Direct insurance	Flood, earthquake, tsunami, volcanic	Residential	Sole provider of coverage (direct	Fixed cost (sum insured)	CCS is a government entity backed by an unlimited

表 9-4 巨災風險保險規劃程序 - 瑞士與英國

	Programme	Type of insurance offered	Type of perils covered	Types of policyholders covered	Importance as coverage provider	Premium pricing	Public sector involvement
	Seguros (CCS)		eruption, windstorm, terrorism, social unrest	(household) Commercial	insurance)		government guarantee (although self-financed with its own capital and reserves)
Switzerland	Kantonale Gebäudeversicherungen (19 cantons) (e.g. Grisons)[1]	Direct insurance	Flood, storm, hail, avalanche, landslide, snowpressure (as well as fire)	Residential (household) Commercial	Sole provider of coverage (direct insurance) (some cantons)	Simplified premium structure (type of construction)	Established by legislation as independent self-financed entities with their own capital and reserves
	Interkantonale Rückversicherungsverband (IRV)	Reinsurance for public insurers for real estate	Flood, storm, hail, avalanche, landslide, snowpressure (as well as fire)	Residential (household) Commercial	Sole provider of coverage (reinsurance) (some cantons)	Risk-based pricing	Established by legislation as independent self-financed entity with its own capital and reserves
	Schweizerische Pool für Erdbebendeckung (SPE)	Direct insurance (compensation)	Earthquake	Residential (household) Commercial	Sole provider of coverage (compensation)	Fixed cost (sum insured)	None
	Schweizerischer Elementarschadenpool (SVV) of the private insurance sector	Co-insurance	Flood, storm, hail, avalanche, landslide	Residential (household) Commercial	Main provider of coverage (co-insurance) (some cantons)	Fixed cost (sum insured)	None
	Terrorism Reinsurance Facility	Reinsurance	Terrorism	Commercial (large)	Main provider of coverage (reinsurance)		None
Turkey	Turkish Catastrophe Insurance Pool (TCIP)	Direct insurance	Earthquake, tsunami, landslide (and other perils triggered by earthquake)	Residential (household) (within municipal boundaries)	Significant provider of basic coverage (direct insurance)	Simplified premium structure (hazard zone and type of construction)	Limited government reinsurance for losses above TCIP's capacity
United Kingdom	Flood Re	Reinsurance	Flood	Residential (household)	Residual provider of coverage (reinsurance)	Fixed cost (based on council tax band)	Established by legislation
	Pool Re	Reinsurance	Terrorism	Commercial	Main provider of coverage (reinsurance)	Simplified premium structure (hazard zone)	Unlimited government backstop for losses above Pool Re capacity

表 9-5 巨災風險保險規劃程序 - 美國

	Programme	Type of insurance offered	Type of perils covered	Types of policyholders covered	Importance as coverage provider	Premium pricing	Public sector involvement
United States	National Flood Insurance Program (NFIP)	Direct insurance and risk management programme	Flood	Residential (household) Commercial	Significant provider of basic coverage (direct insurance)	Simplified premium structure (hazard zone and elevation with exceptions, although a new rating model is set to be implemented from October 2021)	NFIP is administered by the Federal Emergency Management Agency (a government agency) The NFIP collects premiums and has the authority to borrow from the US Treasury. NFIP has transferred part of its risk to private reinsurance companies and capital market investors
	Terrorism Risk Insurance Program (TRIP)	Co-insurance	Terrorism	Commercial	Main provider of coverage (co-insurance)	No up-front premium. Post-event assessments are applied through surcharges imposed upon commercial policyholders	Limited federal government backstop through co-insurance for losses above a defined threshold
	California Earthquake Authority	Direct insurance	Earthquake	Residential (household)	Significant provider of coverage (direct insurance)	Risk-based pricing	Established by state legislation
	Fair Access to Insurance Requirements (FAIR) Plans and Beach and Windstorm Plans (e.g. Citizens Property Insurance Corporation (Florida))[2]	Direct insurance	Wind (as well as other property insurance perils such as fire and theft in some cases)	Residential (household) Commercial	Residual provider of coverage (direct insurance)	Risk-based pricing	Some residual plans are operated as public insurers (e.g. Citizens (Florida) is a state government entity)
	Florida Hurricane Catastrophe Fund (FHCF)	Reinsurance	Wind	Residential (household) Commercial	Significant provider of basic coverage (reinsurance)	Risk-based pricing	Established by state legislation and administered by a government agency

保障。但此計畫僅提供給無法在一般保險市場上買到保險的佛州居民或商業機構。此計畫當中的部分保障是由政府提供。另一個佛州處理風災的規劃是佛州颶風巨災基金（Florida Hurricane Catastrophe Fund, FHCF），FHCF 是經由佛州立法程序所設置，並由佛州政府管轄，以再保險方式為颶風所致損失提供基本保障（參閱表 9-5）。

　　簡單檢視完各先進國的天然巨災風險保險機制之後，接下來可以透過一些數據理解或者證明這些天然巨災風險保險機制對於處理或保障天然巨災風險是否具備一定的作用。從下圖 9-12 中可以清楚看到沒有天然巨災風險保險機制的國家，天然巨災發生後，對於巨災所致經濟上的損失分擔比例比較低。對照有天然巨災風險保險機制的國家，顯然其巨災所致經濟上的損失，超過半數可以從保險上獲得補償。以洪水巨災為例，丹麥、法國、挪威、西班牙、瑞士、美國等有天然巨災風險保險機制的國家，其洪水所致經濟損失，有 57.9% 可從保險獲得補償，而其餘無天然巨災風險保險機制的國家，其洪水所致經濟損失，只有 30.6% 可從保險獲得補償。類似的情況，有天然巨災風險保險機制的國家，諸如法國、挪威、西班牙、瑞士、美國，相較於無天然巨災風險保險機制的國家，其暴風雨所致之經濟損失，會有較多的比例（約 58%），可透過保險獲得補償。

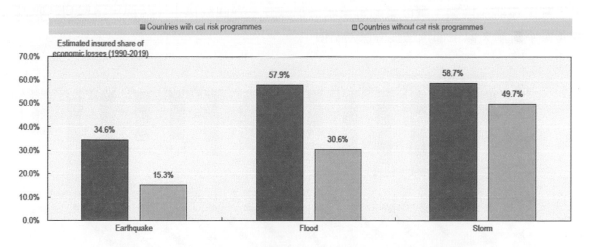

圖 9-12　有無天然巨災風險保險機制經濟損失補償比例對照。

第三節 氣候變遷間接導致之潛在流行傳染病巨災損失

　　流行傳染病的爆發，長期以來均被一般人認為也是一種另類的巨災損失。但是這些潛在損失的補償也多聚焦於人壽保險、醫療保險、雇主責任保險與勞工保險等對於因流行疫情所致的醫療費用損失、停薪與隔離費用損失的補償。對於企業因疫情所致之財務損失則多關注於政府紓困或減稅措施。事實上，企業因疫情所致之財務損失遠遠超過因疫情引起的醫療費用損失、停薪與隔離費用損失。根據美國財產保險協會（American Property Casualty Insurance Association）的估計，企業因政府命令的暫時性封鎖營業所致的營業損失（包括暫停營業期間的附帶費用、薪資給付、利潤損失）高達每月 1 兆美元（Hartwig & Gordon，2020）。根據日內瓦協會（Geneva Association）2020 年的統計，全球可保疫情經濟損失（疫情風險中的可保經濟利益損失）即高達每月 4.5 兆美元。這些因暫停營業所致的損失，若以行業類別來看，服務類型行業（Service-type industry，例如零售、餐飲服務）與實體類型行業（Physical-type industry，例如建築、製造業）的利潤損失就巨幅超越知識類型行業（Knowledge-type industry，例如資訊、電商）。下圖 9-13 是單就加拿大 2020 年 4 月份與 2019 年 4 月服務類型行業與實體類型行業的營業收益比較。無一倖免，營業收益多數減少了 20% 以上，其中建築、娛樂、餐飲業的營業收益都減少三到四成以上。然而，這些利潤收益或營業中斷損失似乎都無法獲得保險賠償。

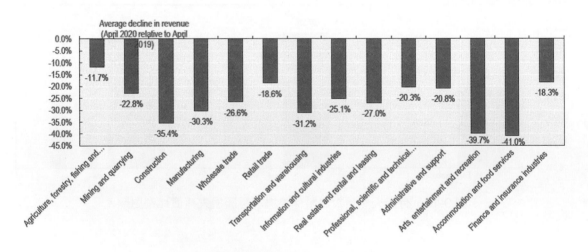

圖 9-13　加拿大 2020 年與 2019 年 4 月行業營業收益比較。

在本章第一節中，根據 OECD 2021 年的 Enhancing financial protection against catastrophe risks: the role of catastrophe risk insurance programmes 報告書也將流行傳染病損失視為氣候變遷間接導致之潛在流行傳染病巨災損失。無論從一般商業保險或天然巨災風險保險機制的角度來審視流行傳染病的損失補償，可以發現流行傳染病的損失補償存在很大的缺口，其原因如下：

1. 根據本章第二節各國天然巨災風險保險機制的簡介內容來看，全球國家均未將流行傳染病巨災損失風險包括在內。

2. 全球的保險公司所簽發的一般商業保險單，多數只承保標的物，因保險事故毀損滅失所導致的營業中斷損失。未明確將流行傳染病風險所致的營業中斷損失承保在內。

但是 COVID-19 不會讓承保標的物有實體的損失，卻也造成企業營業中斷損失。據 OECD 統計，2020 年 COVID-19 相關的理賠糾紛金額約 500 ～ 700 億美元，其中約有 100 ～ 200 億美元與營業中斷損失有關。OECD 國家因 COVID-19 之盈餘損失每月高達 1.7 兆美元，預估因 COVID-19 所致的營業中斷損失中只有 1% 可獲得保險賠償，也就是產生了約 99% 的保障缺口。因此，氣候變遷間接導致之潛在流行傳染病的巨災損失，應該是接下來保險業與政府在巨災損失風險管理議題中必須被關注的焦點之一。

第四節 氣候變遷導致之農牧損失補償

自古以來農牧業一向被稱之為看天吃飯的行業，非常容易因天候狀況不佳而血本無歸。從中國歷史來看，朝代的更替經常與飢荒有關。當農民耕作因旱澇而無法有收穫時，民間即有可能鬧飢荒，若皇室不知民間疾苦且未及時賑災，吃不飽的饑民就會揭竿起義推翻朝代。以歷史為鏡可知興替，因此世界各國政府莫不設法保障農牧業的穩定耕作或畜牧產量。尤其在全球暖化氣候變遷影響之下，各地都遭受前所未有的極端氣候侵襲，甚至不論是頻率或是嚴重程度均屢創新高。農牧業既是看天候臉色的行業，必然也是受全球暖化氣候變遷影響最劇的行業。因此，在這一節內容中將會有較大的篇幅，探討以農業保險為主軸的農牧業風險管理規劃架構。先從傳統農業保險解說開始，然後會提到面對氣候變遷的糧食危機與新型農業保險，最後則是將農牧業風險管理規劃架構做詳細的論述，以說明其對氣候變遷導致之農牧損失補償，為何能產生保障的作用。

一、農業保險定義

　　Agricdemy（https://agricdemy.com/）是國際上一個知名的農業教育與農業知識的線上交流平臺，這個平臺為了使農牧業者理解農業保險，就簡單的定義農業保險為：農牧業者支付一筆小額保費給保險公司之後，保險公司承諾補償某一特定期間任何因承保風險事故（例如洪水、乾旱等）發生所致的損失。印度國營農業保險公司（AGRICULTURAL INSURANCE COMPANY OF INDIA LIMITED）的與中國的《農業保險條例》也有類似的定義。世界各國政府大都會建立一種適合其國情的農牧業風險管理機制以保障其農牧業的收穫與農牧財產機具安全。雖然各國的農牧業風險管理機制不盡相同，但是農業保險（Crop Insurance 或 Agricultural Insurance）必然都是這些農牧業風險管理機制的核心（丁少群，2015）。

二、農業保險對農牧業者的效益

　　農業保險如前段定義所述可以補償因承保風險事故發生所致的損失，因此可產生的效益為：

1. 可以增進農牧業者的融資信用，有助於獲得有關於農業技術、機具設備等方面所需資金的貸款。
2. 可以維持農牧業者有規律的金流並協助災後重建。
3. 可以補償因人為疏失所致農業機具設備財產的損失，降低農牧經營風險。
4. 可以降低農牧業者因意外風險事故不確定性而帶來的心理焦慮，以便能更專注於農牧生產效率提升與創新。
5. 可以使農牧業者養成規律儲蓄習慣以支付每年繳付的農業保險費。
6. 可以協助農牧業者以農業保險單價值作為支撐的銀行貸款。
7. 可以間接使得農牧業者雇用的勞工有穩定的工作保障。

三、農業保險類別

　　沒有一個單一的農業保險單可以提供保障給不同類型的農牧業者，不同型態的農牧業就要由適合的相對應之保單提供保障。大致而言，農業保險可以大範圍的區分為傳統農業保險與新型態農業保險兩大範疇，而在傳統農業保險中又分為養殖業保險（Animal agricultural insurance）、種植業保險（Crop agricultural insurance）與農牧機

具財產保險（Farm property and equipment agricultural insurance）等三個類別。新型態農業保險則是可再進一步分為農牧產品價格與收入保險、區域產量保險與農業天氣指數型（或參數型）保險（Agricultural Index Insurance）。農牧栽植或畜養有非常強的地域關聯，所以各地方農業保險公司提供的保障種類均是因地制宜的特定保單，但通常可以歸納為如下圖 9-14 所示分類。之後本書將只針對因應氣候變遷而產生的新型態農業保險做進一步的說明。

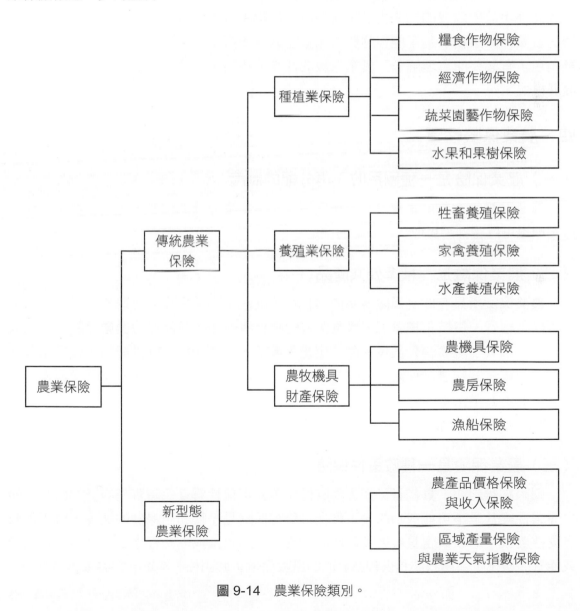

圖 9-14　農業保險類別。

綜合前述有關農業保險定義、農業保險利益與農業保險分類，農業保險即是為農牧業生產者在從事種植業和養殖業生產過程中，對遭受自然災害和意外事故所造成的經濟損失提供保障的一種保險。農業保險常被看作國家對農業的扶持政策，是將財政手段與市場機制相對接，提高財政資金使用效益，分散農業風險的政策。農業保險若按性質亦可分為政策性農業保險和商業性農業保險。狹義的農業保險僅指種植業和養殖業保險，指為農業生產者在從事種植業和養殖業生產和初加工過程中，遭受自然災害或意外事故所造成的損失提供經濟補償的保險。廣義的農業保險指所有面向農村開辦的各類保險業務。為了能理解農業保險在氣候變遷下，天然巨災所致損失能扮演什麼角色，有必要簡單理解一下農業保險的性質、特點、與功能並借鏡於國外農業保險發展模式。

四、農業保險性質

（一）農業保險是一種國民收入再分配的制度

農業保險的本質就是保險，這種風險轉嫁與損失分擔的機制，應用於農業領域，無疑地也可以達到國民收入再分配的作用。

（二）農業保險是一種準公共產品

農業保險所具有的高風險與高成本特性，就注定必須由實力雄厚的大保險公司進行規模化經營。規模化經營下，農業保險的購買者較多，較能保證農業保險經營的大數法則。私人小規模經營農業保險注定是失敗的，美國 19 ～ 20 世紀初，幾家私營保險公司曾嘗試開辦農業保險，最終無一例外，均以失敗告終。因此政府的參與變得很必須，導致農業保險既非為意義完整的私人物品，亦不是典型的公共物品，而是介於私人物品與公共物品的一種物品，甚至稍接近於公共物品。

（三）農業保險是一種政策性保險

國際經驗證明，具備巨災損失高賠付率等非可保性質且保障責任廣泛的農業保險之商業性經營是不可能成功的。事實上，農業保險是一種利用保險的技術，再添加政府支持農牧業的政策含量。更具體地說，政府透過政策或立法程序賦予農業保險功能或能量的擴充，為農牧業提供較為全面的風險保障（庹國柱、李軍，2005）。

五、農業保險特點

與一般商業保險相比較，尤其是財產保險，農業保險有如下特點：

（一）保險標的具有生命性

農業保險的標的物通常都是有生命的生物，受到自然再生產規律的制約，使農業保險的運營和管理與財產保險有極大差異，農業保險經營者必須適應這些大自然規律的約束，無法完全應用財產保險實務經驗。例如農業保險的標的物價值的最終確認既非在訂約時，亦非在事故發生時，而是在成熟或收穫時。再如農業保險標的物的鮮活特性，使得受損的現場不易保持受損當時的原狀，恐失去查勘定損機會，增加農業保險經營者的經營風險。

（二）明顯地的地域與季節差異性

因為導致農牧業損失的意外事故通常具較具區域性，使得事故種類、事故頻率、事故嚴重程度、保險期間與保險費率等方面，會有區域內相似但卻異於區域外的特性。例如美國棉花種植區域，從臨大西洋經常有颶風侵襲的北卡羅萊納州（North Carolina），延伸到臨太平洋，幾乎年年有野火與乾旱的加利福尼亞州（California），所以雖然同是農業保險，但美國東西兩岸的農業保險契約內容如保險責任起迄日期、保險事故種類與保險費率就會有顯著的差異。同樣的，農牧業生產與其災害，有很規律的季節性，所以農業保險在投保、承保與理賠上就有顯著的高峰與離峰季節。

（三）損失率的週期性

多數農牧災害的發生均具備周期性，所以農業保險損失率會隨之呈現相同的周期性，在大災年份損失率極差，但在無大災發生的年份卻有很漂亮的損失率，所以不能僅以單一年份的損失率來評斷農業保險的經營績效好壞，反而要將農業保險的經營風險設法分散在不同的年份。

（四）農損事故的巨災損失性

巨災損失是指同一地區的被保險人可能同時遭受惡劣天候帶來的損失，無法滿足大數法則（Law of Large Numbers）定律，破壞了保險公司企圖在被保險農牧業者之間、農牧業作物之間、農牧業區域之間分散風險的危險管理規劃。

（五）信息不對稱之高道德風險性

農牧業保險標的物種植或活動的範圍遼闊，不論是核保查勘或定損查勘，保險公司都不易瞭解全貌，所以常有無災報損、小損大報、超額投保或帶損投保等道德危險發生。再者，農牧業者的投保也往往有逆選擇的傾向，通常選擇風險損失較大的標的投保，或是根據過去一年的損失狀況來決定是否投保。

依據農業保險特點可以知道農業保險的經營難度極高，經營風險也高。所以農業保險的推展相當程度依賴政府的政策決心，與政府的參與態度。

六、農業保險社會功能與效益

（一）農業保險的社會功能

農業保險如前所述，是政策性保險的一種，故其功能除了具有保險處理意外事故風險的財務功能之外，尚具備了一般商業保險缺少的收入移轉政策功能，簡單說明如下（馮文麗，2004）：

1. 農業保險是處理農牧業意外事故風險的重要財務手段

農業保險本質上與一般保險無異，具備集合多數人力量分擔少數人損失，也就是分散風險補償損失的功能。在財務上的意涵是，農牧業者只需要支付少量的保費，即可將未來不確定的意外風險損失轉嫁給保險公司，當約定的意外風險事故發生並產生損失時，保險公司即按保險契約規定支付農牧業者一筆保險金且遠超過農牧業者當初所繳交的保費。換句話說，農業保險也同樣具備財務的互助性質。再者，農牧業者所繳交的保費可計入其經營的成本，並反映在農牧產品的售價上，等於是農牧業者所繳交的保費最終是由社會上眾多消費者共同來分擔。就此種經濟制度的運作來看，農業保險無疑的也是依靠社會的財務力量所支撐起來的農牧業風險保障機制。

2. 農業保險是政府實施收入移轉政策的一種間接手段

若單純從一般商業保險經營的角度來看，農牧業所面臨的意外風險事故，多數不符合可保危險要件，此種極弱的可保性質，必將導致必須以較高的保費收取，才能勉強維持保險制度的運作，甚至仍有無法安排再保險的疑慮。所以如果按一般保險機制處理農牧業所面臨的意外損失風險，可能導致農牧業者無力負擔保費或是保險公司不願承保的窘境。在此情況下，農牧業所面臨的意外損失風險將完全需由政府的財政支

出且無法有效處理，農牧業者也無法獲得充分且即時的損失補償。因此，採取政府對農業保險進行補貼的策略，不論是保費的補貼或是以基金方式對保險公司的再保險支撐。也就是利用部分社會資源的邊際效用將農業保險的邊際效用發揮到最大，達到農牧業者、政府、社會三者皆安全的境界。從西方農業保險制度先進國家的經驗來看，農業保險若無政府參與並採收入移轉政策，終究將導致農業保險市場癱瘓，農牧業者、政府、社會三者皆輸的局面。

（二）農業保險的社會效益

農業保險因為具備上述功能，若能落實於農牧業的意外事故風險管理機制中，基本上可以產生如下列舉的社會效益（張祖榮，2009；庹國柱，2013）：

1. 增進農牧業保護並增強糧食安全

農牧業不論在先進國家或是開發中國家，相較於其他產業都相對弱勢，但農牧業又攸關國家糧食安全，在國家安全體系裡具有一定的戰略地位，因此政府必須採行一定的保護措施，消極面可以保護農牧業者，積極面可以加強糧食安全，提高農牧業生產效率，甚至提高農牧業國際競爭力。而農業保險在增進農牧業保護政策中即扮演至關重要的角色。

2. 促進農牧聚落金融發展與農牧產業化

由於農牧業向來是看天吃飯的產業，收益不確定性高，加上多無高價值穩定資產可供抵押，講究金融風險管理的商業銀行多不願提供農牧業者融資貸款。農業保險提供農牧業資產保障，等同於強化了農牧業者融資貸款的信用，降低農牧業者融資貸款風險。有了金融貸款的挹注，原本因資金不足受到制約的農牧產業發展便得以開展，並能保證農牧產業化的持續健康發展。

3. 有效發揮社會收入再分配效果並減輕政府農牧業救濟的財政負擔

如前所述不論是農業保險費的補貼或是保費計入成本反映於漁農牧產品售價，便產生社會收入再分配的實質效果，而且農牧業的意外風險事故損失藉由農業保險即可獲得補償，較不需要政府對農牧業意外風險事故損失進行財務救濟，減輕政府的財政負擔。

七、國外農業保險發展模式

（一）政府主導參與型

此種模式以美國和加拿大為代表，由政府專業保險機構主導，對政策性農業保險進行較為全面的管理與直接或間接的經營，實行這種模式的國家藉由不斷完善的農作物保險法律法規為基礎，設置農作物保險公司，提供農作物直接保險並由中央政府統一組建的全國農業保險公司進行農業再保險。

（二）政府支持社會互助型

實行這種模式的國家主要代表是日本。政府對主要農作物，如水稻、小麥等和飼養動物實行強制保險，其他實行自願保險。其特點是政策性非常強，所以直接經營農業保險的民間保險合作社機構就不會是以營利為目的。政府對此民間保險合作社機構進行監督和指導，並提供再保險、保費補貼和管理費補貼。

（三）政府資助商業保險型

採行此種模式的主要是一些已開發的西歐國家如德國、法國、西班牙等。這種模式的主要特點是政府沒有建立全國統一的農業保險制度，政府也不經營農業保險。因此，農業保險主要就由民辦商業保險公司、保險合作社經營，且由農民自願投保。為了減輕農民購買農業保險的保費負擔，由政府給予一定的保費補貼。

（四）政府重點扶植型

這種模式的執行主要是一些開發中國家為代表。其特點是農業保險主要由政府專門農業保險機構或政府經營的保險公司提供，但是保險險種選擇不多且保障程度低，保障範圍也小。主要承保農作物，而很少擴及至承保畜禽等飼養動物。這種農業保險措施一般與農牧業生產貸款相聯繫，所以只要有農牧業相關貸款都被要求強制購買（庹國柱、李軍，2005）。

八、農業保險理賠流程

各國農業保險的理賠流程與一般保險理賠流程並無太大差異，不外乎就是出險、查勘、定損與賠付。以中國大陸農業保險為例，其理賠流程為（庹國柱、李軍，2005）：

1. 報案與受理：農戶受災後，可以通過行政村協保員、鄉（鎮）保險代理員向人保財險公司報案，同時應保護好標的物。

2. 現場查勘：保險公司查勘人員到達現場後，查明農作物受損原因、拍攝受損現場、核定受損數量、確定損失率。

3. 對於重大理賠案件，應組成以保險公司為主，農業、植保、財政、氣象等部門參加，鄉鎮配合的聯合查勘小組。

4. 保險公司現場查勘結束後，根據種植業保險條款進行確定賠償金額，分散的農戶可直接賠付。大面積災害損失，由地方政府和保險公司根據查勘損失情況，雙方協定確定賠償責任、賠償金額和賠償方式。

5. 賠償確定金額後，保險公司應按規定及時、將賠款支付給被保險人。賠款實行張榜公布制度。

6. 設定起賠點和絕對免賠率。理賠起點為 30%，即承保的農作物因自然災害造成損失率達到 30%（含 30%）以上到 80% 時，按農作物生長期劃分保險金額和損失率計算賠款，並實行 15% 的絕對免賠率〔理賠計算公式為：賠償金額＝各生長期保險金額＊（損失率 -15%）〕。對於損失率達到 80% 以上時，按該農作物生長期保險金額全額賠付。

九、施行農業保險面臨之問題

根據臺灣的財團法人農業保險基金會總經理的觀察，農業保險的施行，可能會面臨下列問題必須克服：

1. 農牧業種植或畜養常因季節、溫度、氣候、地質條件等地理相關因素的限制，形成某特定區域的農牧種類少量且集中，未符保險大數法則，且地理環境及氣候造成災害頻仍與範圍廣，不易透過保險來分散風險。

2. 農業保險標的物為具有生命有機性產品，對於保險事故的認定爭議性相對較高，各種農牧制度雜異性高、農牧作物規模小而種類多，損失程度的判定易生爭議，所以具生物性的農牧產業易產生生產管理上的道德危險，保險業者亦缺乏損害評估人員。

3. 依過去天然災害發生之頻率及損害程度估算，投保人須繳付之保費恐非農民所願與所能負擔，若多藉由政府補助，亦恐非政府財政所能負擔。

4. 農作物保險無法迅速完成大區域勘災理賠，不利產業迅速復耕、復建，且作物易腐敗衍生衛生安全問題。

十、氣候變遷下的糧食危機與新型農業保險

由聯合國糧食及農業組織、世界糧食計劃署和歐盟共同發布的《2021 年全球糧食危機報告》顯示，全球面臨重度糧食不安全的人數在去年（2020 年）達到過去五年的最高水平，當中 55 個國家和地區的至少 1.55 億人陷入危機級別或更為嚴重的重度糧食不安全狀況，按年增加約 2,000 萬人，其中布吉納法索、南蘇丹和葉門約有 13.3 萬人面臨最嚴重的災難級別糧食不安全狀況。可見，自 2017 年報告首次發布以來，重度糧食不安全問題一直在加劇。報告也指出，近幾年糧食不安全狀況惡化的主要原因是極端天氣、新冠肺炎與國際衝突，雖然 2021 年新冠肺炎首度取代極端天氣成為全球糧食危機的首要元凶，但是長期來看，疫情退散之後，極端天氣仍將是造成全球糧食危機的最主要原因。

由此可見，農業保險在解決氣候變遷所致糧食不安全的問題上有更重要的功能。但是綜合前面各國巨災風險保險規劃程序；天然巨災風險發生後影響與恢復時間軸段；農業保險等內容來看，似乎目前農業保險的經營方式不能完全滿足天然巨災發生後農牧業者的安全保障需求，尤其是在處理因氣候變遷導致的農牧產出量質變與量變的損失；與極端氣候天然巨災發生後，無法迅速完成大區域勘災理賠，不利產業迅速復耕的問題上，更讓農業保險理賠顯得力有未逮且緩不濟急，農業保險原應具有的效益大打折扣。因此，近年來新興的農牧業收入保險、區域產量保險與天候指數型（或參數型）農業保險（AGRICULTURAL INDEX INSURANCE）逐漸受到重視。以下就來解說這些新型農業保險。

（一）農作物收入保險與畜牧收入保險

農作物收入保險是以農作物收入為保險標的，當保險契約上所載明的保險事故發生導致農作物產量或價格任一波動；或兩者均波動，致使農作物業者（被保險人）實際收入低於保障的收入水準時，即由農作物收入保險人（保險公司）依契約相關規定給予農作物業者賠償。以上所述有關保障的收入水準就是農作物收入保險賠償的觸發條件（Trigger Revenue），當實際農作物收入低於保障的收入水準時，由農作物收入保險人補償此差額（夏益國、劉艷華、傅佳，2014）。至於保障的收入水準如何計算，依農作物收入保險契約規定而各有不同，可以大致簡單歸納為如下的計算公式：

單位面積保障收入水準＝農作物產地歷史平均單位產量 × 保障水平 × 預測價格

公式中保障水平是由農作物業者選擇一定的百分比作為保障產量，從 50% 到 85%

不等。而預測價格在某些特定國家（例如美國）的農作物收入保險契約中，則是由保障價格取代之，也就是由期貨市場裡預測價格和收貨價格中的較高者當作保障價格，計算公式改變為：

單位面積保障收入水準＝農作物產地歷史平均單位產量 × 保障水平 × 保障價格

　　為更加理解農作物收入保險有關農作物收入與理賠計算的實際計算方式，以下就以日本的農業收入保險制度中對於實施對象、收入認定、理賠給付對象與理賠給付方式的規定做一些說明（楊明憲、周孟嫻，2017）。

1. 日本農業收入保險實施對象：收入保險制度的目的是為填補個別農業經營者所減少之收入，而為確保制度能適當地運作，必須正確掌握個別農業經營者之收入，故以報稅時能符合青色申報資格（青色申告是指備齊政府所指定的帳簿資料且符合條件，才可利用的申告法，必須事先向稅務署申請認可，若獲得認可的話，就可適用特殊退稅條例），並適當從事經營管理之農業經營者（個人、法人）為實施對象。

2. 日本農業收入保險收入認定：以農業經營者自行生產之農產品銷售收入為對象，與稅務制度採相同計算方式，補助金則不列入計算。農產品銷售收入計算方式如下。

農產品銷售收入＝農產品銷售金額＋生產自留消費金額＋（期末庫存金額－期初庫存金額）

3. 日本農業收入保險理賠給付對象：將因自然災害導致產量減少、價格下跌等農業經營者無法避免之收入減少情形列為理賠給付對象。但若企圖謀取保險給付而任耕地荒蕪或刻意賤賣等造成的收入減少，則非收入保險制度理賠給付對象。

4. 日本農業收入保險理賠給付方式：係以農業經營者過去 5 年簡單平均收入為基準收入。以圖 9-15 為例，若當年收入低於基準收入的 9 成水準時，則將給予收入減少金額 9 成的保險給付。由於並非基準收入稍有下降即給予全額保險給付，故可避免事務成本增加、保險費上漲、怠忽經營努力的道德風險等問題。

　　從以上農作物收入保險的解說內容來看，當氣候變遷導致農作物收入不如預期時，則可以購買此種農作物收入保險作為保障。農作物業者的收入可能因氣候變遷而有損失，而畜牧業者的畜牧產量收益，也可能無法逃避氣候變遷的影響而有所損失。以美國為例，即提供美國生豬收益保險（Livestock Gross Margin, LGM），可以承保牛（LGM Cattle）、奶牛（LGM Dairy）、生豬（LGM Swine）等牲畜產量的毛利風險，即畜牧收入與飼養成本之間的差額，如果畜牧業者（被保險人）的實際毛利達不到保險契約約定的預期毛利，即由承保的保險公司負擔賠償責任（王克、張旭光、張峭，2014）。

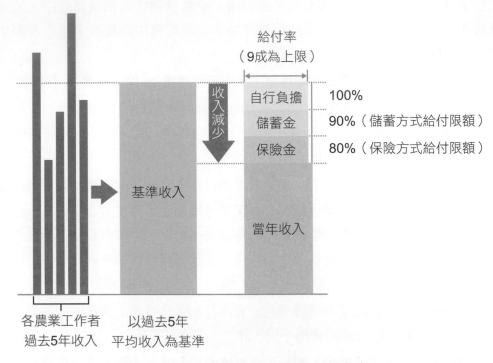

圖 9-15 日本農業收入保險理賠給付方式。

（二）區域產量保險

區域產量保險是基於區域產量來釐訂費率和進行賠償的保險，屬於指數型保險的一種。也就是當一區域的實際產量低於預先設定的觸發產量時，該區域所有投保的農戶都能獲得賠償，賠償等於觸發產量和實際產量的差額的一定百分比。區域產量保險是 20 世紀 50 年代初期在瑞典首先被採用的。美國則是 1993 年導入此種農業保險型態，也是全球區域產量保險業務規模最大的國家。而印度則是早在 1979 年即開始推廣此種農業保險，亦是一個以區域產量保險主導其全國農業保險的國家（Mahul and Stutley，2010）。

美國區域產量保險是其 1993 年開始實施的團體風險計畫（Group Risk Plan，GRP）的風險管理工具，乃是設計用來在一個郡（county，相當於中國大陸的地級行政區，一般來說比縣的範圍大些）的範圍內，處理被保農作物廣泛的產量損失。GRP 運用郡級產量指數來決定損失程度，當一個郡被保險的農作物的平均產量，降低到觸發產量水準之下時，由保險公司負責賠償，但此賠償不會依單一農場的損失為依據。保障水準可以達到郡的被保險的農作物的期望產量的 90%。相較於單一個體的農場損失

保險，GRP 區域產量保險在投保與求償時所需提供的文件材料更為簡化且費率也較低廉。當然，GRP 的區域產量保險單主要適用於單一個體農場的被保險農作物損失與郡的被保險的農作物損失類似的農戶。現在，GRP 區域產量保險已經成為美國境內一個固定的農作物風險管理工具。

GRP 區域產量保險賠償機制完全建立在郡的實際產量與歷史產量差額，且不需要被保險人（農作物業者）記錄自己的歷史平均產量。就本質上 GRP 區域產量保險是一種比例保險與消失式自負額（Disappearing Deductible）結合在一起的保單。詳言之，農作物產量的減少是透過被保障的產量的一定比例來衡量，當實際產量越是接近 0，賠償的比例就越是接近 100%。

GRP 區域產量保險在投保與求償時所需提供的文件材料相當簡化，查勘定損也相對單純，故理賠速度較快，非常適合提供保障于因遭受氣候變遷導致農作物減產且受有損失的農作物業者，理賠金額能協助農作物業者有足夠資金，迅速投入次一期農作物的栽植。

（三）天候指數型（或參數型）農業保險

1997 年，瑞士再保險為某日本保險公司設計發行了一款新型的巨災債券，以東京周邊發生地震的震級作為觸發依據，這是歷史上指數保險的第一次重要應用。在此之後，指數保險的應用在全球各個市場遍地開花，其災種從最初的地震擴展到了各種天氣因素，如颱風、洪水、乾旱等。它的應用也不局限于作為金融衍生品的巨災債券，而是越來越多地在傳統的保險、再保險領域發揮風險轉移的功效。一般來說，指數保險適用的場景包括以下幾個方面，其一是對賠款時效有很高要求的保險，例如農牧業需要及時的資金在特定的時節復耕或重新豢養。其二是所需保障無法通過購買傳統保險的方式獲得。例如設於風災頻繁區企業的颱風保險與農業保險。第三是被保險人災後衍生的費用很難通過傳統形式定損。例如企業受災停工後安置員工、生產線外移的額外費用；生產原物料或零配件價格因交通受阻或供應遲緩而上漲產生的額外成本。最後是災害會對被保險人的資產（既便是未受實質損失的資產）負債表產生衝擊。比如地震會使當地地產公司的房地產貶值；巨災後災區經濟生產停滯，銀行壞賬率增加等（瑞士再保險中國，2022）。

天候指數型農業保險（以下簡稱天候指數保險）即是在此風潮中出現的新興保險產品。當然在這裡的「指數」就指的是代表某災害強度的指標，如颱風的風速，地震的震級等。因此天候指數保險是指把一些與天氣或氣候相關狀況對農牧業損害的程度

指數化（或參數化），而這些指數均相對應某特定農牧業之產量或營收的損失，當天候狀況達到某一程度或水準時，保險公司即依保險契約上所載的指數作為計算損失的依據，補償被保險農牧業者的損失，而非按實際農牧損失進行賠付。也就是說，天候指數保險之損失賠償基礎是根據天候條件（例如降雨量）來決定賠償金額。保險公司毋須根據實際估計的損失提出理算報告，農牧業者可以相對低廉的保費獲得因天災所致損失的保障。換句話說，天候指數保險兼具有保費低廉且快速賠付的特點（Kramer，2019）。

值得注意的是，指數的設計需要謹慎考量，且保險產品的設計對數據和天氣監測的要求比較嚴格，如果缺少足夠的數據支持，天氣指數和當地的實際損失的相關關系計算不準確，就會帶來較大偏誤。尤其是為了確保精算的準確性，指數至少需要有20～30年的歷史資料累積，因為對於不同的風險事故災害，觀測期間長短的要求差異很大，並且資料的測量器材設備不應發生變化。

1. 天候指數保險類別

天候指數保險依農業風險管理需求不同而有不同的類別，主要區分為單指數保險產品、多指數保險產品和衛星指數保險產品三大類別。分別解釋如下（丁少群，2015）：

(1) **單指數保險**：是指保險公司根據單一災害所建立的指數為基礎計算損失額度並進行賠付，以承保某一特定風險事故所致的損失。例如印度的 ICICI 銀行有限公司（Industrial Credit and Investment Corporation of India）旗下的產險公司與 BASIX（印度的一家針對貧困農民進行服務的民生推廣促進機構）在世界銀行的技術支持下合作開的降雨指數保險，即是以單一的過度降雨量引起的洪澇災害作為承保的天候風險。再如中國大陸的中國人壽財險公司開發的福建海產養殖風災指數保險產品、廣東香蕉風災氣象指數保險產品；太平洋財險公司開發的農作物風力指數保險、茶葉低溫指數保險、楊梅降水指數保險、大閘蟹氣溫指數保險等產品均是單指數保險。

(2) **多指數保險**：是指保險公司根據多個災害所建立的多個指數為基礎，計算損失額度並進行賠付，以承保不同風險事故所致的損失。例如印度的綜合天候指數保險中即包括降雨指數、霜凍指數與風速指數，也就是農牧業者若遭受降雨、低溫與強風等相關風險事故損失時，保險公司即根據相對應的指數計算應賠償的金額。

(3) **衛星指數保險**：是指透過衛星觀測農作物或牲畜生長狀態的圖像為指標，作為保險公司計算損失額度的基礎。衛星指數其實就是要反映天候溫度對農作物或牲畜生長

所造成的影響程度。例如印度農業保險公司（Agriculture Insurance Company Of India Limited, AICIL）在 2007 年推出的小麥衛星圖像保險。

2. 天候指數保險優勢

天候指數保險與傳統的農業保險相比較具有的優勢為（馮文麗、楊美，2011）：

(1)天候指數保險比較可以克服資訊不對稱、逆選擇與道德危險的問題。由於影響農作物或牲畜產量的因素很複雜，農牧業者相對於保險公司更容易掌握自己的農作物或牲畜的生長狀況，所以在損失求償中存在有很大資訊不對稱與道德危險空間。由於天候指數保險是根據實際天候與預期正常天候之間的偏差進行標準一致的賠付，並非以個別農牧業者的實際損失作為計算賠償金額的依據。再加上在相同劃分區域內所有的農牧業者均採相同保險費率投保，發生風險事故災害時亦是獲得相同計算標準的賠付，所以較能抑止資訊不對稱、逆選擇與道德危險的問題。

(2)天候指數保險的經營成本，尤其是核保理賠成本，比傳統的農業保險低。由於天候指數保險在相同劃分區域內所有的農牧業者均採相同保險費率承保，不需個別查勘核保，發生損失時也不需分別查勘定損，可以大量節省人力物力與費用之耗損。

(3)天候指數保險的核保與理賠計算標準簡單易懂，透明度高，即使是保險教育程度不高的農牧業者也可接受，推廣農業保險的政府與農牧業者的溝通就較為順暢。

3. 天候指數保險劣勢

盡管天候指數保險與傳統的農業保險相比較具有一些優勢，但是仍有美中不足之處，比較受到詬病即是基差風險（丁少群，2015）。基差風險（basis risk）指的是被保險人實際經濟損失與指數保險賠付金額之間的差別。詳言之，基差風險來自於天候變量的空間差異，在同一區域內的農牧業者以相同保險費率購買保險，發生損失時也會獲得相同賠付標準的賠償，但是，部分地區有所謂小區域的小天候狀況存在，農牧業者間受災的程度會因此就會產生差異。指數保險的賠付，有時會設計成一種「全不賠」或「全部賠」的機制。也就是如果發生風險事故時，若指數被觸發，賠款金額就是保險契約上約定的保險金額，與保險標的實際損失不相關；如果指數沒有被觸發，那麼就沒有任何的賠款。在天候指數保險中就可能就會出現這種狀況，有些農牧業者沒有受災或者受災並不嚴重，卻得到超過實際損失的賠償；又或者是有的農牧業者受災相當嚴重，可是因為僅能依保險契約上約定的保險金額進行補償，此補償金額卻遠不及實際的損失。

4. 發展天候指數保險商品的財務成本需求與資料需求

發展天候指數保險商品一般而言需要由保險公司（國營或民營）與提供補貼的政府或相關組織（例如世界銀行或區域發展銀行）的合作。許多非營利組織也有興趣發展天候指數保險商品，唯獨民營保險公司基於非營利考量，所以興趣缺缺。況且尚需投入大量經費對天候指數保險商品推廣人員展開培訓，另外也要特別針對農牧業進行教育，要使農牧業者正確了解天候指數保險能提供的保障且不能對此商品有錯誤的期待，更不能一再強迫對此產品不信任的農牧業者購買天候指數保險（CTCN，2012）。

另外，在發展天候指數保險商品之資料需求方面，有關氣候狀況的歷史資料與農牧作物產量的歷史記錄，均是不可或缺的基本資料。因為這些資料可以用來評估，在何種天候狀況下將導致農牧作物大量的損失；也可估算要收多少保險費才可能應付這些可能會產生的經濟損失。

5. 落實天候指數保險的機會

世界銀行和諸如美國國際開發署（United States Agency for International Development, USAID）、英國國際發展署（Department for International Development, UFID）與區域發展銀行，在世界各地設計並提供了許多天候指數保險的試行機制，例如印度與中國大陸即是受惠的國家，尤其是印度的天候指數保險發展迅速，已經成為全球最大的天候指數保險市場。隨著天候指數保險的試行機制的不斷擴大，其所覆蓋的天候風險已擴及到旱災、洪澇、高溫、與天候異常相關的農牧作物疾病，對印度農業的發展有很大的保障作用。

這些天候指數保險的試行機制的成敗，與農牧業者對於使用財務風險管理方式處理氣候風險的認知有緊密的關聯。因此必須大量投資經費於發展一些教育訓練工具，幫助農牧業者認識天候指數保險的損害賠償本質。其中的工具就是設計一款遊戲去介紹不同的保險組合在不同的風險損失狀況下，有哪些損失可以得到補償，又有哪些損失不能得到補償。這款遊戲可以有效增加農牧業者對天候指數保險的認識並增加他們的投保意願，開展了落實天候指數保險的機會（CTCN，2012）。

綜合以上有關天候指數保險的相關解說，可以得到的理解是，面對氣候變遷所導致的天然巨災風險，農牧業者將面臨極大的生存挑戰。若單憑農牧業者本身力量或是政府的救濟，無疑是螳臂擋車且根本是緩不濟急。傳統農業保險在極端氣候特質的影響下，對農牧業者產生的保障功能，已有不夠周全的現象，而新型態的天候指數保險或許是各國政府可以考慮發展的天然巨災風險管理機制，用之以協助農牧業者在氣候變遷下，對抗天然巨災風險所產生的損失。

十一、農業風險管理規劃架構

　　在前面的章節內容上，探討了許多國家在面對氣候變遷相關的天然巨災風險時採取了哪些處理方式以保護農牧業者，可能會有見樹不見林的感覺，也就是全球各國對於處理氣候變遷相關的天然巨災風險時，具體的農業風險管理規劃架構為何？接下來即整理前述內容，歸納出當前各國普遍採取的農業風險管理規劃架構。

（一）農業風險管理程序

　　農業風險管理的本質即是風險管理的程序，按其程序步驟包括了目標設定、風險辨識、風險評估、列出風險管理方法（方案）、選擇風險管理方法（方案）、執行風險管理方法（方案）與評價風險管理績效。在氣候變遷之下，極端氣候所致的農牧業損失與日俱增。如前面內容所述，農牧業在許多國家都有類似的特殊性。因此，在探討農業風險管理時，通常焦點會放在農業風險管理方法的選擇，接下來就來說明有哪些方法可以用來處理農業風險。

（二）農業風險管理的方法

　　農業風險管理的方法，一般而言包括了：

1. **風險自留：**面對氣候變遷相關的天然巨災風險，農牧業者會使用風險自留方法通常都是相當被動。可能是保險公司不願意承保或者是農牧業者為了節省保費而自留一部分危險（自負額）；或者是保險公司要求農牧業者自留一部分危險（自負額）以降低道德危險。

2. **損失控制：**面對氣候變遷相關的天然巨災風險，農牧業者通常也會自發性地或者接受政府與保險公司的輔導，採取一些風險預防與損失抑制的措施，減少危險發生機率或損失程度。例如水土保持、多樣化種植、灌溉水利工程興修、種植畜牧方式改進等。

3. **風險轉嫁：**最常使用的方法即是保險轉嫁，這也是農業風險管理程序中最重要的手段。保險轉嫁的效果與功能已經在前面的章節內容中有詳細說明，此處不再贅述。另一種風險轉嫁方法為利用期貨市場將農牧業價格風險移轉，由期貨市場中的其他投資者（或投機者）承擔，在金融先進國家期貨市場也是農牧業會使用的價格風險管理工具。

4. **政府與社會公益救濟：**指依靠政府與社會公益力量對受災農牧業給予經濟上的補償救援。由於政府介入，能迅速調動集合資源，快速給予受災農牧業經濟上的緊急需求，特別是具有優先扶助弱勢貧困的農牧業者的彈性。但是此種農業風險管理方法無疑會增加政府財政負擔，也常有救濟對象資格認定的爭議，甚且無助於激勵農牧業者有積極防災作為，以形成有效的農業風險管理舉措。

（三）全球普遍的農業風險管理規劃架構

經過歸納整理前述章節的內容，全球普遍的農業風險管理規劃架構大致可分為三類，簡單說明如下：

1. 以政府災害補償機制為主的農業風險管理規劃架構

此種架構是以政府為主體，動用公權力與必要的行政措施，使用政府財政資金，對農牧業者的天然災害風險事故損失進行救濟補償的一種農業風險管理規劃架構。此種農業風險管理規劃架構雖然有救濟補償資源調動較為有效率與集中的優勢，但是卻仍存在有一些缺陷。

其一是對社會資源的配置將存在排擠作用，當天然巨災發生時，居民老百姓與各行各業都遭受損失，政府資源有限，該如何排定救濟先後順序與補償金額恐有爭議並影響救濟時效。其二是風險管理的概念不是僅在於消極的損害的補償，更積極的是能夠防範未然，所以教育或指導被保險人做好損害預防工作有其必要性。因此，若農業風險管理規劃架構只著重於救濟補償農牧業者損失，恐不利於推展農牧業災前的損害預防工作，甚至助長對天然巨災疏忽不注意的心理危險因素（Morale hazard）。

2. 以商業保險處理天然巨災風險為主要機制的農業風險管理規劃架構

集合多數人的力量，共同釀金以分擔少數人的損失，傳統上就是保險公司透過建立風險損失基金去移轉或分擔投保人損失的一種機制。透過此種農業風險管理規劃架構的運作除了能分擔政府在農牧業救濟上的財政負擔之外，也比較有利於使用保險費率釐訂時的損失預防誘導原則，激勵農牧業者做好農牧業災前的損害預防工作。唯以商業保險處理天然巨災風險為主要機制的農業風險管理規劃架構仍有其先天的缺陷。

其一是商業保險費率釐訂必然要考慮保費的適足與應有的利潤，自然無法當作公益事業經營。然而從經濟能力來看，向來農牧業都是看天吃飯，多數是個體戶，並無足夠能力購買農業保險，卻是最容易受天然巨災風險影響的族群。一方面保險公司不可能減免保費，另一方面負擔能力薄弱，就會使得農業保險的覆蓋率無法提高。

其二是商業保險的設計既是集合多數人的力量，共同釀金以分擔少數人損失的機制，顯然對於天然巨災的處理能力會因為多數人同時遭受損失而大打折扣，尤其是在保險未能安排妥適的狀況下，保險公司恐失去償付能力，商業保險市場因而失靈。保險公司為了能確保其對被保險農牧業者的損失清償能力，只有提高保費，此時農牧業者可能更無能力負擔保費，只能選擇風險自留，於是又被迫返回過去看天吃飯的日子。

3. 以政府和商業保險共同處理天然巨災風險為主要機制的農業風險管理規劃架構

以上第 1 與第 2 點的分析中，顯示的是這兩種農業風險管理規劃架構各有其優劣勢。如果採取政府和商業保險共同處理天然巨災風險為主要機制的農業風險管理規劃架構，除了能提供農牧業者充分的天然巨災風險損失補償，亦將可以解決前述農牧業者保費負擔能力不足與商業保險市場失靈的窘境。其理由是：

(1)農牧業者所經營的業務關係國民生計，故有其公共性質，政府為了維持社會民生穩定，應有義務維護農牧業的經營。所以政府對農牧業者進行保費部分補貼，或者對經營農業保險業務的商業保險公司採取賦稅優惠措施，有其正當性與必要性。在保費負擔減輕的狀況下，農業風險管理規劃架構的推動將更為順利。

(2)政府介入農業風險管理規劃架構中，除了能使農牧業者有能力購買保險，經營農業保險業務的商業保險公司，一方面能收入較多保費，另一方面可以獲得賦稅優惠，再加上政府作為商業保險公司的風險損失分擔後盾（以提撥基金的型式提供後援，類似再保險功能），則此政府和商業保險公司共同處理天然巨災風險為主要機制的農業風險管理規劃架構，將不容易產生風險管理失靈的狀況。

整體而言，全球針對氣候變遷導致的天然巨災所設計的農業風險管理規劃架構，多以政府和商業保險公司共同處理天然巨災風險為主要機制。為了能更清楚瞭解此種類型的農業風險管理規劃架構，以下就以臺灣的農業風險管理規劃架構為例，作更進一步的說明。

十二、臺灣的農業風險管理規劃架構

有鑑於全球暖化，因氣候變遷導致的農牧業災損與日俱增，臺灣於 2020 年 5 月 12 日經立法院三讀通過「農業保險法」，依據該法第 12 條規定主管機關應建立農業保險之危險分散與管理機制，並成立財團法人農業保險基金（下稱農險基金）負責執行，作為農業保險中樞機構、負責執行危險分散機制，將各產險公司不同品項、不同型態保單之危險，廣納於農險基金，統籌進行風險管理，以健全我國農業保險制度。

（一）臺灣的農業風險管理規劃架構

臺灣的農業風險管理規劃架構（如表 9-6）基本上就是一個以農業保險為主軸的農業風險分散與管理機制。此農業風險管理規劃架構可分為六個構面，說明如下（行政院農業委員會，2016）：

1. **擴大農業保險範圍：**過去臺灣農業保險保的風險事故多集中在天然災害（例如颱風或寒害），在新規劃的農業風險管理架構中，即將承保的風險事故擴及到農牧作物疫病與病蟲害所致的損失。

2. **建立雙軌保險人運作機制：**臺灣的農業風險管理規劃架構中是將政府與商業保險公司結合在一起，分別承保不同種類的農牧業天然巨災風險事故。

3. **建立危險分散機制：**臺灣的農業風險管理架構規劃橫向與縱向的危險分散方式。縱向方式為購買再保險與建立巨災準備金，作為保險公司與農漁會的風險承擔後盾。

4. **救助制度的調整：**在臺灣的農業風險管理規劃架構下，在原本扮演主角的農牧業現金救濟制度將逐漸退居幕後，轉由農業保險取代，而且即便有現金救助也將視保險標的種類、險種、與保費補貼比率而調整，而非齊頭一致補償。

5. **提高農民投保誘因：**基本上就是採保費補貼的方式提高農民投保意願，補貼的方式可以是全額補貼或是部分補貼；或者是在某一保險金額內的保費全額補貼，超出一定額度之保險金額的保費部分補貼。例如臺灣的水稻收入保險，既是採用此種分層次的保費補貼方式。

6. **鼓勵保險公司投入：**一般保險公司缺乏農業保險的經營經驗，政府需輔導保險公司開發農業保險商品並協助培養勘損人員。另外也針對參與農業保險經營的保險公司，給予免徵營業稅與印花稅的優惠。

表 9-6 臺灣農業風險管理架構規劃

面向	做法
擴大農業保險範圍	◎不以天然災害為限 ◎涵蓋疫病及蟲害等風險
建立雙軌保險人運作機制	◎建立雙軌保險人運作機制
建立危險分散機制	◎得成立農業保險基金 ·累積巨災準備金 ·資料庫建置及維護 ·勘損訓練及管理 ·教育推廣及宣導 ◎運用保險業共保及再保機制
救助制度的調整	◎保險逐步取代現金救助 ◎得視保險標的、險種及保費補助比率，調整現金救助額度

面向	做法
提高農民投保誘因	◎提高農民投保誘因
鼓勵保險公司投入	◎協助研發保險商品 ◎免徵營業稅及印花稅 ◎協助培養勘損人才

（二）農業保險之危險分散與管理機制

臺灣的農業保險之危險分散與管理機制，是依農業保險成立的財團法人農業保險基金（下稱農險基金）負責執行，作為農業保險中樞機構、負責執行危險分散機制，將各產險公司不同品項、不同型態保單之危險，廣納於農險基金，統籌進行風險管理，以健全我國農業保險制度。綜合整理臺灣現階段農業保險危險分散及管理機制架構如圖 9-16。農牧業者可依其所需保障向保險公司或農漁會購買保險。基本上農漁會是負責政策性保單的銷售，例如水稻收入保險、豬隻死亡保險。保險公司則是負責商業性保險的銷售，例如鳳梨保險、荔枝保險。保險公司或農漁會的危險分散與管理方式不同，說明如下：

1. 保險業應將承保危險之 80% 向農險基金為再保險，其第一層由農險基金與共保組織共同承擔，共保組織成員包括產險公司及再保險業。

2. 農漁會擔任保險人或共保人，應將危險全數移轉向農業保險基金，農業保險基金視情況選擇自留或安排部分風險移轉由再保險人承擔。（財團法人農業保險基金，2022）

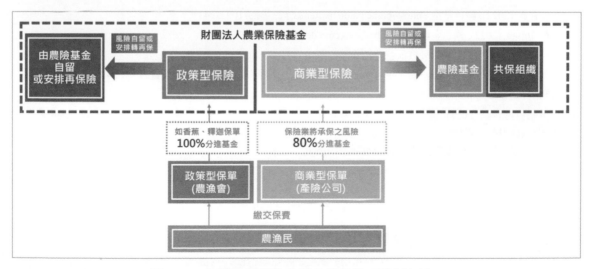

圖 9-16　臺灣農業保險危險分散及管理機制架構。

參考文獻

中文文獻

1. 丁少群 (2015), 農業保險學 , 中國金融出版社 : 北京

2. 于寬撰 (2013)。以車載資通訊商業生態系統及效益後勤觀點探討我國推行隨駕行為付費保險之關鍵要素 , 東吳大學商學院企業管理學系碩士論文

3. 王之杰 (2022), 哪個國家碳價最高？最大的碳權市場在哪？「碳中和」掀熱議 , 全球如何走向淨零？關鍵 QA 一次看 , 今周刊 , https://esg.businesstoday.com.tw/article/category/180687/post/202202100027

4. 王克、張旭光、張峭 (2014), 生豬價格指數保險的國際經驗及其啟示 , 中國豬業 , 2014 (10)

5. 王建平 (2015)。保險業如何因應物聯網時代的到來。金融產業務聯網 IoT 應用趨勢研討會。

6. 中國清潔發展機制基金 (2018), 國外綠色銀行運行模式 , https://www.cdmfund.org/20758.html

7. 中國經濟網 (2022), 18 家上市銀行 2021 年綠色信貸超 11 萬億元 , 中國經濟網 , https://baijiahao.baidu.com/s?id=1729402088714467272&wfr=spider&for=pc

8. 中國建設銀行金融投資報 (2013)。平安健康險受青睞 , 南非 DISCOVERY 擬擴股。最終瀏覽日期 : 2015 年 11 月 9 日 , 取自 : http://fjt.ccb.com/gate/big5/finance.ccb.com/Info/57479021

9. 中國銀行保險報 (2021), 美国 : 綠色金融撬動綠色經濟 , http://xw.cbimc.cn/2021-01/04/content_377438.htm

10. 中國銀行保險報 (2021), 日本 : 銀行發力綠色金融 , http://xw.cbimc.cn/2020-12/17/content_375197.htm (bilibili, 2021), 綠色金融系列 7--- 國際綠色金融的發展（日本）, https://www.bilibili.com/read/cv13679358/

11. 永豐金證券 (2021), 碳權是什麼？你最需要了解的碳權交易機制！ https://www.sinotrade.com.tw/richclub/freshman/-610b97be659d6f2ba4e9b29a

12. 行政院農業委員會 (2016), 農業政策 , https://www.coa.gov.tw/full_search.php?page=1&id=209&keyword= 農業風險管理規劃

13. 百合問答 (2021), 自動駕駛汽車是否必須是電動的？燃油車可以實現嗎？百合問答 , https://www.lilyans.com/car/438838.html)

14. 百度百科 (2022), 綠色金 , https://baike.baidu.com/item/ 綠色金融 /10547233?fr=aladdin

15. 百度百科 (2022), 綠色基金 , https://baike.baidu.hk/item/ 綠色基金 /10937243

16. 百科 360 度 (2022), 綠色金融 , https://baike.so.com/doc/661533-700282.html

17. 百科迪保險 (2016), 無人駕駛汽車 - 未來保險系列 , BTI Direct Insurance Inc

18. 曲潔、楊寧、王佳 (2019), 德國復興信貸銀行發展綠色金融的經驗與啟示 , 中國經貿導刊 , 2019 年第 32 期

19. 朱家儒 (2015), 健康管理 , 保險業的轉型與契機 , 322, 頁 76-77

20. 再生能源資訊網 (2021), 國際再生能源發展趨勢與政策 , 再生能源資訊網 , https://www.re.org.tw/knowledge/more.aspx?cid=201&id=3966。

21. 李奎 (2015), 前沿 : 科學發展最高點 , 汕頭大學出版社 : 汕頭。

22. 李美洲、胥愛歡、鄧偉平 (2017), 美國州政府支持綠色金融發展的主要做法及對中國的啟示 , 西南金融 , 2017 NO. 3, 10-13

23. 每日頭條 (2017), 電動汽車為啥保費比普通車貴？看完這篇保你不花冤枉錢 , 每日頭條 , https://kknews.cc/car/nqxmmo3.html。

24. 林暉岳 (2002), 健康體適能於壽險核保之應用研究 , 逢甲大學統計與精算研究所碩士論文。

25. 范姜肱、姜麗智 (2016), 車險與健康險應用物聯網之研究 - 國際比較 , 財團法人保險事業發展中心委託研究案

26. 范姜肱、鄭鎮樑、廖志峰 (2014), 離岸風電融資保險制度方案研究計畫, 經濟部能源科技研究發展計畫一〇三年度分包研究期中報告, 財團法人工業技術研究院。

27. 呂慧芬、曾文瑞、廖述源、鄭鎮樑 (2011), 保險學概要, 初版, 保險事業發展中心, 頁 64。

28. 胡玉書 (2015), 物聯網如何與大數據相互結合, 金融產業務聯網 IoT 應用趨勢研討會, 臺灣金融研訓院

29. 科技新報 (2020), 買電動車前必看：電動車相關名詞解析, Tech News, https://technews.tw/2020/01/22/ev-term-explanation/

30. 財團法人農業保險基金 (2022), 危險分散與管理機制, https://www.taif.org.tw/description.html

31. 財團法人國家政策研究基金會 (2013), 石化能源汙染知多少, 財團法人國家政策研究基金會, https://www.npf.org.tw/3/12415。

32. 財經週報 (2020), 擔心個資問題 UBI 保單乏人問津, 財經週報, https://ec.ltn.com.tw/article/paper/1417481

33. 夏益國、劉艷華、傅佳 (2014), 美國聯邦農作物保險產品：體系、運行機制及啟示, 農業經濟問題, 2014 (4)

34. 能源通識站 (2022), 能源效益技術與發展, 能源通識站, https://www.ls-energy.hk/chi/technology-develop-electric-cars.html)

35. 時財網 (2020), 綠色金融是什麼意思, https://m.9218.com/licai/3170.html

36. 庹國柱 (2013), 中央 10 個一號文件政策性農業保險〝回頭看〞, 三農決策要參, 2013 (16)

37. 庹國柱、李軍 (2005), 農業保險, 中國人民大學出版社：北京

38. 葉家興（2015）, 保險公司會像柑仔店一樣消失嗎？天下雜誌獨立評論 @ 天下, 最終瀏覽日：2015 年 11 月 25 日，取自：http://opinion.cw.com.tw/blog/profile/61/article/3514

39. 陳立中 (2018), 臺灣綠色債券發展與各國比較之研究, 國立政治大學企業管理研究所 (MBA 學位學程) 未出版碩士論文

40. 陳志雄 (2012)，取之自然回饋於大地—風力發電之風險管理，Aon 保險期刊第一期。

41. 陳坤 (2003), 組建綠色基金發展環保產業, 上海經濟, 2003

42. 陳詩璧、顏如玉 (2022), 全球 20 大風場臺海占 16 處, ETtoday 新聞雲, http://www.ettoday.net> 生活。

43. 國家實驗研究院科技政策研究與資訊中心 (2017), 自動駕駛車將改變人類社會生活模式, 國家實驗研究院科技政策研究與資訊中心, https://iknow.stpi.narl.org.tw/Post/Read.aspx?PostID=14007。

44. 張祖榮 (2009), 論農業保險在新農村建設中的作用, 經濟問題, 2009 (12), 74-76 頁

45. 張冠群（2009）, 基因資訊作為保險人核保與保險費訂定基礎之妥當性辯證 美國法之經驗與析論科技法學評論, 6 卷 1 期, 頁 113

46. 搜狐網 (2018), 于保, 德国人是如何做的？ https://www.sohu.com/a/253614929_421754

47. 梁瓊方（2014）。我國汽車保險採隨里程數計收保險費之研究—個案探討。逢甲大學風險管理與保險學系碩士論文。

48. 常抄、楊亮、王世汶 (2008), 日本政策投資銀行的最新綠色金融實踐, 中國知網, 2008 年第 396 期

49. 智庫百科 (2022), 綠色金融, https://wiki.mbalib.com/wiki/ 綠色金融

50. 馮文麗 (2004), 中國農業保險制度變遷研究, 中國金融出版社：北京

51. 馮文麗、楊美 (2011), 天氣指數保險：我國農業巨災風險管理工具創新, 金融與經濟, 2011(6)

52. 彭金隆 (2016), 什麼是「外溢保單」？ Smart 月刊, 2016. 12. 22

53. 瑞士再保險中國 (2022), 指 保 的 原理 及 用, https://www.swissre.com/china/news-insights/articles/natcat-newsletter-june-2017.html

54. 楊日興 (2021)，全球最大綠色信貸市場 - 陸規模達 15 兆人幣，工商時報，2021.12.19

55. 新浪財經新聞 (2016)，"平安福"升級打造 100 種疾病保障，"平安 Run·健行天下"運動有賞促進健康。最終瀏覽日：2016 年 9 月 30 日，取自：http://finance.sina.com.cn/money/insurance/bxyx/2016-09-13/doc-ifxvukhv8323031.shtml

56. 電動汽車資訊網 (2022)，電動汽車的優點，LittleECO 電動汽車資訊網，http://tw.car.littleco.info/merit.html

57. 楊芮 (2015)。車聯網引發的保險革命：「車輪」上的互聯網保險：UBI 準備好了嗎。新浪新聞。最終瀏覽日：2015 年 10 月 10 日，取自：http://news.sina.com.tw/article/20150901/15074205.html.

58. 楊明憲、周孟嫻 (2017)，日本農業收入保險規劃之探討與分析，農政與農情 (行政院農業委員會出版品)，2017 年 6 月 300 期

59. 楊晴安 (2022)，調查：去年電動車銷量中國占一半，工商時報，https://ctee.com.tw/news/china/595071.html。

60. 鄧佳惠 (2015)，「行為」決定保費，保險業新趨勢。322，頁 74-75

61. 綠色和平氣候與能源專案小組 (2022)，碳權、碳費、碳稅是什麼？碳交易市場如何運作？是否真的能幫助減碳？綠色和平，https://www.greenpeace.org/taiwan/update/30747/碳權、碳費、碳稅是什麼？碳交易市場如何運作？/

62. 綠學院 (2022)，碳權不是「權」！碳權最大的問題是取錯名字了，財經新報，2022 年 04 月 05 日發布，https://finance.technews.tw/2022/04/05/the-biggest-problem-with-carbon-rights/

63. 鄧發 (2017)，國外綠色金融發展經驗借鑒及啟示，現代商業，2017, 29, 84-85

64. 潘品合 (2007)，「體適能評分於優體保單之探討」，逢甲大學統計與精算研究所碩士論文

65. 鄭凱惠 (2015)。「AIA 活力年齡」調查揭示香港市民的「活力年齡」平均較實際年齡大 5.7 歲。AIA 友邦人壽。最終瀏覽日期：2015 年 11 月 11 日，取自：http://wwwuat.aia.com.tw/TW_test/about-aia/media-centre/press-releases/2015/AIA-Vitality-Launch-Media-Release-Eng-release-FINAL.html

66. 鄭緯筌 (2014)，Gartner~ 至 2020 年，物聯網裝置用戶數將成長至 260 億。Business Next 數位時代。最終瀏覽日：2016 年 1 月 23 日，取自：http://www.bnext.com.tw/article/view/id/30617

67. 鄭勝得 (2022)，極端氣候來襲衝擊經濟產出，工商時報，A4 國際財經，2022.05.02.

68. 賴品如 (2012)，物聯網與互聯網相互結合深化車聯網應用。DIGITIMES 商情電子報。最終瀏覽日：2015 年 10 月 10 日，取自：http://www.digitimes.com.tw/tw/dt/n/shwnws.asp?CnlID=13&Cat=20&id=307605#ixzz3xtTVOiTn.)

69. 蕭俊傑 (2016)，數位科技創新於銀髮族服務之應用，長期照護與銀髮金融產業趨勢前瞻論壇，內政部。

70. 謝曦 (2015)。性別歧視與保險追本溯源。最終瀏覽日期：2015 年 11 月 20 日，取自：http://fjt.ccb.com/gate/big5/finance.ccb.com/Info/29211545

71. 譚淑珍 (2022)，電動車油電車價格 2025 死亡交叉，工商時報綜合要聞，A4, 2022/04/22。

英文文獻

1. Allstate (2021), Electric Car Insurance, Allstate, https://www.allstate.com/tr/car-insurance/electric-car-insurance.aspx.

2. Bernard, T. S. (2015). Giving Out Private Data for Discount in Insurance. The New York Times. Retrieved April 8, 2015, from http://www.nytimes.com/2015/04/08/your-money/giving-out-private-data-for-discount-in-insurance.html?_r=0

3. Bolderdijk, J. W., & Steg, L. (2011). Pay-as-You-Drive vehicle insurance as a tool to reduce crash risk: results so far and further potential. International Transport Forum Discussion Paper

4. Bourque, A. (2015). Wearable Tech Will Soon Be Work Attire in These 4 Industries. Entrepreneur. Retrieved August 8, 2015, from http://www.entrepreneur.com/article/246040

5. Business Wire (2016). As UBI Becomes Mainstream, Too Many Insurers Are Unprepared, Warns PTOLEMUS' New UBI Global Study. Retrieved January 23, 2016, from http://www.businesswire.com/news/home/20160107005841/en/UBI-Mainstream-Insurers-Unprepared-Warns-PTOLEMUS%E2%80%99-UBI. (4)

6. Chartis (2011), Offshore Wind Challenges for the Insurance Industry, Chartis, AIMU Marine Insurance Issues 2011.

7. Chordas, L. (2016), Handing Over, The Keys Best's Review, Oldwick: 44-48,50-52,54-58.

8. Craigdr (2014), www.caithnesswindfarms.co.uk/fullaccidents.pdf.

9. CTCN (2012), Index based climate insurance, UN Climate Technology Centre & Network, CTCN, Copenhagen, Denmark

10. Discover Insurance Vitaility Journal (2015), Join Vitality, Retrieved August 25, 2015, from https://www.discovery.co.za/portal/

11. Dlodlo, N., Foko, T., Mvelase, P., & Mathaba, S. (2012). The state of affairs in internet of things research. Electronic Journal of Information Systems Evaluation, 15 (3), 244-258.

12. Economist (2011), Managing the risks in renewab; energy, A report from the Economist Intelligence Unit Sponsored by Swiss Reinsurance.

13. ETtoday 新聞雲 (2020), 臺灣自 2016 年底首張保單上市起，至今約 4 年，但目前 UBI 占車險僅約 1，發展速度與國外發展狀況相差甚遠，https://finance.ettoday.net/news/1849337#ixzz7OiU431Bn

14. Fallon, B. (2016), Self driving cars could shrink personal auto insurance sector, Fairfield County Business Journal, (Feb 22, 2016): 19.

15. Farr, C. (2015), Weighing Privacy vs. Rewards of Letting Insurers Track Your Fitness. Alltech considered. Retrieved November 26, 2015, from http://www.npr.org/sections/alltechconsidered/2015/04/09/398416513/weighing-privacy-vs-rewards-of-letting-insurers-track-your-fitness

16. FinMonster 博客 (2020), 淺談綠色貸款，https://www.finmonster.com/blog/2020/09/21/ 淺談綠色貸款（上）

17. Finance Management (2022), Green Finance – Meaning, Benefits, Challenges, and Trends, Retrieved November 26, 2021, from https://efinancemanagement.com/sources-of-finance/green-finance

18. Fuscaldo, D. (2010), How to Choose a Health Insurance Plan that Works for You, MintLife, Retrieved August 8, 2015, from https://blog.mint.com/how-to/choosing-a-health-insurance-plan

19. General Motors (2022), Why All AVs Should Be EVs, GM, https://www.gm.com/stories/all-avs-should-be-evs)

20. Ghosh, S. (2015), Wearable technology will 'transform' insurance, says Direct Line marketing boss. MARKETING. Retrieved August 10, 2015, from http://www.marketingmagazine.co.uk/article/1339181/wearable-technology-will-transform-insurance-says-direct-line-marketing-boss

21. GMI (2021), UBI Market size worth over $125 Bn by 2027, Global Market Insight, https://www.gminsights.com/pressrelease/usage-based-insurance-ubi-market

22. Golia, N. (2012). Usage-Based Insurance: 5 Reasons This Is the Year. Insuranc & Technology. Retrieved August 8, 2015, from http://www.insurancetech.com/policy-administration/usage-based-insurance-5-reasons-this-is-the-year/d/d-id/1313733?

23. Greenberg, A. (2007). Designing Pay-Per-Mile Auto Insurance Regulatory IncentivesUsing the NHTSA Light Truck CAFE Rule as A Model, Transportation ResearchBoard Annual Meeting 2007

24. Guensler, R., Amekudzi, A., Williams, J., Mergelsberg, S., & Ogle, J. (2003). Current state regulatory support for pay-as-you-drive automobile insurance options. Journal of Insurance Regulation, 21(3), 31-52

25. Hartwig, R. and R. Gordon (2020), Uninsurability of Mass Market Business Continuity Risks from Viral Pandemics, American Property Casualty Insurance Association, http://www.pciaa.net/docs/default-source/default-document-library/apcia-white-paper-hartwig-gordon.pdf.

26. Hebden, S. (2010), Invest in clean technology says IEA report. Scidev.net., https://www.scidev.net/News/index.cfm?fuseaction=readNews&itemid=2929&language=1.

27. Hesselink, A. (2017), Will driverless cars drive motor insurers to the wall? The Business Times, Singapore.

28. Hormann, lng. Mathias, Munich Re. New Insurance Solutions, for on an doffshore wind turbines, NREL/PHM Society Wind Energy Workshop, New Orleans 15th to 16th Oct 2013.

29. IMS (2020), Usage-based-insurance Program USA, Insurance & Mobility Solutions, https://ims.tech/opinion/usage-based-insurance-program-usa/

30. INSIDE (2015), 巨量資料的時代，用「大、快、雜、疑」四字箴言帶你認識大數據。最終瀏覽日：2015 年 8 月 8 日, 取自：http://www.inside.com.tw/2015/02/06/big-data-1-origin-and-4vs

31. Insurance Journal (2014). Usage-Based Insurance Overcoming Privacy Concerns, Gaining Traction. Retrieved August 8, 2015, from http://www.insurancejournal.com/news/national/2014/09/05/339731.htm

32. Insurance Newslink (2015), LMA event looks at driverless cars and insurance risk, Farnham.

33. Ippisch, T. (2010). Telematics data in motor insurance creating value by understanding the impact of accidents on vehicle use. Ph.D. Dissertation, Graduate School of Business Administration the University of St. Gallen.

34. Jergler, D. (2013). Researchers Question Privacy of Usage-Based Auto Insurance. INSURANCE JOURNAL. Retrieved August 8, 2015, from http://www.insurancejournal.com/news/national/2013/10/02/307073.htm

35. Jeucken, M. (2001). Sustainable finance and banking: The financial sector and the future of the planet. London: Earthscan Publications Ltd.

36. John Hancock (2022), John Hancock Vitality: rewarding you for your everyday healthy activities, https://www.johnhancock.com/life-insurance/vitality.html

37. Kramer, B. (2019), Can weather index insurance help farmers adapt to climate change? International Food Policy Research Institute, Washington, DC

38. (abatt, S., & White, R. R. (2002). Environmental finance: A guide to environmental risk assessment and financial products. New York: John Wiley and Sons Ltd.

39. Lemonade (2022), Car Insurance for Electric Cars, Lemonade, https://www.lemonade.com/car/explained/car-insurance-for-electric-cars/.

40. Levine, A. G. (1982), Love Canal: Science, Politics and People. New York: D.C. Heath and Company, p.12

41. Lukens D. (2014). 2014 Usage-Based Insurance (UBI) Research Results for Consumer and Small Fleet Markets. LexisNexis RISK SOLUTIONS. Retrieved August 8, 2015, from http://www.lexisnexis.com/risk/downloads/whitepaper/2014-ubi-research.pdf

42. Mahul, O. and Stutley, C. J. (2010), Government Support to Agricultural Insurance Challenges and Options for Developing Countries, The World Bank

43. Martin, E. (2015). Usage-Based Auto Insurance: Savings vs. Privacy Considerations .Value penguin. Retrieved August 8, 2015, from http://www.valuepenguin.com/usage-based-auto-insurance-savings-privacy

44. Marsh McLennan (2022), THE AUTONOMOUS VEHICLE REVOLUTION: HOW INSURANCE MUST ADAPT, Marsh McLennan, https://www.marshmclennan.com/insights/publications/2019/jul/the-autonomous-vehicle-revolution--how-insurance-must-adapt.html

45. McLachlan, D. L. (2001), Whose Genetic Information Is It Anyway? A Legal Analysis of the Effects That Mapping the Human Genome Will Have on Privacy Rights and Genetic Discrimination, 19 J. MARSHALL J. COMPUTER & INFO. L. 609 (2001)

46. MoneyDJ 理財網 (2022), 赤道原則 (Equator Principles), https://www.moneydj.com/kmdj/wiki/wikiviewer.aspx?keyid=350bae36-b6b4-4de1-879e-97830d666de8

47. Money Expert (2021), Electric car insurance comparison, Money Expert, Can I get electric vehicle insurance from any insurance provider? https://www.moneyexpert.com/car-insurance/insurance-for-electric-cars/#can-i-get-electric-vehicle-insurance-from-any-insurance-provider.

48. Munich Re (2022), Natural disaster risks: Losses are trending upwards, https://www.munichre.com/en/risks/natural-disasters-losses-are-trending-upwards.html

49. National Association of Insurance Commissioners (2015). Usage-Based Insurance and Telematics. Retrieved August 8, 2015, from http://www.naic.org/cipr_topics/topic_usage_based_insurance.htm

50. Newswire (2017), Do you drive your car or does your car drive you? Lockton experts weigh in on autonomous car risks, New York, 18 Apr 2017.

51. OECD (2015),Mapping channels to mobilize institutional investment in sustainable energy, date on assets under management in 2013.

52. OECD (2021), Enhancing financial protection against catastrophe risks: the role of catastrophe risk insurance programmes, www.oecd.org/daf/fin/insurance/Enhancing-financial-protection-againstcatastrophe-risks.htm

53. Olson, P. (2014). Wearable Tech Is Plugging Into Health Insurance. Forbes. Retrieved August 20, 2015, form http://www.forbes.com/sites/parmyolson/2014/06/19/wearable-tech-health-insurance/#28c79e655ba1

54. Perfetto, S.; Smollik, J. (2015), THE ROAD AHEAD: INSURING DRIVERLESS CARS, Rough Notes, Indianapolis: 64-65

55. PIMCO 品浩投資學堂 (2022), 了解綠色債券、社會責任債券與永續發展債券 , https://www.pimco.com.tw/zh-tw/resources/education/understanding-green-social-and-sustainability-bonds/

56. PTOLEMUS Consulting Group (2019), Arity and Ford team up to give drivers more control over what they pay for insurance, https://www.arity.com/move/arity-and-ford-team-up-to-give-drivers-more-control-over-what-they-pay-for-insurance/

57. Simpson, A.G. (2013). Usage-Based Auto Insurance on Road to Becoming Standard Offering. Insurance Journal. Retrieved August 8, 2015, from http://www.insurancejournal.com/news/national/2013/10/29/309548.htm

58. Smith, D., Pol Longo, M., and Grindle, A. K. (2014). Discovery Group to Amplify Social and Business Impact with Complementary Forms of Shared Value. Shared Balue Initiative. Retrieved November 1, 2015, from https://sharedvalue.org/groups/discovery-group-amplify-social-and-business-impact-complementary-forms-shared-value

59. TATA AIG Insurance (2020), Electric Car Insurance, TATA AIG Insurance, https://www.tataaig.com/knowledge-center/car-insurance/thinking-of-buying-an-electric-car-here-what-you-should-know-about-insuring-it.

60. TDInsurance (2022), 電動汽車保險 , TDInsurance, https://zt.tdinsurance.com/

61. Thompson, P. & Cow-ton, C. J. (2004), Bringing the environment into bank lending: Implication for environmental reporting, The British Accounting Review, 36 (2): 197 - 218

62. Tierney, S. (2014) Will Usage-Based Insurance Invade Users' Privacy? Nerd wallet. Retrieved August 8, 2015, from http://www.nerdwallet.com/blog/insurance/usage-based-car-insurance-privacy/

63. Towers Watson (2015), Solutions Telematics and Usage-Based Insurance. Retrieved August 8, 2015, from https://www.towerswatson.com/en/Services/Services/telematics

64. TVBS (2022), 在臺灣居然多數保險公司拒保 Tesla , TVBS , https://cars.tvbs.com.tw/car-news/36078.

65. UNEP (2011), e-Learning Course on Insurance Risk Management for Renewable Energy Projects, Modual 6-case study, Risk Asssessment for a 100.5MW Wind Farm in Jilin Province, China.

66. Ürge-Vorsatz, D.; Novikova, A.; Sharmina, M. (2009), Counting good: Quantifying the co-benefits of improved efficiency in buildings. In Proceedings of the ECEEE 2009 Summer Study, Stockholm, Sweden, 1–6 June 2009.

67. Venkatram, R. (2010). Techno-echno-Financial Management Aspects of Potential Threat-Vulnerability of Malware in Automotive Electronics: Analytical Research Findings. Journal of Financial Management & Analysis, 23(2), 12

68. Vitality International Group (2022), VITALITY HEALTH & WELLNESS INSIGHTS, Vitality International Group, https://www.vitalitygroup.com/insights/

69. Voelker, M. (2014). Telematics: Carriers expanding tools beyond usage-based insurance. Property Casualty 360. Retrieved August 8, 2015, from http://www.propertycasualty360.com/2014/08/12/telematics-carriers-expanding-tools-beyond-usage-b?

70. Watson, T. (2015). Solutions Telematics and Usage-Based Insurance. Retrieved August 8, 2015, from https://www.towerswatson.com/en/Services/Services/telematics

71. Woehr, M. (2006). Driving Competition. Insurance & Technology. Retrieved August 8, 2015, from http://www.insurancetech.com/driving-competition/d/d-id/1309511

72. Yahoo 新聞 (2021), 拜登高喊電動車市占 50% 大計：全球車廠齊聚，獨缺特斯拉 , Yahoo 新聞 , https://tw.news.yahoo.com/news/ 拜登高喊電動車市占 -50- 大計 - 全球車廠齊聚 - 獨缺特斯拉 -155923387.html.

73. Young, S. (2010) 'CCRIF: a natural catastrophe risk insurance mechanism for Caribbean countries insurance, reinsurance and risk transfer'. Presentation at IDB Capacity Building Workshop on Climate Change Adaptation and Water Resources in the Caribbean, Trinidad and Tobago, 22nd – 23rd March 2010.

圖片來源

圖 1-1　參考繪製：作者提供資料

圖 2-1　參考繪製：作者提供資料

圖 3-1　https://www.rmhc.org.tw/program/house_service.html

圖 3-2　https://www.ikea.com.tw/zh/store/xin-dian/circularikea

圖 3-3　https://house.ettoday.net/news/1497987

圖 3-4　https://csr.cw.com.tw/article/39334

圖 3-7　https://www.bbc.com/zhongwen/simp/world-38764346

圖 4-1　參考繪製：http://www.phy.cuhk.edu.hk/contextual/heat/hea/radia03_c.html

圖 4-2　參考繪製：https://read01.com/4GEkA0R.html#.YvXMoXZBYUk

圖 4-3　https://newtalk.tw/news/view/2020-08-18/452416

圖 4-4　參考繪製：https://new.qq.com/rain/a/20210603A0CLJU00

圖 5-1　https://reurl.cc/WvKbe5

圖 5-2　https://theclimatecenter.org/latest-data-shows-steep-rises-in-co2-for-seventh-year/mauna-loa-observatory-in-hawaii/

圖 5-3　https://hospitality-on.com/en/activites-hotelieres/cop-21-breath-fresh-air-pariss-hotels

圖 5-4　https://reurl.cc/9Rm0oX

圖 5-5　參考繪製：https://www.nasa.gov/

圖 5-6　參考繪製：https://www.nasa.gov/

圖 5-7　參考繪製：https://www.nasa.gov/

圖 5-8　https://zh.wikipedia.org/wiki/%E7%9B%A4%E5%8F%A4%E5%A4%A7%E9%99%B8

圖 5-9　https://www.cwb.gov.tw/V8/C/C/Change/change_4.html

圖 6-1　https://dra.ncdr.nat.gov.tw/Frontend/Disaster/RiskDetail/BAL0000022

圖 6-2　https://www.ettoday.net/news/20210428/1970050.htm

圖 6-3　https://reurl.cc/kaK9N9

圖 7-1　參考繪製：https://pdf.dfcfw.com/pdf/H3_AP202107011501123385_1.pdf?1625151003000.pdf

圖 8-1　參考繪製：作者提供資料

圖 8-2　參考繪製：作者提供資料

圖 8-3　https://apextechinc.com/top-6-reasons-insurtech-firms-adopt-telematics/

圖 8-4　參考繪製：作者提供資料

圖 9-1　https://www.munichre.com/en/risks/natural-disasters-losses-are-trending-upwards.html

圖 9-2　https://www.munichre.com/en/risks/natural-disasters-losses-are-trending-upwards.html

圖 9-3　https://www.munichre.com/en/risks/natural-disasters-losses-are-trending-upwards.html

圖 9-4　參考繪製：World Economic Forum，2021

圖 9-5　https://www.revistasustentavel.pt/descarbonizacao/crise-climatica-e-um-dos-principais-riscos-globais-em-2022/

圖 9-6　https://www.axa.com/en

圖 9-7　https://www.weforum.org/reports/global-risks-report-2022/shareables/

圖 9-8　https://www.weforum.org/reports/global-risks-report-2022/shareables/

圖 9-9　https://www.weforum.org/reports/global-risks-report-2022/shareables/

圖 9-10　OECD (2021),Enhancing Financial Protection Against Catastrophe Risks: The Role of Catastrophe Risk Insurance Programmes

圖 9-11　https://franklin.library.upenn.edu/catalog/FRANKLIN_9977944065403681

圖 9-12　OECD Calculations based on data provided by Swiss Re Sigma and PCS

圖 9-13　OECD Calculations based on(Statistics Canada,2020)

圖 9-14　參考繪製：作者提供資料

圖 9-15　參考繪製：作者提供資料

圖 9-16　https://www.taif.org.tw/description.html

國家圖書館出版品預行編目 (CIP) 資料

氣候變遷與綠色金融保險：企業倫理視角 / 范姜肱,
范姜新圳, 張瑞剛編著 . -- 二版 . -- 新北市：全華圖
書股份有限公司, 2023.12
　　面； 公分
ISBN 978-626-328-792-1(平裝)
1.CST: 商業倫理 2.CST: 企業社會學 3.CST: 綠色經濟
4.CST: 金融保險業
490.15　　　　　　　　　　　　112020196

氣候變遷與綠色金融保險-企業倫理視角

編　　　著／ 范姜肱、范姜新圳、張瑞剛

發 行 人／ 陳本源

執 行 編 輯／ 何婷瑜、林昆明

封 面 設 計／ 盧怡瑄

出 版 者／ 全華圖書股份有限公司

郵 政 帳 號／ 0100836-1號

印 刷 者／ 宏懋打字印刷股份有限公司

圖 書 編 號／ 0914201

二　　　版／ 2023年12月

定　　　價／ 新台幣400元

I S B N／ 978-626-328-792-1

全 華 圖 書／ www.chwa.com.tw

全華網路書店 Open Tech ／ www.opentech.com.tw

若您對書籍內容、排版印刷有任何問題，歡迎來信指導book@chwa.com.tw

臺北總公司(北區營業處)
地址：23671 新北市土城區忠義路 21 號

電話：(02)2262-5666

傳真：(02)6637-3695、6637-3696

南區營業處
地址：80769 高雄市三民區應安街 12 號

電話：(07)381-1377

傳真：(07)862-5562

中區營業處
地址：40256 臺中市南區樹義一巷 26 號

電話：(04)2261-8485

傳真：(04)3600-9806(高中職)

　　　(04)3601-8600(大專)

（請由此線剪下）

歡迎加入 全華會員

● **會員獨享**

會員享購書折扣、紅利積點、生日禮金、不定期優惠活動…等。

● **如何加入會員**

掃 QRcode 或填安讀書回函卡直接傳真（02）2262-0900 或寄回，將由專人協助登入會員資料，待收到 E-MAIL 通知後即可成為會員。

如何購買 全華書籍

1. **網路購書**

全華網路書店「http://www.opentech.com.tw」，加入會員購書更便利，並享有紅利積點回饋等各式優惠。

2. **實體門市**

歡迎至全華門市（新北市土城區忠義路21號）或各大書局選購。

3. **來電訂購**

(1) 訂購專線：(02) 2262-5666 轉 321-324
(2) 傳真專線：(02) 6637-3696
(3) 郵局劃撥（帳號：0100836-1 戶名：全華圖書股份有限公司）

※ 購書未滿 990 元者，酌收運費 80 元。

OpenTech 全華網路書店
.com.tw

全華網路書店 www.opentech.com.tw
E-mail: service@chwa.com.tw

※ 本會員制如有變更則以最新修訂制度為準，造成不便請見諒。

讀者回函卡

掃 QRcode 線上填寫 ▶▶▶

姓名：　　　　　　　　　生日：西元　　　年　　月　　日　性別：□男 □女

電話：（　　）　　　　　　　手機：

e-mail：（必填）

註：數字零，請用 ⊕ 表示，數字 1 與英文 L 請另註明並書寫端正，謝謝。

通訊處：□□□□□

學歷：□高中・職 □專科 □大學 □碩士 □博士

職業：□工程師 □教師 □學生 □軍・公 □其他

學校/公司：　　　　　　　　　　　科系/部門：

・需求書類：

□A. 電子 □B. 電機 □C. 資訊 □D. 機械 □E. 汽車 □F. 工管 □G. 土木 □H. 化工 □I. 設計

□J. 商管 □K. 日文 □L. 美容 □M. 休閒 □N. 餐飲 □O. 其他

・本次購買圖書為：　　　　　　　　　　　書號：

・您對本書的評價：

封面設計：□非常滿意 □滿意 □尚可 □需改善，請說明

內容表達：□非常滿意 □滿意 □尚可 □需改善，請說明

版面編排：□非常滿意 □滿意 □尚可 □需改善，請說明

印刷品質：□非常滿意 □滿意 □尚可 □需改善，請說明

書籍定價：□非常滿意 □滿意 □尚可 □需改善，請說明

整體評價：請說明

・您在何處購買本書？

□書局 □網路書店 □書展 □團購 □其他

・您購買本書的原因？（可複選）

□個人需要 □公司採購 □親友推薦 □老師指定用書 □其他

・您希望全華以何種方式提供出版訊息及特惠活動？

□電子報 □DM □廣告 （媒體名稱　　　　　　　）

・您是否上過全華網路書店？（www.opentech.com.tw）

□是 □否 您的建議

・您希望全華出版哪方面書籍？

・您希望全華加強哪些服務？

感謝您提供寶貴意見，全華將秉持服務的熱忱，出版更多好書，以饗讀者。

填寫日期：　　　/　　　/

2020.09 修訂

親愛的讀者：

感謝您對全華圖書的支持與愛護，雖然我們很慎重的處理每一本書，但恐仍有疏漏之處，若您發現本書有任何錯誤，請填寫於勘誤表內寄回，我們將於再版時修正，您的批評與指教是我們進步的原動力，謝謝！

全華圖書 敬上

勘　誤　表

書號		作者	
頁數	行數	書名	
		錯誤或不當之詞句	建議修改之詞句

我有話要說：　（其它之批評與建議，如封面、編排、內容、印刷品質等...）